Methode zur modellbasierten Bewertung und systematischen Verbesserung von Fertigungssystemen

Michael Feldmeth

Methode zur modellbasierten Bewertung und systematischen Verbesserung von Fertigungssystemen

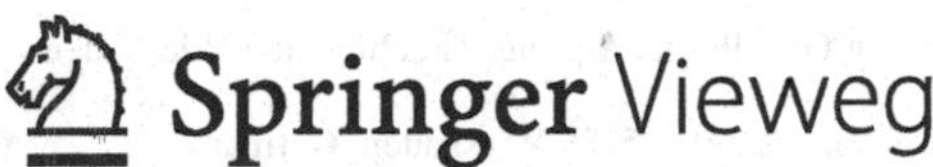

Michael Feldmeth
Chemnitz, Deutschland

Diese Arbeit wurde von der Fakultät für Maschinenbau der Technischen Universität Chemnitz als Dissertation zur Erlangung des akademischen Grades Doktoringenieur (Dr.-Ing.) genehmigt.
Tag der Einreichung: 16.01.2020
Betreuer: Prof. Dr.-Ing. Egon Müller
1. Gutachter: Prof. Dr.-Ing. Egon Müller
2. Gutachter: Prof. Dr.-Ing. Ulrich Walter
3. Gutachter: Prof. Dr.-Ing. habil. Dipl.-Math. Birgit Awiszus
Tag der Verteidigung: 26.08.2020

ISBN 978-3-658-32287-8 ISBN 978-3-658-32288-5 (eBook)
https://doi.org/10.1007/978-3-658-32288-5

Die Deutsche Nationalbibliothek verzeichnet diese Publikation in der Deutschen Nationalbibliografie; detaillierte bibliografische Daten sind im Internet über http://dnb.d-nb.de abrufbar.

© Der/die Herausgeber bzw. der/die Autor(en), exklusiv lizenziert durch Springer Fachmedien Wiesbaden GmbH, ein Teil von Springer Nature 2021
Das Werk einschließlich aller seiner Teile ist urheberrechtlich geschützt. Jede Verwertung, die nicht ausdrücklich vom Urheberrechtsgesetz zugelassen ist, bedarf der vorherigen Zustimmung des Verlags. Das gilt insbesondere für Vervielfältigungen, Bearbeitungen, Übersetzungen, Mikroverfilmungen und die Einspeicherung und Verarbeitung in elektronischen Systemen.
Die Wiedergabe von allgemein beschreibenden Bezeichnungen, Marken, Unternehmensnamen etc. in diesem Werk bedeutet nicht, dass diese frei durch jedermann benutzt werden dürfen. Die Berechtigung zur Benutzung unterliegt, auch ohne gesonderten Hinweis hierzu, den Regeln des Markenrechts. Die Rechte des jeweiligen Zeicheninhabers sind zu beachten.
Der Verlag, die Autoren und die Herausgeber gehen davon aus, dass die Angaben und Informationen in diesem Werk zum Zeitpunkt der Veröffentlichung vollständig und korrekt sind. Weder der Verlag, noch die Autoren oder die Herausgeber übernehmen, ausdrücklich oder implizit, Gewähr für den Inhalt des Werkes, etwaige Fehler oder Äußerungen. Der Verlag bleibt im Hinblick auf geografische Zuordnungen und Gebietsbezeichnungen in veröffentlichten Karten und Institutionsadressen neutral.

Planung/Lektorat: Carina Reibold
Springer Vieweg ist ein Imprint der eingetragenen Gesellschaft Springer Fachmedien Wiesbaden GmbH und ist ein Teil von Springer Nature.
Die Anschrift der Gesellschaft ist: Abraham-Lincoln-Str. 46, 65189 Wiesbaden, Germany

Geleitwort

Produktionsunternehmen sind vielfältigen Herausforderungen ausgesetzt, die sich aus ständig wandelnden Anforderungen des wirtschaftlichen, technologischen, politischen und sozialen Umfeldes ergeben. Um auf diese Herausforderungen mit effizienten Maßnahmen reagieren zu können, werden hohe Anforderungen an die Fähigkeit der Unternehmen gestellt, flexibel und mit hoher Effizienz ihre Prozesse ganzheitlich und wertschöpfungsorientiert zu planen und zu gestalten.

Bereits Anfang der 90er Jahre wurden die Potenziale der schlanken Produktion erkannt, publiziert und besonders in der Automobilindustrie erschlossen. Die dabei gefundenen Erkenntnisse zeigten klar die höhere Leistungsfähigkeit einer schlanken Produktion gegenüber der traditionellen Massenproduktion.

Prinzipien dieser Produktionsphilosophie wurden bei der Planung, Realisierung und dem Betreiben von Fertigungssystemen aus ganzheitlicher Sicht sehr wenig angewendet, wobei es aber schon immer einen nachgewiesenen Bedarf in der Fertigung gab und gibt. Im Vergleich zur Montage dominieren in der Fertigung die maschinellen Prozesse, was sich wiederum in einem hohen Anteil an Maschinen und Ausrüstungen dokumentiert. Es ist dabei ein zwingendes Erfordernis, dass Maschinen so gestaltet sind, dass die Tätigkeiten der Mitarbeiter mit dem Produktionsfluss in Einklang gebracht werden können.

Studien belegen die Erfolgswirksamkeit der Lean-Prinzipien im Umfeld der mechanischen Fertigung und ebenso wird in ihnen nachgewiesen, dass die Durchdringung in den Fertigungsbereichen weit weniger ausgeprägt ist als in der Montage. Diese geringe Verbreitung und die oftmals nicht erfolgreiche Umsetzung der Prinzipien der schlanken Produktion in der Fertigung sind darauf zurückzuführen, dass es dazu keine geeignete ganzheitliche methodische Unterstützung zur Planung und zum Betreiben von Fertigungssystemen gibt. Dieses Fehlen geeigneter Methoden und häufig auch die spezifischen Sachverhalte der maschinenbezogenen Einflussgrößen bei Fertigungssystemen sind mit wesentliche Gründe dafür, dass aktuell keine umfassende Methode existent ist, mit der es möglich ist, Fertigungssysteme im Einklang mit den Prinzipien der schlanken Produktion modellbasiert zu bewerten und systematisch zu verbessern. Um Zielzustände zu erreichen, ist eine umfassende Methode erforderlich, mit der man in der Lage ist, den Fertigungsplanungsprozess systematisch zu unterstützten und bewerten zu können.

Vor diesem Hintergrund erfolgt eine systematische Auseinandersetzung mit den theoretischen Grundlagen und dem aktuellen Stand der Wissenschaft. Die industrielle Produktion und die Fabrik als Gesamtsystem werden beschrieben und die darin ablaufenden Fertigungsprozesse allgemeingültig und im Kontext der Teilefertigung spezifiziert. Über die Beschreibung und Klassifizierung von Fertigungssystemen wird eine klare begriffliche Abgrenzung wichtiger Sachverhalte bezüglich der Methodenentwicklung vorgenommen. Ebenso erfolgt eine systematische Auseinandersetzung mit dem Toyota Produktionssystem und damit letztendlich die Begründung der Entwicklung der „Methode zur modellbasierten Bewertung und systematischen Verbesserung von Fertigungssystemen".

Die vorgenommene Eingrenzung des Betrachtungsbereichs, die Beschreibung des Methodengerüsts und eine Erklärung des Planungsobjektes Fertigungssystem unterstreichen die systematische Auseinandersetzung mit der gesamten Thematik.

Mit dem Erklärungsmodell für die Methode und der Beschreibung der geforderten Funktionslogik wird darauf aufbauend das grundlegende Methodengerüst entwickelt und bereitgestellt. Die Ausarbeitung und Konkretisierung der multikriteriellen Bewertungsmethode sowie die Festlegung des allgemeinen Bewertungsablaufs einschließlich der Identifikation der erforderlichen Bewertungskriterien sind dabei eine wichtige Grundlage für den generellen Aufbau der Methode als bausteinbasierter Ansatz. Die Nachvollziehbarkeit und Anwendbarkeit der Methode unterstreichen durchgängig den eigenen wissenschaftlichen Beitrag des Autors und den durch ihn geschaffenen wissenschaftlichen Erkenntniszuwachs mit Respekt.

Mit der vorliegenden wissenschaftlichen Arbeit leistet der Autor einen wichtigen methodischen Beitrag für das Themengebiet der Fabrikplanung und -organisation unter Berücksichtigung von spezifischen Aspekten der Fertigungsplanung. Es ist ausdrücklich zu bestätigen, dass es dem Autor sehr gut gelungen ist, vor einem praktischen Anwendungshintergrund auf wissenschaftlicher Grundlage einen methodischen Beitrag zur systematischen Planung und Verbesserung von Fertigungssystemen zu leisten und die praxiswirksame Umsetzung nachzuweisen.

Die von ihm entwickelte Methode mit ihren Bestandteilen unterstreicht den Neuheitsgrad der vorgelegten wissenschaftlichen Arbeit. Diese Bestandteile wurden in sehr gut nachvollziehbarer Art und Weise abgeleitet und in der entwickelten Methodik für eine praktische Anwendung bereitgestellt.

Prof. Dr.-Ing. Egon Müller

Vorwort

Die vorliegende Arbeit entstand während meiner Tätigkeit als Unternehmensberater bei der Staufen AG. Bei den Menschen, die mich während dieser Zeit unterstützt haben, möchte ich mich an dieser Stelle herzlich bedanken.

Meinem Doktorvater Prof. Dr.-Ing. Egon Müller, vom Institut für Betriebswissenschaften und Fabriksysteme (IBF) der Technischen Universität Chemnitz, möchte ich meinen besonderen Dank aussprechen. Die wohlwollende Förderung sowie die regelmäßigen Diskussionen und Denkanstöße waren die Grundvoraussetzung für das Gelingen dieser Arbeit. Das kritische Hinterfragen der Sachverhalte und die lösungsorientierten Gespräche trugen stets zur Weiterentwicklung des bearbeiteten Themas bei.

Ebenso möchte ich mich bei Prof. Dr.-Ing. Ulrich Walter, von der Fakultät Maschinenbau der Hochschule Esslingen, für die fachlichen Diskussionen zum Thema, die daraus entstandenen Anregungen und die freundliche Bereitschaft zur Übernahme des Zweitgutachtens bedanken. Bei Prof. Dr.-Ing. habil. Dipl.-Math. Birgit Awiszus möchte ich mich herzlich für die Übernahme des Drittgutachtens bedanken.

Bei der Staufen AG möchte ich mich für das entgegengebrachte Vertrauen für die Ausarbeitung des Themas und die gewährten zeitlichen Freiräume, die für das Gelingen der Arbeit notwendig waren, herzlich bedanken. An dieser Stelle möchte ich Herrn Frank Krause, Leiter der Kompetenzentwicklung bei der Staufen AG, meinen besonderen Dank aussprechen, nicht nur für die Hinführung und die Begeisterung für das Thema „Lean in der mechanischen Bearbeitung“, sondern auch für die wertvollen methodischen und fachlichen Impulse sowie die kritische Begutachtung des Manuskripts.

In der herausforderungsvollen Zeit während der nebenberuflichen Erstellung dieser Arbeit hat mich meine Familie wie gewohnt liebe- und verständnisvoll begleitetet und unterstützt. So gebührt meinen Eltern, Frau Helga Feldmeth und Herrn Karl Feldmeth, ein ganz herzlicher Dank. Meiner Freundin Corinna Walk danke ich nicht nur für das Verständnis für den hohen Zeitbedarf zur Erstellung dieser Arbeit und das Korrekturlesen des Manuskripts, sondern vor allem dafür, was sie jeden Tag für mich ist.

Michael Feldmeth

Kurzfassung

Die durch das Toyota-Produktionssystem bekannten Prinzipien der schlanken Produktion stellen die Grundlage erfolgreicher Unternehmen dar. Heute sind die Prinzipien der schlanken Produktion im Bereich der Montage weit verbreitet. In der mechanischen Fertigung ist die Umsetzung der Prinzipien jedoch weitaus weniger verbreitet. Die besonderen Herausforderungen bei der Umsetzung sind die maschinenintensiven Prozesse und die damit erforderliche Kombination zwischen menschlicher und maschineller Arbeit.

Zur Unterstützung der zukünftigen Umsetzung von schlanken Fertigungssystemen wurde in der vorliegenden Arbeit eine ergänzende Methode für die Fertigungsplanung entwickelt. Diese dient zur modellbasierten Bewertung und systematischen Verbesserung von Fertigungssystemen nach den Prinzipien der schlanken Produktion. Die Methode setzt sich aus den drei Methodenbausteinen Fertigungssystemmodell, Bewertungsmethode und Verbesserungsleitfaden zusammen. Bei der Ausgestaltung der einzelnen Methodenbausteine kommt der Betrachtung der Abhängigkeitsverhältnisse zwischen den ausgewählten Bewertungskriterien eine besondere Bedeutung zu.

Inhaltsverzeichnis

Abbildungsverzeichnis

Tabellenverzeichnis

Formelzeichenverzeichnis

Lateinische Buchstaben

$\underline{A}$	–	Anforderungsmatrix
A_i	%	Verfügbarkeit der Maschine E_i
AGK_i^{plan}	€	Geplante Arbeitsgangkosten an der Maschine E_i
APM_i	–	Anzahl der zur Maschine E_i parallel arbeitenden Maschinen
AS_p	–	Arbeitssystem p im Fertigungssystem
b	–	Index der Bewertungskriterien
b_i^{Masch}	m	Breite der Maschine E_i
BMe_i	–	Bearbeitungsmenge an der Maschine E_i
BZ_p	h	Betriebszeit des Arbeitssystems AS_p
$\vec{c}$	–	Vektor Verschwendungserzeugung
C_j	–	Cluster j
d_i	m	Distanz der (räumlichen) Struktur S_i
E_i	–	Maschine i im Fertigungssystem
EG	–	Elementgüte
$\overrightarrow{EG}$	–	Vektor Elementgüte
f_i^L	%	Koeffizient der Leistungsausnutzung an der Maschine E_i
$f_{Schicht}$	%	Korrekturfaktor für Schichtzuschläge
FBE	–	Anzahl der fremdbelegten Maschinen E_i im Fertigungssystem

FSW	–	Fertigungssystemwert
FSW_{Alt}	–	Fertigungssystemwert des alten Planungsstands
FSW_{Neu}	–	Fertigungssystemwert nach der Verbesserung
FT	–	Anzahl Fabriktage pro Jahr
$\overrightarrow{g}$	–	Vektor Gewichtungsfaktoren
$\overrightarrow{GG}$	–	Vektor Gestaltungsgüte
i	–	Indexvariable
$i_{\%}$	%	Jährlicher kalkulatorischer Zinssatz
I_i	%	Materialflussintensität über die (räumliche) Struktur S_i
I_i^{Ges}	€	Gesamte Investitionssumme für die Maschine E_i
j	–	Index für Cluster
JGK	€	Jährliche Gesamtkosten
k	–	Anzahl der Cluster
k_{IHRate}	%	Instandhaltungsrate
k_i^E	€/h	Kosten für elektrische Energie an der Maschine E_i
k_p^{GLMfix}	€/h	Stundensatz für fixe Maschinenkosten im Arbeitssystem AS_p
k_p^{GLMvar}	€/h	Stundensatz für variable Maschinenkosten im Arbeitssystem AS_p
k_p^{var}	€/h	Variabler Arbeitssystemstundensatz für das Arbeitssystem AS_p
$k_p^{Wzg/V}$	€/h	Stündliche Werkzeugkosten im Arbeitssystem AS_p
K_A	€	Abschreibungskosten für ein Stück
K_E	€	Kosten für elektrische Energie für ein Stück
K_{Fl}	€	Flächenkosten für ein Stück
K_{FL}	€	Fertigungslohnkosten für ein Stück
K_{GF}	€	Fertigungsgemeinkosten für ein Stück
K_{GL}	€	Lokalisierbare (Gemein-)Kosten für ein Stück
K_{GFR}	€	Restfertigungsgemeinkosten für ein Stück
K_{GLMfix}	€	Fixe Maschinenkosten für ein Stück
K_{GLMvar}	€	Variable Maschinenkosten für ein Stück
K_{GLW}	€	Weitere lokalisierbare Gemeinkosten für ein Stück
K_H	€	Herstellkosten für ein Stück
K_{HT}	€	Herstellteilkosten für ein Stück

K_{HT}^{Max}	€	Maximale Herstellteilkosten für ein Stück
K_{HT}^{Ziel}	€	Ziel-Herstellteilkosten für ein Stück
$K_i^{A/FT}$	€	Abschreibungskosten der Maschine E_i für einen Fabriktag
$K_i^{I/FT}$	€	Instandhaltungskosten der Maschine E_i für einen Fabriktag
$K_i^{Logfix/FT}$	€	Fixe Logistikkosten des Übergangsprozesses P_i für einen Fabriktag
K_i^{Logvar}	€	Variable Logistikkosten des Übergangsprozesses P_i für ein Stück
$K_i^{Z/FT}$	€	Zinskosten der Maschine E_i für einen Fabriktag
K_I	€	Instandhaltungskosten für ein Stück
K_{Log}	€	Logistikkosten für ein Stück
K_M	€	Materialkosten für ein Stück
K_p	€	Arbeitssystemkosten im Arbeitssystem AS_p für ein Stück
$K_p^{Fl/FT}$	€	Flächenkosten des Arbeitssystems AS_p für einen Fabriktag
$K_p^{GLMfix/FT}$	€	Fixkosten des Arbeitssystems AS_p für einen Fabriktag
K_{SEKF}	€	Sondereinzelkosten der Fertigung für ein Stück
K_{Sonst}	€	Sonstige lokalisierbare Gemeinkosten für ein Stück
$K_{Wzg/V}$	€	Kosten für Werkzeuge und Verbrauchsstoffe für ein Stück
K_Z	€	Kalkulatorische Zinskosten für ein Stück
KT	min	Kundentakt im Fertigungssystem
l	–	Index der Störgrößen
m	–	Tägliche Produktionsmenge eines definierten Produkts
$m_{jährl}$	–	Jahresstückzahl eines definierten Produkts
M	–	Anzahl der Maschinen E_i im Fertigungssystem
M_E	–	Menge an Elementen im Fertigungssystem
$M_{E,p}$	–	Menge an Elementen im Arbeitssystem AS_p
M_p	–	Anzahl der Mitarbeiter im Arbeitssystem AS_p
M_P	–	Menge an Prozessen im Fertigungssystem

$M_{P,p}$	–	Menge an Prozessen im Arbeitssystem AS_p
M_S	–	Menge an Strukturen im Fertigungssystem
$M_{S,p}$	–	Menge an Strukturen im Arbeitssystem AS_p
MP	–	Anzahl der maschinellen Prozesse im Fertigungssystem
MP_{Mensch}	–	Anzahl maschineller Prozesse, die das Eingreifen des Menschen erfordern
$MTBF_i$	min	Mean Time Between Failures (dt.: mittlere Zeit zwischen Ausfällen) der Maschine E_i
$MTTR_i$	min	Mean Time To Repair (dt.: mittlere Reparaturzeit) der Maschine E_i
n	–	Index der Verbesserungsmaßnahmen
n_1	–	Anzahl der Elemente in M_E
n_2	–	Anzahl der Strukturen in M_S
n_3	–	Anzahl der Prozesse in M_P
n_4	–	Anzahl der Arbeitssysteme im Fertigungssystem
N_i^I	kW	Installierte Leistung der Maschine E_i
p	–	Index der Arbeitssysteme
P_i	–	Prozess i im Fertigungssystem
PG	–	Prozessgüte
$\overrightarrow{PG}$	–	Vektor Prozessgüte
PM_i	–	Prozessmenge als Stückzahl je Zyklus an der Maschine E_i
PZ_i	min	Prozesszeit der Maschine E_i
Q_p	m^2	Flächenbedarf des Arbeitssystems AS_p
r	–	Korrelationskoeffizient
r_b	–	Merkmalswert des Bewertungskriteriums b
$r_{b,i}$	–	Merkmalsbeschreibung i des Bewertungskriteriums b
$r_{b,v,s}$	–	Merkmalswert des Bewertungskriteriums b für die Planungsvariante v im Iterationsschritt s
$\underline{R}$	–	Konsolidierungsmatrix
s	–	Iterationsschritt
S	€/h	Lohnkosten
S_i	–	Struktur i im Fertigungssystem
SG	–	Strukturgüte

$\overrightarrow{SG}$	–	Vektor Strukturgüte
t_i^{bearb}	min	Bearbeitungszeit an der Maschine E_i
t_i^{Bed}	s	Bedienzeit der Maschine E_i
t_i^{Einleg}	s	Einlegezeit an der Maschine E_i
t_i^{Ent}	s	Entnahmezeit an der Maschine E_i
t_i^{RZ}	min	Rüstzeit der Maschine E_i
$t_p^{Rüst,Ant}$	min	Anteilige Rüstzeit je Stück im Arbeitssystem AS_p
t_p^t	min	Theoretische Taktzeit eines Arbeitssystems AS_p
$t_p^{Verl,Ant}$	min	Anteilige Verlustzeit je Stück im Arbeitssystem AS_p
T_{Absch}	–	Anzahl Abschreibungsjahre
T_p	h	Produktionszeit für die Menge m
T_p^N	h	Nutzungsdauer eines Arbeitssystems AS_p zur Produktion der Menge m
$T_p^{N,fremd}$	h	Fremdnutzungsdauer eines Arbeitssystems AS_p
$T_p^{Rüst}$	h	Rüstzeit innerhalb der Betriebszeit im Arbeitssystem AS_p
T_p^{Verl}	h	Verlustzeit innerhalb der Betriebszeit im Arbeitssystem AS_p
$TWMe_i$	–	Transport- und Weitergabemenge der (zeitlichen) Struktur S_i
v	–	Planungsvariante
V	–	Anzahl Verbindungen im Fertigungssystem
V_{Elektr}	€/kWh	Verrechnungspreis für elektrischen Strom
V_{Fl}	€/m^2	Jährlicher Verrechnungssatz der Produktionsfläche
$V_p^{Wzg/V}$	€	Jährliche Werkzeugkosten im Arbeitssystem AS_p
V_{PE}	%	Verbesserung des Planungsergebnisses
w_b	–	Zielwert des Bewertungskriteriums b
$w_{b,i}$	–	Ideale Ausprägung des Merkmals i des Bewertungskriteriums b
$w_{b,grenz}$	–	Grenzwert des Bewertungskriteriums b
$w_{b,grenz,i}$	–	Mangelhafte Ausprägung des Merkmals i des Bewertungskriteriums b

Wsk_{SumFS}	–	Summe der Werkstücke im Fertigungssystem
x	–	Eigenschaften des Planungsobjekts
$x_{d,b}$	–	Abweichung zwischen r_b und w_b
$x_{d,b,v}$	–	Abweichung zwischen r_b und w_b für die Planungsvariante v
x_i	–	Datenpunkt i
$x_{i,1}$	–	Erste Koordinate des Datenpunkts i
$x_{i,2}$	–	Zweite Koordinate des Datenpunkts i
$\bar{x}_1$	–	Mittelwert der ersten Koordinate der Datenreihe
$\bar{x}_2$	–	Mittelwert der zweiten Koordinate der Datenreihe
$x_{v,s}$	–	Eigenschaften des Planungsobjekts in der Planungsvariante v im Iterationsschritt s
y_n	–	Verbesserungsmaßnahme n
$y_{R,b}$	–	Bewertungsergebnis des Bewertungskriteriums b
$y_{R,b,i}$	–	Teilergebnis i für das Bewertungskriterium b
$y_{R,b,v,s}$	–	Bewertungsergebnis des Bewertungskriteriums b für die Planungsvariante v im Iterationsschritt s
z_l	–	Störgröße l
Z_L	%	Prozentsatz für Lohnnebenkosten
ZEG	%	Zielerreichungsgrad
ZZ_i	min	Zykluszeit an der Maschine E_i
ZZ_p^{Plan}	min	Geplante Zykluszeit des Arbeitssystems AS_p

Griechische Buchstaben

α	–	Wert der messbaren Eigenschaft 1
α_{Ist}	–	Wert der messbaren Eigenschaft 1 für ein aktuelles Planungsergebnis
α_{Ziel}	–	Zielwert für die messbare Eigenschaft 1
β	–	Wert der messbaren Eigenschaft 2
β_{Ist}	–	Wert der messbaren Eigenschaft 2 für ein aktuelles Planungsergebnis
β_{Ziel}	–	Zielwert für die messbare Eigenschaft 2
μ_j	–	Cluster-Schwerpunkt im Cluster C_j

Abkürzungsverzeichnis

0	unabhängig
a	Jahr
AE	Austaktungseffizienz
AG	Anforderungsgruppe
AP	Anzahl der Pfade
AS	Arbeitssystem
ASU	Aktivsumme
AUG	Anforderungsuntergruppe
AVMM	Abhängigkeitsverhältnis Mensch/Maschine
BM	Breite der Maschinen
DM	Distanz zwischen Maschinen
DPL	durchschnittliche Pfadlänge
E	Elemente
E1 – E6	Beschreibungen zu den Elementen eines schlanken Fertigungssystems
ECM	Electro Chemical Machining (dt.: Elektrochemisches Abtragen)
EIP	Einlegeprozesse
EMF	Eindeutigkeit des Materialflusses
ENP	Entnahmeprozesse
ESF	Einzelstückfluss
EVA	Eingabe, Verarbeitung und Ausgabe
FS	Fertigungssystem
FS_{Ideal}	ideales Fertigungssystem
FS_{Ist}	aktuelle Planung eines Fertigungssystems
FTE	Full Time Equivalent (dt.: Vollzeitäquivalent)
g	gegenläufig

GG	Geschlossenheitsgrad
IZP	Innerzyklische Parallelität
MAM	Modulare Anpassbarkeit der Maschinen
MB	Methodenbaustein
MB1	Methodenbaustein 1 (Fertigungssystemmodell)
MB2	Methodenbaustein 2 (Bewertungsmethode)
MB3	Methodenbaustein 3 (Verbesserungsleitfaden)
MBM	Mobilität der Maschinen
MBP	Maschinenbedienungsprozesse
MK	Maschinenkonzept
MPL	maximale Pfadlänge
MSDD	Manufacturing System Design Decomposition
MTM	Methods-Time Measurement
MTO	Mensch, Technik und Organisation
MV	Maschinenverfügbarkeit
P	Prozesse
P1 – P6	Beschreibungen zu den Prozessen eines schlanken Fertigungssystems
PO	Planungsobjekt
PP	Prüfprozesse
PSU	Passivsumme
RZM	Rüstzeit der Maschinen
S	Strukturen
S_R	räumliche Strukturen
S_Z	zeitliche Strukturen
S1 – S6	Beschreibungen zu den Strukturen eines schlanken Fertigungssystems
SM	Submodul
SMED	Single Minute Exchange of Dies
SV	Systematische Verbesserung
TP	Transportprozesse
TPM	Total Productive Maintenance
TPS	Toyota-Produktionssystem
u	unabhängig
UAS	Universelles Analysiersystem
VA-Punkte	Verschwendungsauswirkungspunkte
VM	Verbesserungsmaßnahme
w	widersprüchlich

Einleitung

1

Das einleitende Kapitel erläutert die Ausgangssituation und die identifizierte Problemstellung im Themenfeld. Daran schließen sich die Festlegung der Zielsetzung und die Konkretisierung der zu beantwortenden Forschungsfragen an. Abschließend erfolgt die Auswahl eines geeigneten Forschungsprozesses, aus dem sich der Aufbau der vorliegenden Arbeit ableitet.

1.1 Ausgangssituation und Problemstellung

Die Fertigungsindustrie benennt den stetig steigenden Kostendruck als eine schwierige Herausforderung [Sch17, S. 1]. Um diesem Trend zu begegnen, wurden in den vergangenen Jahren verschiedene Rationalisierungsprogramme durchgeführt, die sich auf die Reduktion von Bearbeitungszeiten sowie die Senkung von Lohnkosten durch eine Erhöhung des Automatisierungsgrades fokussiert haben [Wil01, S. 16 ff.]. Moderne Bearbeitungsmaschinen ermöglichen die Komplettbearbeitung von Teilen durch Verfahrensintegration, was zu einer Reduktion von Fertigungsplätzen und einer Erhöhung der Qualität führt [Bah13, S. 129].

Nach Takeda [Tak96a, S. 229] liegt das große Potenzial zur Realisierung zukünftiger Wettbewerbsvorteile in der mechanischen Fertigung nicht in der Beschaffung und dem Aneinanderreihen von einzelnen High-Tech-Maschinen. Mit dem eingekauften Know-how von Maschinenbaufirmen ist es nicht möglich sich zu differenzieren und sich einen Wettbewerbsvorteil zu verschaffen [Tak96a, S. 229]. Der Trend der letzten Jahre hin zur Hochautomatisierung ist aufgrund der starren Technik, der überproportionalen Erhöhung der Gemeinkosten und der Störanfälligkeit nicht mehr zielführend [Lay01, S. 1 ff.]. Entscheidend für

© Der/die Autor(en), exklusiv lizenziert durch Springer Fachmedien Wiesbaden GmbH, ein Teil von Springer Nature 2021

M. Feldmeth, *Methode zur modellbasierten Bewertung und systematischen Verbesserung von Fertigungssystemen*,
https://doi.org/10.1007/978-3-658-32288-5_1

den nachhaltigen Erfolg ist nicht, dass Technik eingesetzt wird, sondern dass sie richtig eingesetzt wird [Wäf99, S. 15; Bor18, S. 58].

In einer MIT-Studie [Wom90] wurden bereits Anfang der 90er Jahre die Potenziale der schlanken Produktion erkannt und publiziert. Die ausgewiesenen Kennzahlen zeigen klar die höhere Leistungsfähigkeit einer schlanken Produktion gegenüber der traditionellen Massenproduktion auf [Wom90, S. 80 ff.]. Nach der Philosophie des Toyota-Produktionssystems sind die Prinzipien der variantenreichen Fließmontage in die mechanische Bearbeitung und andere vorgelagerten Bereiche zu überführen [Shi93, S. 175]. Im Vergleich zur Montage dominieren in der Fertigung die maschinellen Prozesse, was sich in einem maschinenintensiven Aufbau äußert [Nic18, S. 293]. Es ist erforderlich, dass Maschinen so gestaltet sind, dass sie die Tätigkeiten der Mitarbeiter mit dem Produktionsfluss in Einklang bringen [Ohn13, S. 93]. Studien von Molleman et al. [Mol02] und Sahoo et al. [Sah17] bestätigen die Erfolgswirksamkeit der Lean-Prinzipen im Umfeld der mechanischen Fertigung. Bei der Umsetzung sind durch geeignete Lösungsansätze prinzipbedingte Herausforderungen, wie ein erhöhter Personalbedarf durch manuelle Bedienung, Qualitätseinbußen aufgrund von einfachen Maschinen und eine eingeschränkte Verteilung auf mehrere Spannlagen, aufgrund enger Form- und Lagetoleranzen, zu bewältigen [Bec14, S. 47 f.]. Die Methoden der schlanken Produktion sind bei deutschen Unternehmen in den Fertigungsbereichen weniger verbreitet als in den Montagebereichen [Abe10, S. 94; Gla16, S. 280]. Die Verbesserungen fokussieren in der Fertigung meist Rüst- und Instandhaltungsabläufe mit den Methoden SMED (Single Minute Exchange of Dies) und TPM (Total Productive Maintenance) [Abe11b, S. 24].

Die geringe Verbreitung und die oftmals nicht erfolgreiche Umsetzung der Prinzipien der schlanken Produktion erfordern Veränderungen bei der Planung von Fertigungssystemen und damit geeignete methodische Beiträge. Tabelle 1.1 verdeutlicht den Handlungsbedarf für die Fertigungsplanung. Die Differenzen zwischen dem aktuellen Zustand und dem angestrebten Zustand zeigen die Lücken, die es zukünftig zu überwinden gilt.

Das Selbstverständnis der Fertigungsplanung muss sich hin zu einem Dienstleister für den Gesamtwertstrom entwickeln, damit bei der Gestaltung von Arbeitsabläufen und Maschinen die Steigerung der Leistungsfähigkeit des gesamten Wertstroms im Vordergrund steht [Fel17, S. 38 f.]. Nach Abele et al. [Abe11a, S. 46] ist bei der Gestaltung von Werkzeugmaschinen die alleinige Betrachtung der Bearbeitungsaufgabe nicht mehr ausreichend. Die Anforderung an eine optimale Integration der Maschine in einen schlanken Materialfluss wird immer wichtiger [Abe11a, S. 46]. Für eine Produktionsanlage ist es entscheidend, dass sie die Tätigkeiten der Arbeiter mit dem Produktionsfluss in Harmonie bringt

Tabelle 1.1 Handlungsbedarf für die Fertigungsplanung (in Anlehnung an [Fel17, S. 39])

Ausgewählte Merkmale der Fertigungsplanung	Aktueller Zustand	Angestrebter Zustand
Strategische Ausrichtung	Funktionsorientiert	Wertstromorientiert
Ziele	Maximierung der Auslastung	Verkürzung der Durchlaufzeit Erhöhung der Wandlungsfähigkeit
	Lieferbereitschaft durch Lagerbestände	Schnelle Reaktionsfähigkeit durch kurze Durchlaufzeiten
Lösungsansatz	Beschaffung und Aneinanderreihung von High-Tech-Maschinen	Wertstromorientierte Gestaltung der Maschinen und Prozesse
Methodisches Vorgehen	Übertragung und Anpassung etablierter Fertigungskonzepte	Systematische Entwicklung von alternativen Fertigungskonzepten

und diesen nicht behindert [Ohn13, S. 93]. Systeme müssen so gestaltet werden, dass sich Mensch und Technik ergänzen können, da Mensch und Technik komplementär sind [Wäf99, S. 15].

Die Tabelle 1.1 zeigt, dass die strategische Neuausrichtung neben der Anpassung von Zielen die Entwicklung von alternativen Lösungsansätzen durch ein geeignetes methodisches Vorgehen erfordert. Ein großes Hindernis stellen die etablierten Beurteilungsmaßstäbe für Fertigungssysteme dar, die häufig nicht im Einklang mit den Prinzipien der schlanken Produktion stehen und daher im Planungsprozess über die Zielvorgabe nicht die Entwicklung eines schlanken Fertigungssystems unterstützen [Fel17, S. 39]. Dieser Sachverhalt ist darin begründet, dass eine Planung nicht unbedacht erfolgt, sondern sich an bestimmten Regeln und Wertvorstellungen orientiert [Sch91, S. 2]. An dieser Stelle ist exemplarisch die weit verbreitete Zuschlagskalkulation zur Bestimmung der Stückkosten zu erwähnen, welche zu einer verrichtungsorientierten Fertigungsstruktur führt und die drei Gestaltungsansätze „Eliminierung der manuellen Tätigkeiten durch Automatisierung“, „Erhöhung der Ausbringung und Nutzungsdauer“ sowie „Reduktion der Löhne durch Verlagerung der Produktion“ fördert [Coc00, S. 2 f.]. Eine geeignete Bewertungsmethode für ein schlankes Fertigungssystem benötigt Bewertungskriterien, die im Einklang mit den Prinzipien der schlanken Produktion stehen, um dadurch das angestrebte Ziel klar zum Ausdruck zu bringen und Orientierung zu geben [Fel18b, S. 115]. Nach Corsten & Gössinger [Cor12,

S. 42] sind Ziele Aussagen oder Vorstellungen über zukünftige und als erstrebenswert erachtete Zustände. Sie nehmen eine Bewertungs- und Koordinationsfunktion ein und steuern dadurch das menschliche Handeln [Cor12, S. 42]. Nach Adam [Ada93, S. 82] ist ohne eine Zielsetzung keine rationale Planung und Auswahl einer optimalen Alternative zur Lösung des Problems möglich. Die Zielsetzung liefert den Beurteilungsmaßstab für die Entscheidungsalternativen und gibt der Planung die Denkrichtung für die Lösung des Problems vor [Ada93, S. 82]. Die Erkenntnis von Kaplan & Norton „What you measure is what you get" [Kap92, S. 71] und die Aussage von Goldratt „Tell me how you measure me, and I will tell you how I will behave" [Gol90, S. 26] untermauern die Argumentation, dass es sich bei einer Bewertungsmethode um ein erfolgskritisches und zentrales Element im Planungsprozess handelt, welches das menschliche Handeln lenkt.

Die dargelegten Ausführungen zur identifizierten Problemstellung zeigen, dass die methodischen Lücken die systematische Entwicklung von schlanken Fertigungssystemen hemmen. Die konkrete Schlussfolgerung daraus ist, dass aktuell keine umfassende Methode existiert, die es ermöglicht Fertigungssysteme im Einklang mit den Prinzipien der schlanken Produktion modellbasiert zu bewerten und systematisch zu verbessern. Eine zielgerichtete und systematische Entwicklung von Planungsergebnissen, gemäß den Prinzipien der schlanken Produktion, kann daher aktuell nicht gewährleistet werden. Zur Schließung der methodischen Lücken ist die Entwicklung wissenschaftlich fundierter und verallgemeinerbarer Ansätze erforderlich, die den spezifischen Charakteristiken der Fertigung gerecht werden. Eine bloße Zielzustandsbeschreibung oder Anleitung wäre als Lösungsansatz nicht zielführend, vielmehr ist eine umfassende Methode erforderlich, die den Planungsprozess ergänzt, unterstützt und lenkt und dadurch das Planungsergebnis systematisch verbessert.

1.2 Zielsetzung der Arbeit und deren Relevanz

Die beschriebene Ausgangssituation und die identifizierte Problemstellung zeigen, dass die geringe Verbreitung und die oftmals nicht erfolgreiche Umsetzung von schlanken Fertigungssystemen neue methodische Ansätze in der Fertigungsplanung erforderlich machen. Die umfassende Literaturrecherche von Psomas & Antony [Pso19, S. 825 ff.] bestätigt, dass aktuell noch zahlreiche Forschungslücken zum Thema „Lean Manufacturing" (dt.: schlanke Fertigung) existieren. Hopp & Spearman [Hop11, S. 221] propagieren, dass es für die Zukunft erforderlich ist, auch das Themenfeld Fertigungsplanung als Wissenschaft weiter zu stärken. Ausstehend ist unter anderem verallgemeinerbares Wissen zur Unterstützung der Fertigungsplanung [Hop11, S. 221].

Die Arbeit adressiert den identifizierten Forschungsbedarf durch die Entwicklung einer verallgemeinerbaren Methode, die den Fertigungsplanungsprozess systematisch unterstützt und lenkt sowie auf den Prinzipien der schlanken Produktion aufbaut. In Bezug auf die wissenschaftliche Fragestellung nach einer geeigneten Methode leistet die Arbeit mit folgender Zielsetzung einen methodischen Beitrag für das Themengebiet der Fertigungsplanung.

Entwicklung einer Methode für die Fertigungsplanung, die es ermöglicht Fertigungssysteme im Einklang mit den Prinzipien der schlanken Produktion modellbasiert zu bewerten und systematisch zu verbessern.

Aus der beschriebenen Zielsetzung resultieren drei konkrete Forschungsfragen, die im Rahmen der Arbeit aufeinander aufbauend zu beantworten sind.

1. **Welches Methodengerüst und welche Methodenbausteine sind erforderlich, um auf Basis einer Bewertungsmethode die systematische Verbesserung von Planungsobjekten zu unterstützen?**
2. **Wie sind die einzelnen Methodenbausteine für das Planungsobjekt Fertigungssystem aufzubauen und zu gestalten, so dass die Prinzipien der schlanken Produktion erfüllt werden können?**
3. **Wie ist die Methode mit den einzelnen Methodenbausteinen in einen Fertigungsplanungsprozess zu integrieren und wie ist die Methode anzuwenden?**

Der wissenschaftliche Erkenntnisgewinn durch die Beantwortung der genannten Forschungsfragen liefert einen methodischen Beitrag für das Themenfeld Fertigungsplanung, der für eine weitere Verbreitung der Prinzipien der schlanken Produktion in den Fertigungsbereichen notwendig ist. Der konkrete wissenschaftliche Beitrag der vorliegenden Arbeit begründet sich somit in der Entwicklung und Darstellung einer allgemeingültigen Methode, die es ermöglicht das Planungsobjekt Fertigungssystem im Einklang mit den Prinzipien der schlanken Produktion modellbasiert zu bewerten und systematisch zu verbessern. Dies soll durch eine Systematisierung des Wechselspiels zwischen Gestalten und Bewerten in der Phase der Lösungsfindung erreicht werden. In Ergänzung zur entwickelten Methode soll die vorliegende Arbeit auch allgemeine Zusammenhänge bei schlanken Fertigungssystemen beschreiben und ausführlich diskutieren. Darauf aufbauend soll eine Analyse der Zusammenhänge zwischen den durch die Bewertungskriterien betrachteten spezifischen Merkmalen von schlanken Fertigungssystemen durchgeführt werden. Dies soll Aufschluss darüber geben, wie diese sich gegenseitig beeinflussen und welche kritischen Stellhebel bei der Planung von schlanken Fertigungssystemen zu beachten sind.

Die Relevanz der wissenschaftlichen Ergebnisse wird durch deren Verwendbarkeit in der Arbeitsvorbereitung bei produzierenden Unternehmen unterstrichen. Die Arbeitsvorbereitung hat nach der Entwicklung und Konstruktion den größten Einfluss auf die zukünftigen Kosten eines Produkts [VDI87, S. 3]. Ein ordnendes Vorausdenken für die zukünftig ablaufenden Betriebsprozesse ermöglicht das planvolle Wirtschaften und eine erfolgreiche Unternehmensführung [Ada93, S. 3]. Die Anwendung der Methode und der Erkenntnisse können dabei unterstützen, dass die Wettbewerbsfähigkeit von Unternehmen durch den Aufbau und Betrieb von schlanken Fertigungssystemen gestärkt wird. Dies würde sich in einer Transformation des Erscheinungsbilds von bestehenden Fabriken manifestieren.

1.3 Forschungsprozess und Aufbau der vorliegenden Arbeit

Bei einer Wissenschaft handelt es sich um ein System nachvollziehbarer Aussagen, das durch ein Erkenntnisstreben ermittelt wurde [Sch92, S. 228]. Die Realwissenschaften treffen dabei Aussagen über die Realität. Die Ingenieurwissenschaft ist als handlungsorientierte Wissenschaft den Realwissenschaften zuzuordnen [Sch92, S. 229 f.]. Die beschriebene und zu lösende wissenschaftliche Problemstellung resultiert aus einer vorliegenden Problemstellung aus der industriellen Praxis. Für die Bearbeitung und Lösung der definierten Forschungsfragen in Abschnitt 1.2 kommt der Forschungsprozess nach Ulrich zum Einsatz. Dieser stammt aus der Sozialwissenschaft und kann in die angewandte praxisbezogene Wissenschaft eingeordnet werden [Asd15, S. 3]. Der Forschungsprozess nach Ulrich ist durch einen hohen Praxisbezug geprägt, da er nicht im Theoriezusammenhang, sondern mit in der Praxis identifizierten Problemen startet [Ulr84, S. 192]. Er beginnt und endet in der Praxis und ist auf die Untersuchung des relevanten Anwendungszusammenhangs gerichtet [Ulr84, S. 192]. Die nachfolgende Abbildung 1.1 zeigt auf der linken Seite eine Übersicht über die einzelnen Phasen des Forschungsprozesses nach Ulrich und auf der rechten Seite den daraus abgeleiteten Aufbau der vorliegenden Arbeit. Diese gliedert sich in sechs Kapitel, die auf den folgenden Seiten zusammengefasst beschrieben sind.

Das einleitende **erste Kapitel** stellt die Ausgangssituation und die identifizierte Problemstellung aus der Praxis dar. Es folgen eine Beschreibung der Zielsetzung und eine Konkretisierung der zu beantwortenden Forschungsfragen. Den Abschluss bilden die Auswahl eines geeigneten Forschungsprozesses und die Vorstellung des grundlegenden Aufbaus der vorliegenden Arbeit.

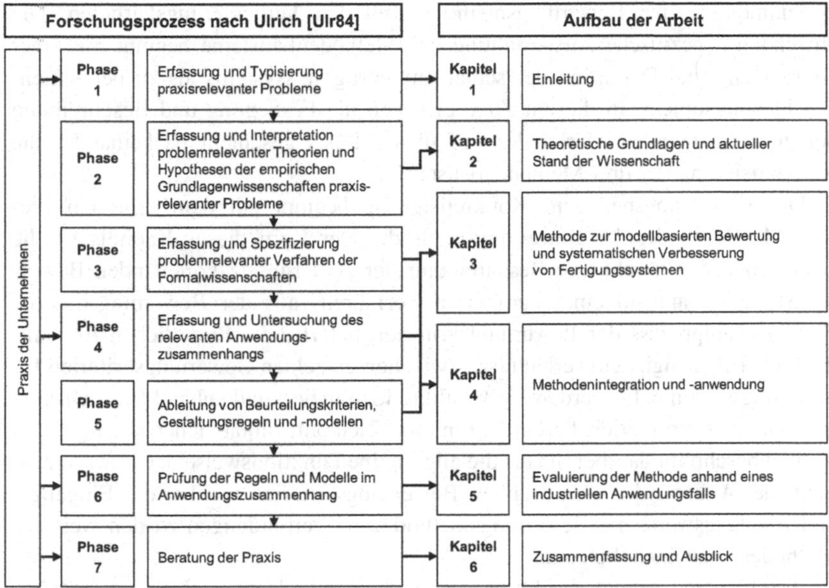

Abbildung 1.1 Forschungsprozess nach Ulrich und Aufbau der vorliegenden Arbeit

Das **zweite Kapitel** beschreibt die für die Methodenentwicklung relevanten theoretischen Grundlagen und erläutert Begrifflichkeiten und Sachverhalte aus dem Anwendungsumfeld. Dieses Kapitel stützt sich im ersten Teil auf Grundlagenliteratur und gibt einen allgemeinen Überblick über die Themenfelder industrielle Produktion, Planung von Fertigungssystemen und über das Toyota-Produktionssystem. Ein Literatur-Review liefert im zweiten Teil durch die Identifikation, Beschreibung und Diskussion relevanter Werke einen Überblick über den aktuellen Stand der Wissenschaft im betrachteten Themenfeld. Aus dem aktuellen Stand der Wissenschaft ergeben sich ein Fazit und eine Konkretisierung des existierenden Forschungsbedarfs. Der Beitrag der vorliegenden Arbeit ist nach definierten Kriterien von bereits vorhandenen Forschungsergebnissen abgegrenzt und im Themenfeld eingeordnet.

Kapitel drei zeigt die Entwicklung und Beschreibung der Methode zur modellbasierten Bewertung und systematischen Verbesserung von Fertigungssystemen. Auf Basis von grundlegenden Vorüberlegungen zur Methodenentwicklung erfolgen die Ausarbeitung eines Methodengerüsts und die Benennung der darin enthaltenen Methodenbausteine. Dabei handelt es sich um ein Fertigungssystemmodell, eine Bewertungsmethode und den Verbesserungsleitfaden. Die anwendungsspezifische Ausgestaltung der Methodenbausteine beginnt mit einer Abgrenzung und Definition des schlanken Fertigungssystems als zu betrachtendes Planungsobjekt. In diesem Zuge erfolgen die Festlegung und Beschreibung der zu betrachtenden Merkmale. Auf dieser Basis geschieht nacheinander die Konkretisierung der drei Methodenbausteine.

Die anwendungsbezogene Konkretisierung beginnt mit dem zentralen Element der Methode, der Bewertungsmethode. Der Kern dieses Kapitels ist die systematische Auswahl und Beschreibung der zum Einsatz kommenden Bewertungskriterien anhand eines etablierten Verfahrens aus der Bewertungstheorie. Der Auswahlprozess der Bewertungskriterien liefert die erforderlichen Erkenntnisse über Abhängigkeitsverhältnisse zwischen einzelnen Bewertungskriterien für Fertigungssysteme. Es werden Zielkonflikte identifiziert und anhand eines Diskussionsrahmens strukturiert bereinigt, um eine Zielkonformität sicherzustellen. Das Kapitel beschreibt darüber hinaus die allgemeine Funktionsweise der Bewertungsmethode. Anhand der ausgewählten Bewertungskriterien werden die Eingangs- und Ausgangswerte der Bewertungsmethode, als Verbindungen zu den weiteren Methodenbausteinen, benannt.

Anschließend erfolgt die Entwicklung des Methodenbausteins Fertigungssystemmodell, welches aus nichtstandardisierten Informationen über das Planungsobjekt verarbeitbare Werte für die Bewertungsmethode erzeugt. Schwerpunkt des Kapitels sind die Auswahl und Festlegung eines geeigneten Modelltyps und die Operationalisierung der zuvor festgelegten Bewertungskriterien.

Den Abschluss bildet die Entwicklung des Verbesserungsleitfadens, des dritten und letzten Methodenbausteins. Auf Basis einer Analyse der Abhängigkeitsverhältnisse zwischen den einzelnen Bewertungskriterien erfolgt eine Quantifizierung der unterstützenden Einflüsse der einzelnen Bewertungskriterien zueinander. Die Bewertungskriterien sind gemäß ihrer Einflussstärke auf andere Kriterien geclustert und nach ihrer Bedeutung im Rahmen der Planung von Fertigungssystemen geordnet. Auf dieser theoretischen Basis vollzieht sich die Entwicklung des Verbesserungsleitfadens, der es ermöglicht systematisch auf Grundlage eines Bewertungsergebnisses geeignete Verbesserungsmaßnahmen zu identifizieren.

Zusammenfassend ergibt sich, dass das Kapitel drei durch den Aufbau des Methodengerüsts und die anwendungsspezifische Ausgestaltung der Methodenbausteine die Forschungsfragen eins und zwei beantwortet.

Im **vierten Kapitel** erfolgt die Integration der entwickelten Methode in einen allgemeinen Fertigungsplanungsprozess. Die Schnittstellen und Informationsflüsse zwischen dem übergeordneten Fertigungsplanungsprozess und den entwickelten Methodenbausteinen sind für jede Phase des Fertigungsplanungsprozesses konkretisiert und ausgearbeitet. Die phasenspezifische Beschreibung des Fertigungsplanungsprozesses veranschaulicht die Anwendung der entwickelten Methode innerhalb der einzelnen Phasen. Das Ergebnis von Kapitel vier führt folglich zur Beantwortung der dritten und letzten Forschungsfrage und zur Erreichung der Zielsetzung der vorliegenden Abhandlung.

Das **Kapitel fünf** stellt die Anwendung der einzelnen Methodenbausteine in einem industriellen Anwendungsfall dar. Der Methodeneinsatz in einem industriellen Umfeld soll dabei die grundsätzliche Anwendbarkeit und Tauglichkeit der Methode bestätigen. Darüber hinaus findet eine kritische Evaluierung statt, um zu überprüfen, ob die entwickelte Methode die gestellten Anforderungen erfüllt.

Den Abschluss der Arbeit bildet **Kapitel sechs**. Dieses Kapitel beinhaltet eine Zusammenfassung der gewonnenen Erkenntnisse und einen Ausblick auf weitere offene Fragestellungen in diesem Themenfeld.

Theoretische Grundlagen und aktueller Stand der Wissenschaft

2

Das vorliegende Kapitel dient zur Darstellung der theoretischen Grundlagen, die für das angestrebte Forschungsziel von Relevanz sind. Der Schwerpunkt liegt daher auf den Themenfeldern industrielle Produktion, Planung von Fertigungssystemen sowie dem Toyota-Produktionssystem als Fundament der schlanken Produktion. Ein Literatur-Review zeigt den aktuellen Stand der Wissenschaft auf und präzisiert die vorhandenen Forschungslücken.

2.1 Industrielle Produktion

Zur Beschreibung der industriellen Produktion wird im ersten Schritt die Fabrik als Gesamtsystem beschrieben und abgegrenzt. Anschließend werden die darin ablaufenden Fertigungsprozesse allgemeingültig strukturiert und für den Kontext der Teilefertigung spezifiziert. Das Kapitel schließt mit einer Beschreibung und Klassifizierung von Fertigungssystemen und der darin zum Einsatz kommenden Werkzeugmaschinen ab. Die vorgestellten Begriffe sind die Grundlage für die anschließende Methodenentwicklung.

2.1.1 Fabrik als industrieller Betrieb

Eine zielgerichtet gelenkte und sich systematisch vollziehende Transformation, die den Zweck hat, durch die Erbringung bestimmter Leistungen Werte zu schaffen, wird als Produktion bezeichnet [Dyc06, S. 3]. Die Produktion ist die „Gesamtheit wirtschaftlicher, technologischer und organisatorischer Maßnahmen, die

© Der/die Autor(en), exklusiv lizenziert durch Springer Fachmedien Wiesbaden GmbH, ein Teil von Springer Nature 2021

M. Feldmeth, *Methode zur modellbasierten Bewertung und systematischen Verbesserung von Fertigungssystemen*,
https://doi.org/10.1007/978-3-658-32288-5_2

unmittelbar mit der Be- und Verarbeitung von Stoffen zusammenhängen“ [Int04, S. 18]. Wirtschaftseinheiten, die vornehmlich die Wertschöpfung fokussieren, heißen Betriebe [Dyc06, S. 4]. Industrielle Betriebe, bei denen der produktionstechnische sowie der produktionsorganisatorische Aspekt im Vordergrund steht, werden als Fabriken bezeichnet [Sch95, S. 34].

Bei einer Fabrik handelt es sich um einen „Ort, an dem Wertschöpfung durch arbeitsteilige Produktion industrieller Güter unter Einsatz von Produktionsfaktoren stattfindet“ [VDI11, S. 3] und um einen „Ort innovativer, kreativer und effizienter Wertschöpfung industrieller Güter“ [Sch14a, S. 7]. Bei einer Fabrik handelt es sich um ein komplexes Wirkungsgefüge, welches als System aufzufassen ist [Dyc06, S. 4]. Die Fabrik ist eine industrielle Produktionsstätte, welche die Gebäude, die Produktionsanlagen und das Gelände, auf dem sich diese befinden, umfasst [Int04, S. 4]. Durch eine weitere Untergliederung entstehen weitere Subsysteme, welche sich in vertikaler Richtung nach Ordnungsebenen aufbauen [Sch14a, S. 123]. Die Hierarchie der Fertigungssysteme eines Produktionsbetriebs lässt sich anhand einer 5-Ebenen-Struktur beschreiben [För82, S. 31]. Abbildung 2.1 zeigt, dass Fertigungssysteme niedrigerer Ordnung Bestandteile übergeordneter Fertigungssysteme darstellen.

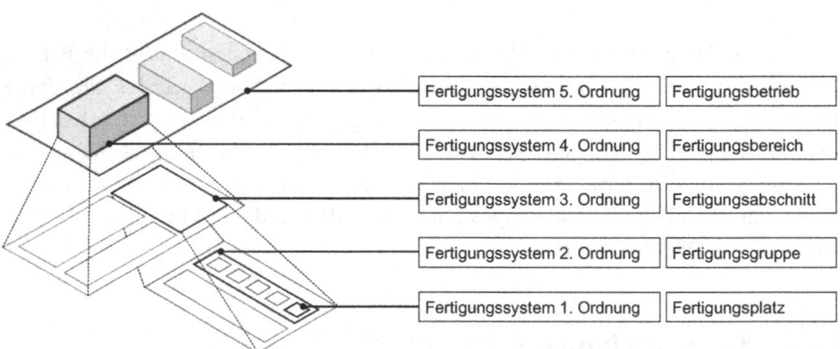

Abbildung 2.1 Hierarchische Ordnung der Fertigungssysteme (eigene Darstellung nach der Ausführung von Förster et al. [För82, S. 31])

Nach der Beschreibung der einzelnen Subsysteme einer Fabrik sind im nächsten Schritt die theoretischen Grundlagen für die darin ablaufenden Fertigungsprozesse zu betrachten. Die Fertigungsprozesse sind als Kernfunktionalität einer Fabrik anzusehen [Sch14a, S. 119].

2.1.2 Fertigungsprozesse und Teilefertigung

Ein Fertigungsprozess ist „der planmäßige Ablauf von Fertigungsvorgängen [...], bei dem Material mittels physikalischer und/oder chemischer Einwirkung auf einen vorausbestimmten Endzustand gebracht wird“ [Dür16, S. 343]. In Abbildung 2.2 ist die Gliederung eines allgemeinen Fertigungsprozesses in seine einzelnen Bestandteile dargestellt.

Nach Dürr & Göpfert [Dür16, S. 343] ergibt sich für einen Fertigungsprozess folgende Gliederung. Der Fertigungsprozess kann auf oberster Ebene in die drei Prozessstufen Rohteilherstellung, Teilefertigung und Montage eingeteilt werden. Die Prozessphase ist eine Gruppe von Arbeitsgängen, die stark voneinander abhängen und zwingend nacheinander auszuführen sind. Der Arbeitsgang[1], der an einem Arbeitsplatz ausgeführt wird, untergliedert sich in mehrere Arbeitsstufen, die ohne Änderung der Werkstückspannung, ohne Werkzeugwechsel und ohne Änderung der bearbeitungsrelevanten Parameter ausgeführt werden. Bei einem Griff handelt es sich um eine abgeschlossene Betätigung einer Person und bei einem Griffelement um eine in sich abgeschlossene Elementarbewegung.

Auf Basis dieser Struktur und der definierten Begriffe des allgemeinen Fertigungsprozesses ist im folgenden Schritt die von der vorliegenden Arbeit fokussierte Prozessstufe der Teilefertigung näher zu beleuchten. Es erfolgt eine Vorstellung und Einordnung der relevanten Fertigungsverfahren innerhalb der Prozessstufe Teilefertigung.

Unter Fertigung[2] sind alle Vorgänge zu verstehen, die „mit Hilfe geeigneter Fertigungsmittel[3] unter Anwendung bestimmter Fertigungsverfahren Veränderungen von Form und Lage, z. T. auch der Stoffeigenschaften, an Rohteilen bewirken“ [Int04, S. 6]. Fertigungsverfahren sind „alle Verfahren zur Herstellung von geometrisch bestimmten festen Körpern; sie schließen die Verfahren zur Gewinnung erster Formen aus dem formlosen Zustand, zur Veränderung dieser Form sowie zur Veränderung der Stoffeigenschaften ein“ [DIN03, S. 4]. Nach DIN 8580 lassen sich alle Fertigungsverfahren in die sechs Hauptgruppen Urformen, Umformen, Trennen, Fügen, Beschichten und Stoffeigenschaften ändern

---

[1] Ein Arbeitsgang, oder Arbeitsvorgang, ist ein abgeschlossener Arbeitsanteil, der an einem Objekt ausgeführt wird [Int04, S. 40].

[2] Ergänzend ist zum Begriff Fertigung noch zu erwähnen, dass dieser auch für die betriebliche Organisationseinheit verwendet wird, die für die Herstellung von Erzeugnissen verantwortlich ist [Int04, S. 6].

[3] Fertigungsmittel sind Einrichtungen, die zur direkten oder indirekten Änderung der Form, der Substanz oder des Zustands von Werkstücken beitragen und deren Nutzung über längere Zeiträume gegeben ist [Int04, S. 20].

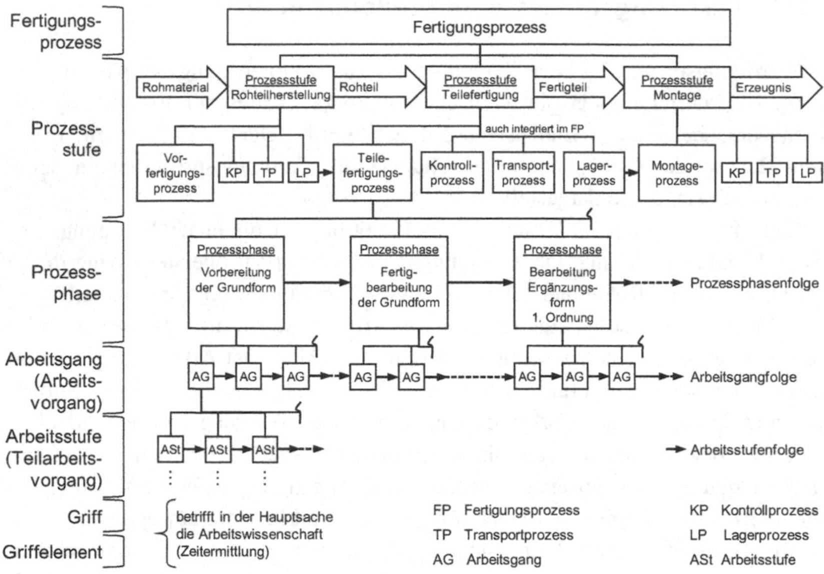

Abbildung 2.2 Gliederung der Fertigungsprozesse (in Anlehnung an [Dür16, S. 344])

aufteilen [DIN03, S. 7]. Abbildung 2.3 zeigt eine weitere Aufschlüsselung der relevanten Hauptgruppe Trennen, da diese von der zu entwickelnden Methode schwerpunktmäßig betrachtet wird. In der Abbildung ist das Trennen durch weitere Gruppen und Untergruppen untersetzt. Auf der untersten Gliederungsebene der Untergruppen finden sich die jeweiligen spezifischen Fertigungsverfahren.

2.1.3 Fertigungssysteme und Werkzeugmaschinen

Die Herstellung von Produkten erfordert die abgestimmte Kombination von Menschen, Maschinen und Einrichtungen [Chr06, S. 329]. Ein Fertigungssystem[4] ist eine Anordnung von technischen Fertigungseinrichtungen, die zur Erfüllung einer bestimmten Fertigungsaufgabe miteinander verknüpft sind [Int04, S. 8]. Ein Fertigungssystem stellt ein soziotechnisches System dar, in dem Menschen

[4]Für den Begriff Fertigungssystem wird oft die Bezeichnung „Produktionssystem" als Synonym verwendet [Int04, S. 8].

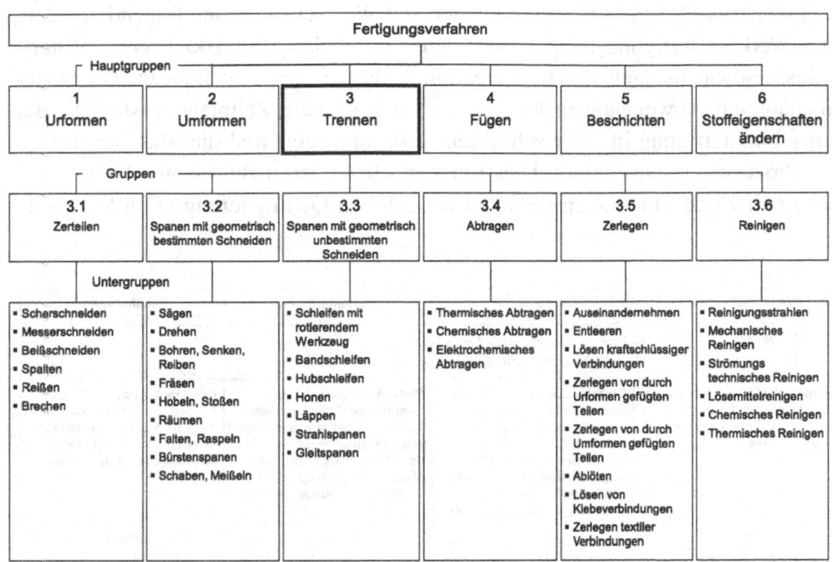

Abbildung 2.3 Hauptgruppen der Fertigungsverfahren nach DIN 8580 (in Anlehnung an [DIN03, S. 7 und S. 10])

und Betriebsmittel zusammenwirken, um einen Zweck (zum Beispiel Drehteil herstellen) zu erfüllen [REF84, S. 93].

Die Struktur der Fertigung wird durch das Fertigungsprinzip bestimmt, welches den Materialfluss und den Koordinationsaufwand prägt [Wan10, S. 525]. Das Fertigungsprinzip beschreibt die ausgewählten Fertigungsverfahren, deren Anordnung in Arbeitssystemen[5] sowie die Reihenfolge, wie die einzelnen Arbeitssysteme durchlaufen werden [Dan01, S. 504]. Die Ablaufart in der Teilefertigung kennzeichnet die räumliche Anordnung der einzelnen Fertigungsmittel sowie die zugehörigen Transportbeziehungen zwischen diesen Fertigungsmitteln [Sch07a, S. 130]. Es lassen sich die vier Ablaufprinzipien Werkstattfertigung, Inselfertigung, Reihenfertigung und Fließfertigung unterscheiden [Sch07a, S. 131]. In Abbildung 2.4 sind die möglichen Ablaufarten in der Teilefertigung schematisch dargestellt und beschrieben. Bei der Betrachtung der Extremausprägungen ergibt sich folgender Sachverhalt.

[5] „Ein Arbeitssystem ist die kleinste Einheit der Potentialfaktoren Arbeitskraft und/oder Betriebsmittel […] zur Durchführung von Fertigungs(teil-) aufgaben“ [Dan01, S. 41].

Liker [Lik07, S. 148 f.] charakterisiert die Werkstattfertigung folgendermaßen. Die Werkstattfertigung ist gekennzeichnet durch lange und kreuzende Materialflüsse sowie mangelhafte Koordination zwischen den Abteilungen. Die systeminhärenten Abweichungen kann keine noch so gute Zeitplanung steuern. Bei einer Fließfertigung in einer schlanken Zelle hingegen sind die Maschinen nach der Prozessfolge angeordnet. Dies führt zu effizienteren Bewegungsabläufen der Mitarbeiter und Materialien sowie zu veränderten Qualifizierungsanforderungen.

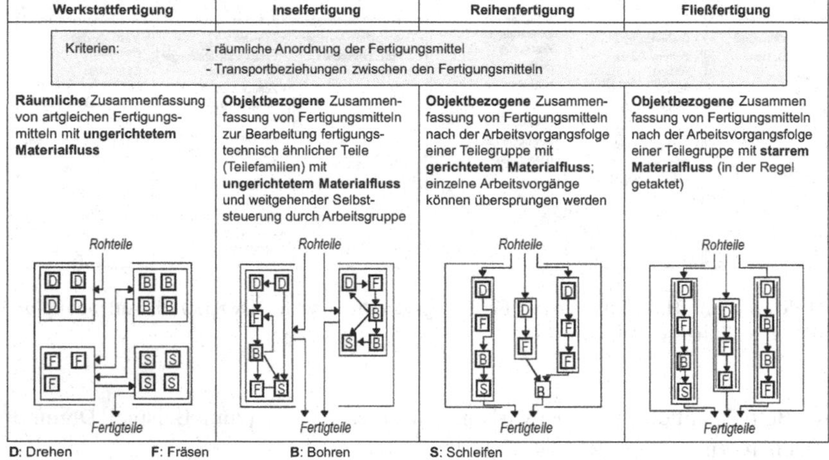

Abbildung 2.4 Ablaufarten in der Teilefertigung (in Anlehnung an [Sch07a, S. 131])

Die Fließfertigung zeichnet sich durch einen übersichtlichen Materialfluss, kurze Durchlaufzeiten, geringe Bestände, kurze Transportwege, einen geringen bis mittleren Personalbedarf und eine einfache Fertigungssteuerung aus [War95b, S. 13]. Fertigungssysteme gemäß den objektbezogenen Ablaufarten stützen sich auf das Konzept der Group Technology (dt.: Gruppentechnologie) und sind in der Literatur unter dem Begriff Cellular Manufacturing (dt.: Zellenfertigung) zu finden [Ira99, S. 1 ff.].

Ein Fertigungssystem lässt sich weiter nach seiner räumlichen und zeitlichen Struktur charakterisieren [Sch14a, S. 320]. Die räumliche Struktur eines Fertigungssystems kann eine Punktstruktur (Komplettbearbeitung), Linienstruktur (Fertigungslinie) oder Netzstruktur (Fertigungsnetz) aufweisen [Sch14a, S. 325].

Bei der zeitlichen Organisation sind der Reihenverlauf (Weitergabe von Werkstücken in Losen), der Parallelverlauf (parallele Weitergabe einzelner Werkstücke) und ein kombinierter Verlauf (Kombination von Reihen- und Parallelverlauf) zu unterscheiden [Sch14a, S. 322].

Abschließend ist noch die Verteilung der Arbeitsinhalte innerhalb des Fertigungssystems zu erläutern. Luczak [Luc93, S. 434] liefert dazu folgende Erklärung. Die Arbeitsteilung im Fertigungssystem lässt sich in die zwei Typen Art- und Mengenteilung trennen. Die Artteilung teilt eine Gesamtaufgabe in einzelne Schritte und Teilaufgaben und weist diese einzelnen Stationen oder Personen zu. Bei der Mengenteilung werden die Produkte als Ganzes parallel und gleichzeitig von unterschiedlichen Stationen oder Personen bearbeitet.

Zentrale Merkmale eines Fertigungssystems sind die Verwendung von Werkzeugmaschinen und der maschinenintensive Aufbau, da im Vergleich zur Montage in der Fertigung die maschinellen Prozesse dominieren [Nic18, S. 293]. Eine Werkzeugmaschine dient gemäß der gegebenen Fertigungsaufgabe der Erzeugung von Werkstücken mittels Werkzeugen [Bah13, S. 1]. Tönshoff definiert den Begriff Werkzeugmaschine wie folgt. „Eine Werkzeugmaschine ist eine Arbeitsmaschine, die ein Werkzeug am Werkstück unter gegenseitiger bestimmter Führung zur Wirkung bringt [...]. Sie übernimmt die Werkzeug- und Werkstückhandhabung und das Aufnehmen, Verarbeiten und Rückführen von Informationen über den Fertigungsvorgang“ [Tön95, S. 2].

Für einen einheitlichen Sprachgebrauch ist es essenziell die unterschiedlichen Arten von Werkzeugmaschinen treffend zu benennen. In der Vergangenheit ist der Automatisierungsgrad in der Produktion ständig vorangeschritten [Lay01, S. 2]. Werkzeugmaschinen lassen sich anhand ihres Automatisierungsgrads klassifizieren [Hir16, S. 4]. In Abbildung 2.5 sind die Bezeichnungen für Werkzeugmaschinen abhängig von ihrem Automatisierungsgrad aufgelistet. Weitere verbreitete Klassifizierungsmerkmale von Werkzeugmaschinen sind Fertigungsverfahren, Einsatzbreite, Anwendungsfeld, technologiegebundene Merkmale, Lage und Anzahl der Hauptspindeln und die Bauart [Ahl15, S. 156].

Eine Werkzeugmaschine besteht aus den Hauptkomponenten geometrisches Grundsystem, Antriebe, Werkzeugsystem, Werkstücksystem, Steuerung und Bedienschnittstelle, Peripherie, Automatisierungseinrichtungen und weiteren zusätzlichen Einrichtungen [Ahl15, S. 176]. In Tabelle 2.1 ist zu sehen, dass sich diese Hauptkomponenten wiederum aus verschiedenen Komponenten zusammensetzen. Der Aufbau und die peripheren Einrichtungen werden durch das auszuführende Fertigungsverfahren bestimmt [Hir16, S. 5]. Durch den gestiegenen Automatisierungsgrad, die vielfältige Peripherie und die zusätzlichen Einrichtungen handelt es sich bei einer Werkzeugmaschine um ein komplexes System

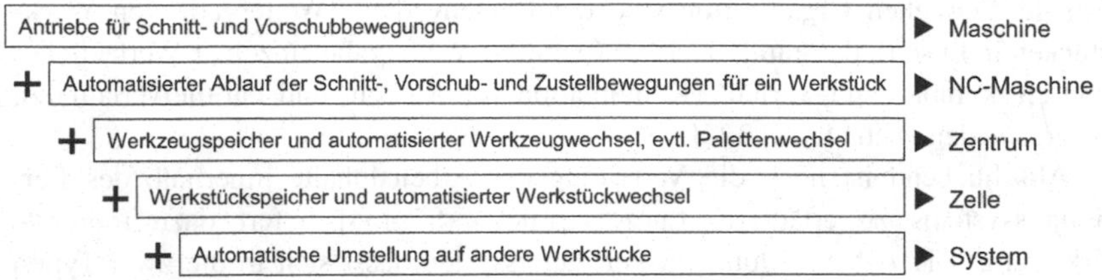

Abbildung 2.5 Klassifizierung der Werkzeugmaschinen (in Anlehnung an [Hir16, S. 4])

[Bah13, S. 1]. Nach Weck & Brecher [Wec05, S. 6] sind in Abhängigkeit von den Schneidstoffentwicklungen auch die Anforderungen an die Werkzeugmaschinen gestiegen. Dadurch sind höhere Antriebskräfte, höhere Spindeldrehzahlen, steifere und höher belastbare Führungen, Spindeln und Gestellbauteile sowie verbesserte Getriebe bei den Werkzeugmaschinen erforderlich [Wec05, S. 6].

Tabelle 2.1 Hauptkomponenten von Werkzeugmaschinen (in Anlehnung an [Ahl15, S. 176])

Hauptkomponenten	Komponenten
Geometrisches Grundsystem	• Gestell • Führungen und Lagerungen
Antriebe	• Hauptantrieb • Vorschubantrieb • Stell- und Hilfsantriebe
Werkzeugsystem	• Werkzeug • Werkzeugspezifische Aufnahme • Genormte Schnittstelle zwischen Werkzeugaufnahme und Maschine
Werkstücksystem	• Werkstück • Werkstückspezifisches Spannmittel • Genormte Schnittstelle zwischen Spannmittel und Maschine
Steuerung und Bedienschnittstelle	–
Peripherie	• Verkleidung • Sicherheitseinrichtung • Hydraulik • Kühlschmiermittelanlage

(Fortsetzung)

Tabelle 2.1 (Fortsetzung)

Hauptkomponenten	Komponenten
Automatisierungseinrichtungen	–
Zusätzliche Einrichtungen	• Werkzeug- oder Werkstückvermessung • Zusätzliche Einrichtungen zur Instandhaltung

Die grundlegenden Anforderungen an Werkzeugmaschinen sind nach Weck & Brecher [Wec05, S. 11] im Wesentlichen eine hohe geometrische und kinematische Genauigkeit bei statischen, dynamischen und thermischen Belastungen, ein gutes Festigkeitsverhalten stark belasteter Maschinenteile, die Automatisierung der Maschinenfunktionen, die Sicherheit der Gesamtanlage (CE-Kennzeichnung[6]) sowie ein gutes Umweltverhalten (Geräusche, Staub, aggressive Medien).

2.2 Planung von Fertigungssystemen

Nach einer grundlegenden Erläuterung relevanter Begriffe zur industriellen Produktion wird im Folgenden die Planung von Fertigungssystemen genauer beleuchtet und werden relevante Planungsansätze aus der Literatur identifiziert und erläutert. Der Inhalt beschreibt das Anwendungsumfeld der Methode und stellt die theoretische Grundlage für Kapitel 4 dar.

2.2.1 Fertigungsplanung im betrieblichen Umfeld

Der planende Bereich zwischen Konstruktion und Produktherstellung ist die Arbeitsvorbereitung [Int04, S. 182]. Diese stellt damit das Verbindungsglied zwischen Konstruktion und Fertigung dar [War95a, S. 245]. Nach Eversheim [Eve02, S. 3] lässt sich der Bereich Arbeitsvorbereitung in zwei Teilbereiche untergliedern. Die Arbeitsplanung bestimmt, was wie und womit hergestellt wird, wohingegen die Arbeitssteuerung vorgibt, wie viel wann, wo und durch wen hergestellt wird [Eve02, S. 3]. Der Begriff Fertigungsplanung ist im Sinne der beinhalteten Aufgaben als Synonym für den Begriff der Arbeitsplanung anzusehen [Int04, S. 182]. Die Fertigungsplanung beinhaltet nach Dangelmaier „alle einmalig zu

[6]Die Neunte Verordnung zum Produktsicherheitsgesetz (Maschinenverordnung) [Bun11] regelt die CE-Kennzeichnung für Maschinen (CE: Conformité Européenne; dt.: Europäische Konformität).

treffenden Maßnahmen bezüglich der Gestaltung eines Fertigungssystems und der darin stattfindenden Fertigungsprozesse“ [Dan01, S. 5]. Aufgaben der Fertigungsplanung sind nach Eversheim die Fertigungsmittelplanung, die Lager- und Transportplanung, die Personalplanung, die Flächen- und Gebäudeplanung sowie die Investitionsrechnung [Eve02, S. 12]. Zur Verallgemeinerung der einmalig auftretenden Planungsmaßnahmen lassen sich drei Kernfragen ableiten, die innerhalb der Fertigungsplanung zu klären sind [Dür16, S. 339]:

Was soll gefertigt werden?	Art und Menge der Produkte
Wie soll gearbeitet werden?	Abläufe, Verfahren und Prozesse
Womit soll gearbeitet werden?	Art und Menge von Betriebsmitteln, Art und Anzahl von Arbeitskräften

Durch die hohe Tragweite der Aufgaben in der Fertigungsplanung wird dieser eine bedeutende Rolle zur Sicherung der Wettbewerbsfähigkeit eines Unternehmens zuteil [Eve02, S. 2]. Zur Absicherung des Planungserfolgs von komplexen Fertigungssystemen sind geeignete Planungssystematiken notwendig [REF90, S. 86 f.].

2.2.2 Relevante Planungsansätze für Fertigungssysteme

In der Literatur sind verschiedene allgemeine Planungsansätze für eine strukturierte Planung von Fertigungssystemen sowie zur systematischen Abarbeitung der oben genannten Aufgaben vorhanden. Behrendt [Beh09, S. 18 ff.] gliedert die vorhandenen methodischen Grundlagen zur Planung von Fertigungssystemen in die zwei Kategorien technisch orientierte und systemorientierte Planungsansätze und bekundet, dass die nachfolgend genannten Planungsansätze die jeweils besten Repräsentanten darstellen.

Technisch orientierte Planungsansätze:

- „Planung der Fertigung“ nach [Eve89]
- „Technische Investitions- und Strukturplanung“ nach [Wie72]

Systemorientierte Planungsansätze:

- „Planung von Produktionssystemen“ nach [Sch99]
- „Planung und Gestaltung komplexer Produktionssysteme“ nach [REF90]

Aufgrund des systemorientierten Fokus der vorliegenden Arbeit und der aktuelleren Veröffentlichungsdaten werden die Ansätze „Planung von Produktionssystemen" nach [Sch99] und „Planung und Gestaltung komplexer Produktionssysteme" nach [REF90] genauer beleuchtet und vorgestellt.

„Planung von Produktionssystemen" nach [Sch99]

Im Werk „Produktion und Management 3: Gestaltung von Produktionssystemen" [Eve99] erfolgt im Beitrag „Planung von Produktionssystemen" [Sch99] die Vorstellung von einem Planungsansatz für Fertigungssysteme. Der Ansatz gliedert sich in die vier Hauptschritte Analyse der Produktionsaufgabe, Technologieplanung, Strukturplanung und Auslegungsplanung [Sch99, S. 10-36 ff.]. In Abbildung 2.6 ist der Ablauf mit den wichtigsten Inhalten schematisch dargestellt.

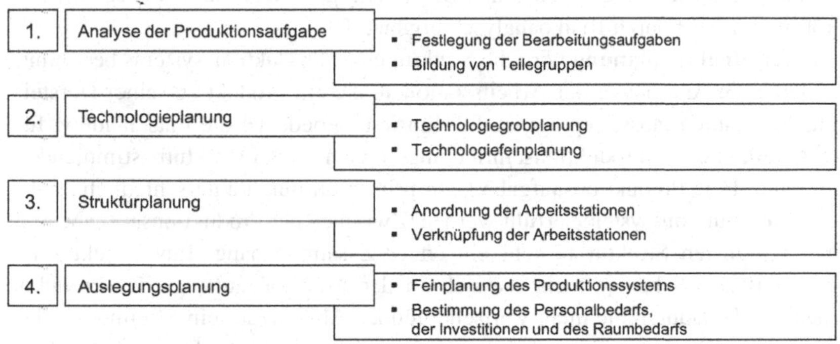

Abbildung 2.6 Planung von Produktionssystemen (eigene Darstellung nach der Ausführung von [Sch99, S. 10-36 ff.])

Der Planungsansatz lässt sich nach [Sch99, S. 10-36 ff.] wie folgt zusammenfassen.

Das Ziel der **Analyse der Produktionsaufgabe** sind die Festlegung der notwendigen Bearbeitungsaufgaben für alle Werkstücke sowie die technologisch sinnvolle Zusammenfassung der Werkstücke zu Teilegruppen. Die Analyse und Beschreibung der Aufgaben, für deren Ausführung ein Fertigungssystem zum Einsatz kommen soll, stellt die Grundlage und Voraussetzung für ein anforderungsgerechtes Fertigungssystem dar. Die vollständige Beschreibung der Bearbeitungsaufgabe beinhaltet geometrische, technologische, organisatorische Daten sowie Anforderungen an die erforderlichen Maschinen. Nach der Ermittlung der notwendigen Bearbeitungsaufgaben für die einzelnen Werkstücke können diese aus technologischer Sicht zu sinnvollen Teilegruppen zusammengefasst werden. Das Ziel bei der Bildung von Teilegruppen besteht darin einzelne Werkstücke aus dem kompletten Teilespektrum zu ermitteln, die geometrische und fertigungstechnische Ähnlichkeiten aufweisen. In Abhängigkeit von den betrachteten Merkmalen ergeben sich unterschiedliche Gruppen ähnlicher Werkstücke. Methoden für eine effiziente Datenverarbeitung sind hierbei die Cluster- und Faktorenanalyse.

Auf Basis der Beschreibung der Bearbeitungsaufgabe mit den geometrischen, technologischen und organisatorischen Informationen erfolgt die **Technologieplanung**. Es wird ein Anforderungsprofil an das Betriebsmittel erstellt. Diejenigen Alternativen, die das Anforderungsprofil am besten erfüllen, kommen in die Feinplanungsphase. Anlagenparameter werden detailliert spezifiziert und anschließend die Verkettung der Betriebsmittel, die Handhabungseinrichtungen und die Transportmittel geplant. Die abschließende Bewertung geschieht durch wirtschaftliche Größen und wird durch Risikoanalysen ergänzt.

In der **Strukturplanung** wird die Struktur eines Produktionssystems bestimmt, die durch die Anordnung der Arbeitsstationen, die ein Produkt zu seiner Herstellung durchlaufen muss, geprägt ist. Strukturierung bedeutet die Entscheidung für die Anordnung der Produktionseinrichtungen nach einem strukturbestimmenden Kriterium. Eine Produktionsaufgabe kann prinzipiell durch unterschiedlich strukturierte Produktionssysteme erfüllt werden. Zwischen der Produktionsaufgabe und einer geeigneten Struktur besteht ein enger Zusammenhang. Eine Struktur ist umso wirtschaftlicher, je mehr sie sich an der Arbeitsablauffolge des Produkts orientiert, da dadurch die nicht wertschöpfenden Abläufe auf ein Minimum reduziert werden. Die konsequente Umsetzung einer effizienten Struktur äußert sich in einer getakteten Fließfertigung. Ein variantenreiches Produktionsprogramm führt in der Regel dazu, dass zwischen Rüstaufwand, Automatisierungsgrad, Flexibilität und enger Ausrichtung der Betriebsmittel am Materialfluss abgewogen werden muss. Durch eine Kostenvergleichsrechnung wird angestrebt die günstigste Alternative zu bestimmen. Weitere Größen, die nur schwer oder nicht rechnerisch erfassbar sind, können ebenfalls dem Unternehmen einen Wettbewerbsvorteil verschaffen und sind mit einzubeziehen. Die umzusetzende Struktur ist immer auch das Resultat einer unternehmerischen Entscheidung.

Im letzten Projektierungsschritt **Auslegungsplanung** findet die Feinplanung statt. Diese beinhaltet die Gestaltung und Auswahl der Betriebsmittel. Typische Beschreibungsformen sind Pflichten- und Lastenhefte, Anforderungs- und Ausrüstungslisten. Die Planungseingangsgrößen sind die Ergebnisse aus den vorherigen

Planungsschritten. Für die Auslegungsplanung gibt es bisher keine Vorgehensweise, die direkt auf die jeweils optimale Lösung leitet, da verschiedene Kriterien parallel zu optimieren sind.

Beim vorgestellten Planungsansatz ist zu erkennen, dass dieser ausschließlich die reinen Planungsaufgaben abdeckt. Vor- und nachgelagerte Phasen wie die Zielplanung oder spätere Systemeinführung sind darin nicht mitbetrachtet. Der nachfolgende Ansatz nach REFA ist dahingehend weiter gefasst.

„Planung und Gestaltung komplexer Produktionssysteme" nach [REF90]
Die Planungssystematik stellt einen verfahrens- und anlagenneutralen Leitfaden für alle Bereiche der verarbeitenden Industrie dar, der unabhängig von der Systemgröße anwendbar ist [REF90, S. 86]. Der mehr systemorientierte Ansatz nach REFA, siehe Abbildung 2.7, ist etwas weiter gefasst und betrachtet in seinen sieben Planungsstufen noch weitere Themen. Diese sind im Wesentlichen in den Planungsstufen 1, 2, 5 und 6 zu finden. Der Planungsansatz lässt sich nach [REF90, S. 84 ff.] wie folgt zusammenfassen.

In die **Planungsstufe 1** fällt der Erhalt des Planungsauftrags. Dieser resultiert aus einem Planungsanstoß, der aufgrund von produktbezogenen und produktionsbezogenen Faktoren ausgelöst werden kann. Vor Beginn der eigentlichen Planungsarbeit ist eine geeignete Projektorganisation zu definieren. Die Voraussctzung für Planungsstufe 2 ist die aufgabenbezogene, differenzierte Beschreibung des Ausgangszustands (Situationsanalyse). Die Situationsanalyse untergliedert sich in mitarbeiterbezogene, kostenbezogene, produktionsbezogene und produktbezogene Analyseschwerpunkte.

Während der **Planungsstufe 2** sind die Ziele für die Planung festzulegen und es ist ein Zielkriterienkatalog zu erstellen. Des Weiteren ist es notwendig die Planungsaufgabe klar abzugrenzen.

Die Grobplanung des Produktionssystems erfolgt in der **Planungsstufe 3**. Diese beinhaltet die Erarbeitung von Produktionsabläufen, die Entwicklung des Produktionssystems sowie die Bewertung der Lösungsvarianten und die Auswahl eines Favoriten.

In der **Planungsstufe 4** findet die Feinplanung des Produktionssystems statt und es werden die Teilsysteme detailliert, zudem wird der Personaleinsatz geplant und ein Realisierungsplan erstellt.

Die Systemeinführung mit den Schritten Beschaffung veranlassen, Personalschulung durchführen und Produktionssystem installieren und in Betrieb nehmen findet in der **Planungsstufe 5** statt.

Die Planung schließt mit der **Planungsstufe 6** ab, in der das Systemverhalten analysiert, die Abschlussdokumentation erstellt und die Erfolgskontrolle durchgeführt wird.

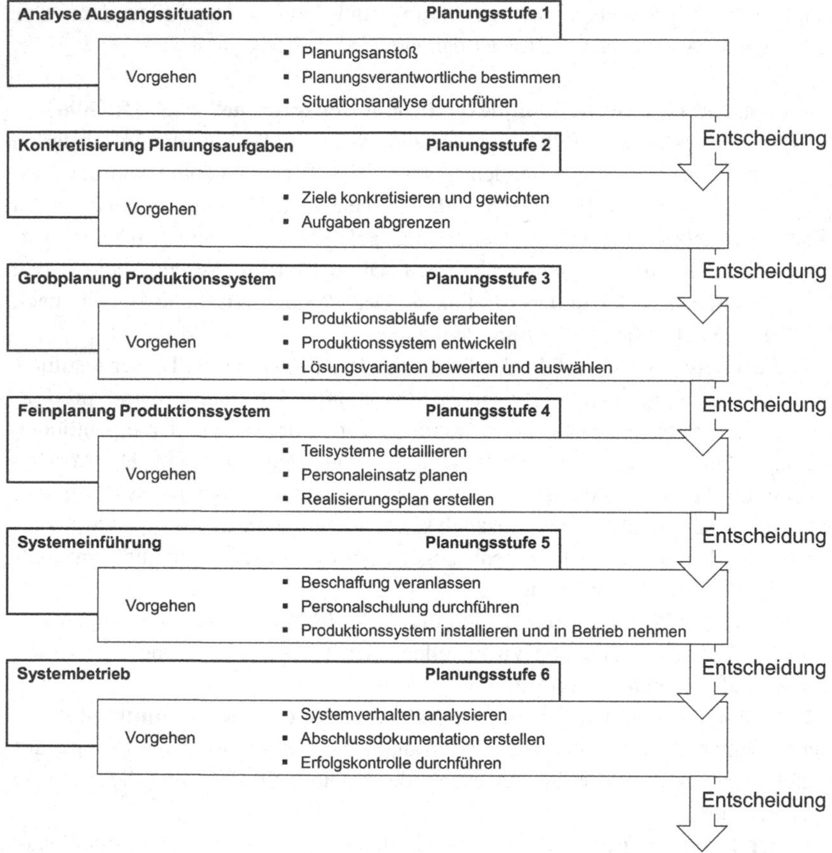

Abbildung 2.7 Systematik zur Planung und Einführung komplexer Produktionssysteme (in Anlehnung an [REF90, S. 89])

Abschließend ist festzuhalten, dass sämtliche Planungsansätze der gleichen Grundlogik und Vorgehensweise folgen. Je nach Anwendungsfall sind diese durch spezifische Planungsaufgaben untersetzt und teilweise etwas angepasst. Für die

Planung von Fertigungszellen sind dafür die Ansätze von Massay, Benjamin & Omurtag [Mas95, S. 129 ff.] und der durch strategische Elemente erweiterte Ansatz von Hyer & Wemmerlöv [Hye02, S. 71 ff.] zu nennen. An dieser Stelle ist ergänzend zu betonen, dass die entscheidenden Planungsaufgaben für schlanke Fertigungssysteme die Bildung von Teilefamilien, die Formation von Fertigungsinseln und die Verteilung von Arbeitsinhalten sind [Bec14, S. 36 ff.].

2.3 Das Toyota-Produktionssystem (TPS)

Das Kapitel befasst sich mit der Beschreibung des Toyota-Produktionssystems als typischem Vertreter und Wegbereiter ganzheitlicher Produktionssysteme. Ausgewählte Elemente aus dem TPS, die eine Relevanz für die vorliegende Arbeit aufweisen, sind detailliert betrachtet und erläutert. Das Kapitel liefert das theoretische Fundament, um im weiteren Gang der Abhandlung das Planungsobjekt „schlankes Fertigungssystem" definieren zu können.

2.3.1 Entstehung, Zielsetzung und Aufbau

Die Wortschöpfung Lean Production (dt.: schlanke Produktion) ist auf die von Krafcik veröffentlichte Studie „Triumph of the Lean Production System" [Kra88, S. 44] zurückzuführen. Ab den 90er Jahren fand der Begriff „Lean Production" eine weite Verbreitung durch das Werk „The Machine That Changed the World" [Wom90] von Womack, Jones & Roos [Neu15, S. 9]. Nach dem Bekanntwerden der erfolgreichen japanischen Produktionsphilosophie haben zahlreiche Unternehmen, in Form von einer unstrukturierten Methodenanwendung, versucht die Produktionsweise von Toyota zu kopieren [Dom15b, S. 18 f.]. Der Misserfolg vieler Unternehmen hat gezeigt, dass die Wettbewerbsfähigkeit von Toyota nicht in einzelnen Methoden, sondern in einem abgestimmten Gesamtsystem, in Form eines ganzheitlichen Produktionssystems, begründet war [Dom15b, S. 19].

Die VDI-Richtlinie 2870 definiert ein ganzheitliches Produktionssystem als ein „[u]nternehmensspezifisches, methodisches Regelwerk zur umfassenden und durchgängigen Gestaltung der Unternehmensprozesse" [VDI12, S. 5 f.]. Das Toyota-Produktionssystem ist der Wegbereiter für die ganzheitlichen Produktionssysteme [Dom15b, S. 4]. Ohno entwickelte und implementierte in den 50er Jahren das Toyota-Produktionssystem, welches seitdem nicht grundlegend verändert, sondern nur weiterentwickelt und optimiert wurde [Wie18, S. 39]. Trotz des japanischen Ursprungs handelt es sich nicht um eine völlig neue Erfindung der japanischen Industrie, da viele Prinzipien aus dem Fordismus stammen, die konsequent an geänderte Rahmenbedingungen hoch entwickelter Industriegesellschaften angepasst und weiterentwickelt wurden [Wei15, S. 41 f.]. Obwohl das Toyota-Produktionssystem als Referenz und Best Practice gilt, ist es erforderlich, dass jedes Unternehmen sein eigenes spezifisches Produktionssystem entwickelt [Neu15, S. 10 f.]. Ein ganzheitliches Produktionssystem besteht in der Regel aus den Elementen Ziele, Unternehmensprozess, Gestaltungsprinzipien sowie Methoden und Werkzeuge [VDI12, S. 9]. Durch Gestaltungsprinzipien wird sichergestellt, dass ein stimmiges Gesamtsystem von verknüpften Methoden und Werkzeugen entsteht [VDI12, S. 13]. In der VDI-Richtline 2870 [VDI12, S. 13] sind die Gestaltungsprinzipien Standardisierung, Null-Fehler-Prinzip, Fließprinzip, Pull-Prinzip, kontinuierlicher Verbesserungsprozess, Mitarbeiterorientierung und zielorientierte Führung, Vermeidung von Verschwendung und visuelles Management aufgeführt.

In Abbildung 2.8 ist das Toyota-Produktionssystem mit seinen spezifischen Elementen dargestellt. Die Form des Hauses verdeutlicht, dass die Elemente logisch aufeinander aufbauen und das Zusammenwirken der Elemente von entscheidender Bedeutung ist [Lik07, S. 65]. Die beiden tragenden Säulen des Toyota-Produktionssystems sind „Just-in-Time“ und „Jidoka“ (dt.: autonome Automation) [Ohn13, S. 37]. Für die Elemente „Just-in-Time“, „Jidoka“ sowie „stabile und standardisierte Prozesse“ erfolgt eine detaillierte Beschreibung.

Das Toyota-Produktionssystem verfolgt die völlige Beseitigung der Verschwendung [Ohn13, S. 37]. Verschwendung ist alles, was nur die Kosten erhöht, ohne eine zusätzliche Wertschöpfung zu erbringen [Ohn13, S. 93 f.]. Die gesamte Verschwendung ist letztendlich Teil der direkten und indirekten Arbeitskosten, der Abschreibungen und der allgemeinen Managementkosten [Ohn13, S. 94 f.]. Verschwendung lässt sich in die sieben Arten Überproduktion, Wartezeit, Transport, Verschwendung durch die Bearbeitung selbst (falsche Methode, Over-Processing), Bestände, Bewegung und Defekte einteilen [Ohn13, S. 54]. Die Überproduktion ist dabei die schlimmste Art der Verschwendung, da sie weitere Verschwendungsarten verdeckt und verursacht [Lik07, S. 60; Ohn13, S. 99].

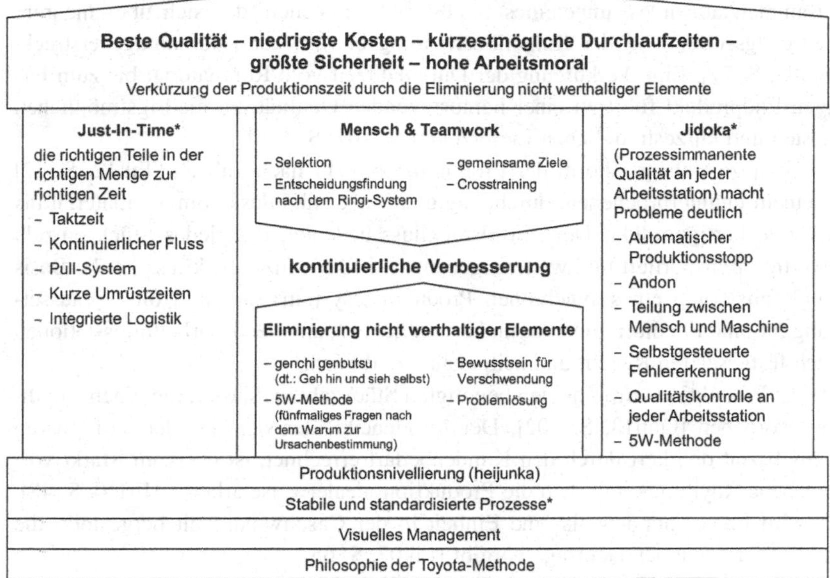

Abbildung 2.8 Das Toyota-Produktionssystem (in Anlehnung an [Lik07, S. 65])

2.3.2 Relevante Elemente des TPS

In diesem Teilkapitel werden die für die vorliegende Arbeit relevanten Elemente des TPS betrachtet. Da diese die technische und organisatorische Gestaltung von Fertigungssystemen fokussiert, werden nachfolgend die beiden Säulen „Just-in-Time“ und „Jidoka“ sowie das Element „Stabile und standardisierte Prozesse“ kontextspezifisch für die Fertigung erläutert.

Just-in-Time

„Just-in-Time bedeutet, dass in einem Fließverfahren die Teile, die zur Montage benötigt werden, zur rechten Zeit und nur in der benötigten Menge am Fließband ankommen. Ein Unternehmen, das diesen Teilefluss durchgehend praktiziert, kann sich einem Null-Lagerbestand annähern“ [Ohn13, S. 37]. Fließende Abläufe sind der Kern von schlanken Systemen und der Ansatzpunkt für jedes Unternehmen zu einer echten Verschlankung [Lik07, S. 136]. Durch die konsequente Umsetzung der Prinzipien des Toyota-Produktionssystems kann im Idealzustand ein völlig zusammenhängendes, ungeteiltes Fließsystem entstehen, das sich über mehrere Fertigungsstufen von der Rohteilbearbeitung bis hin zur Endmontage erstreckt [Shi93, S. 77]. Eine Verkürzung der Durchlaufzeit vom Rohmaterial bis zum fertigen Endprodukt führt zu einer herausragenden Qualität, zu niedrigstmöglichen Kosten und kürzestmöglichen Lieferzeiten [Lik07, S. 136].

Die anzustrebende Form der Produktion besteht nach Takeda [Tak12, S. 42] in einem ununterbrochenen, durchgängigen Einzelstückfluss vom Vormaterial bis hin zum Fertigprodukt. Der Einzelstückfluss bedeutet, dass jedes Stück einzeln gefertigt, transportiert und weitergegeben wird. Der Einzelstückfluss ist die Basis zur Realisierung eines synchronen Produktionssystems. Er stellt die Voraussetzung für eine Fließfertigung dar und ermöglicht es, an allen Bearbeitungsstationen nach festgesetzten Regeln und zeitgenau zu arbeiten.

Die Produktion wird von den benötigten Stückzahlen diktiert, die einen Rhythmus vorgeben [Ohn13, S. 102]. Der Kundentakt, der sich aus der verfügbaren Betriebszeit dividiert durch den Kundenbedarf errechnet, ist der vom Markt vorgegebene Rhythmus, mit dem die Produktion idealerweise arbeitet [Erl10, S. 48]. Es wird immer nur jeweils eine Einheit in der Geschwindigkeit hergestellt, die der Takt der Kundennachfrage vorgibt [Lik07, S. 65].

Takeda [Tak12, S. 55 ff.] fasst den Begriff Fließfertigung wie folgt zusammen. Eine Fließfertigung äußert sich in einer standardisierten Arbeit, in der in rhythmisch sich wiederholender Arbeit produziert werden kann. Der Materialfluss wird durch seine Bahn und die Strömungsmenge bestimmt. Die Fließfertigung wird in die kürzeste Bahn, die U-Linie, gezwängt, in der Maschinen in der Reihenfolge der Arbeitsgänge möglichst dicht aneinandergestellt werden. Die Produktion nach dem Kundentakt stellt sicher, dass weder zu schnell noch zu langsam produziert wird, was große Auswirkungen auf die Qualität und Kosten hat.

Begrifflich sind schlanke Fertigungssysteme bewusst von der weit verbreiteten Fließfertigung, in Form von Transferstraßen, abzugrenzen. Transferstraßen charakterisieren sich durch hochautomatisierte und kostenintensive Maschinen, die durch einen automatisierten Materialtransport verkettet sind [Wec05, S. 415 ff.]. Schlanke Fertigungssysteme, nach der Philosophie des Toyota-Produktionssystems, zielen darauf ab, einfache kleine Maschinen zu verwenden und menschliche und maschinelle Arbeit effizient zu kombinieren [The99, S. 20 f.]. Anhand der Ausführungen in Abschnitt 2.1.3 ist ein schlankes Fertigungssystem nach dem Toyota-Produktionssystem bezüglich des räumlichen Strukturtyps der Linienstruktur zuzuordnen, da die Arbeitsplätze nach der Arbeitsgangfolge angeordnet sind. Der zeitliche Strukturtyp ist dem Parallelverlauf zuzuordnen, da die Weitergabe auf Basis einzelner Arbeitsgegenstände stattfindet.

Jidoka (autonome Automation)

Jidoka bedeutet im Kern Menschen von Maschinen zu entkoppeln, keine Fehler weiterzugeben und selbstgesteuerte Fehlererkennungen einzubauen [Lik07, S. 64]. Folglich ergeben sich die typischen Eigenschaften der autonomen Automation in Form von Stopp und Signalgebung bei Abweichungen sowie Stopp und Teileauswurf nach der konstant ablaufenden Bearbeitung [The99, S. 18]. Die Idee der autonomen Automation geht auf die Erfindung des selbsttätig reagierenden Webstuhls zurück. Dieser konnte abnormale Bedingungen (zum Beispiel einen Fadenriss) erkennen und dadurch die Maschine anhalten, um keine defekten Produkte zu produzieren [Ohn13, S. 40]. Um die Herstellung fehlerhafter Teile vorab auszuschließen, sind sogenannte Poka-Yoke-Mechanismen zu installieren, die eine Fehlhandlung im Prozess verhindern [Ohn13, S. 40 und S. 164]. Für eine umfassendere Beschreibung ist an dieser Stelle auf das Werk „Zero Quality Control: Source Inspection and the Poka-Yoke System" von Shingo [Shi86] zu verweisen.

Da die Trennung von menschlicher und maschineller Arbeit ein weiteres zentrales Element darstellt [Tak96a, S. 89 f.], soll an dieser Stelle das Konzept Low Cost Intelligent Automation (LCIA, dt.: Einfachautomatisierung) ausführlicher vorgestellt werden.

Takeda [Tak06, S. 16 ff. und S. 112] beschreibt das LCIA-Konzept folgendermaßen. Bei der Einfachautomatisierung werden einzelne Elementartätigkeiten auf Basis bereits durchgeführter Arbeitsplatzoptimierungen intelligent auf einfache Automaten übertragen. Die Maschinen werden mit Mechanismen ausgerüstet, die fehlerhafte Teile unmittelbar erkennen und dabei für ein sofortiges Anhalten der Maschinen sorgen. Vorteile der Einfachautomatisierung sind die geringen Fixkosten und die Individualität, die von anderen Unternehmen nicht einfach kopiert werden können. Die Einfachautomatisierung äußert sich in einer hohen Ausprägungsform im „Chaku-Chaku-Prinzip" (Arbeiten mit reiner Einlegetätigkeit), bei dem das Werkstück in die Vorrichtung „eingeworfen" werden kann. Der Bearbeitungsprozess wird auf dem Weg zur nächsten Station gestartet. Die Qualität wird direkt nach der Bearbeitung mit einer „Ein-Griff-Lehre" geprüft und das Werkstück weitergegeben. Im ersten Schritt sind die manuelle und die maschinelle Arbeit zu trennen, um präzise zu definieren, welche Tätigkeiten vom Menschen auszuführen sind und welche von einer Maschine übernommen werden sollen [Tak06, S. 112]. Die Mechanisierung erfolgt erst, nachdem die menschlichen Bewegungsabläufe analysiert und optimiert wurden, um zu vermeiden, dass die vorhandene Verschwendung mechanisiert wird [Shi93, S. 125].

Nach Takeda gibt es bei der Einführung der Einfachautomatisierung eine festgelegte Reihenfolge, nach der die manuellen Tätigkeiten zu automatisieren sind

[Tak06, S. 112]. Abbildung 2.9 zeigt, wie mit der schrittweisen Automatisierung der zehn manuellen Tätigkeiten der Grad der Automatisierung, der sich in dessen Niveau spiegelt, bis hin zur Vollautomatisierung steigt. Die Umsetzung der Einfachautomatisierung beginnt auf dem Niveau 1 mit der Tätigkeit 3 „Werkstück festspannen“ und ist schrittweise bis zu Niveau 7 mit der Tätigkeit 4 „Maschine starten“ fortzuführen. Die in der Abbildung grau hervorgehobenen Tätigkeiten stellen den Bereich der Einfachautomatisierung dar. Das automatisierte Einlegen, der letzte Schritt zur Vollautomatisierung, stellt sich als sehr aufwendig dar und erfordert anspruchsvolle und teure Automatisierungslösungen [Tak96b, S. 142].

Arbeits-schritt und Nummer
1 Werkstück übernehmen
2 Werkstück einsetzen
3 Werkstück festspannen
4 Maschine starten
5 Vorschub
6 Maschine anhalten
7 Zurückfahren in Ausgangsposition
8 Werkstück herausnehmen
9 Prüfen
10 Transportieren
Grad der Automatisierung (Niveau)
0 1 2 3 4 5 6 7 8 9 10
Ausgangs-situation
Bereich der Einfachautomatisierung (LCIA) Niveau 1 - 7
vollständige Automatisierung
Ausgewählte LCIA-Konzepte
Automatischer Teileauswurf nach der Bearbeitung*
Vorrichtungen zum Einwerfen
Automatisches Festspannen
Einschalten über Während-Schalter
Vorschub, Anhalten und Zurückfahren sind Sache der Maschine
Arbeiten mit reiner Einlegetätigkeit (Chaku-Chaku-Prinzip)
Sofortige Qualitätskontrolle mit Ein-Griff-Lehren
Der Ausgang des einen Prozesses ist der Eingang des nächsten
Manuelle Tätigkeit
Automatisierte Tätigkeit
Vorgeschlagene Automatisierungsreihenfolge
* Ergänzung aus [Tak96b, S. 284]

Abbildung 2.9 Reihenfolge bei der Automatisierung manueller Tätigkeiten (in Anlehnung an [Tak06, S. 112])

Stabile und standardisierte Prozesse

Die Stabilität ist Teil des Fundaments des TPS-Hauses [Ohn13, S. 65]. Für die Produktion im Einzelstückfluss mit minimalen Zwischenbeständen ist eine hohe Stabilität in den Prozessen sicherzustellen [Lik07, S. 65]. Für Fertigungssysteme ist dafür für die eingesetzten Maschinen eine Verfügbarkeit von 100 % anzustreben [Tak96a, S. 46].

Standardisierte Prozesse, die durch Standard-Arbeitsbeschreibungen dokumentiert sind, stellen einen weiteren wichtiger Bestandteil des TPS dar [Lik07, S. 205]. Für das Werkzeug zur Dokumentation der Standardabläufe in einem Fertigungssystem ist in der Literatur eine Vielzahl von Begriffen zu finden.[7] Um dem Aspekt gerecht zu werden, dass in einem Fertigungssystem verschiedene Produktionsfaktoren in einem Standardablauf zu kombinieren sind, wird in der vorliegenden Arbeit der Begriff Standardarbeitskombinationsblatt verwendet. Im Standardarbeitskombinationsblatt ist beschrieben, wie Material, Arbeitskraft und Maschinen zu kombinieren sind, um effizient zu produzieren [Ohn13, S. 56]. In Abbildung 2.10 ist ein fiktives Beispiel eines Standardarbeitskombinationsblatts dargestellt. Es zeigt, wie manuelle und maschinelle Abläufe zeitlich zusammenwirken und wie der Gesamtprozess in Bezug auf den Kundentakt abläuft. In der Fertigungsplanung und in der kontinuierlichen Verbesserung ist das Standardarbeitskombinationsblatt als ein zentrales Arbeits- und Kommunikationsmittel zu sehen [Fel17, S. 39].

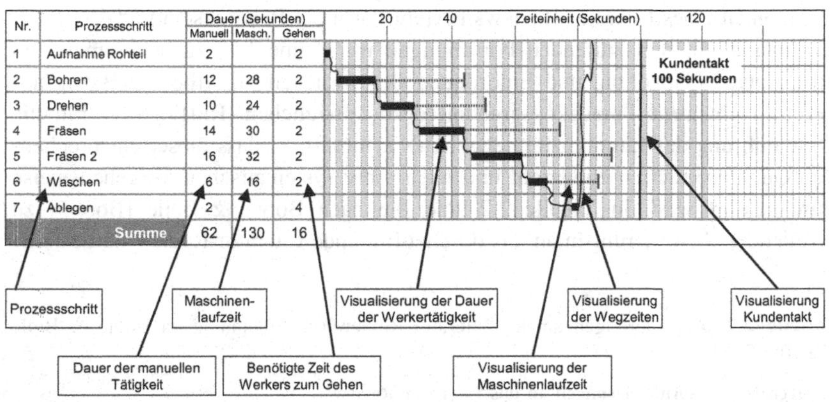

Abbildung 2.10 Standardarbeitskombinationsblatt (in Anlehnung an [Fel17, S. 38])

[7]Relevante Begriffe aus der Literatur: Standard-Arbeitsblatt [Ohn13, S. 56], Standard-Arbeitsbeschreibung [Lik07, S. 205 ff.], Kombinationsdiagramm der standardisierten Arbeitsabläufe [Sek95, S. 86 f.], Arbeitsverteilungsblatt [Tak12, S. 136], Standardarbeitskombinationsblatt [Bec14, S. 61], Standard Work Combination Sheet [The99, S. 32 f.].

2.4 Aktueller Stand der Wissenschaft und Forschungsbedarf

Der Schwerpunkt dieses Kapitels ist die Erhebung und Diskussion des aktuellen Stands der Wissenschaft durch ein Literatur-Review. Relevante und aktuelle Forschungsarbeiten aus dem Themenfeld sind zu identifizieren, zu klassifizieren und zu bewerten. Die vorliegende Abhandlung ist in Bezug zu vorhandenen Forschungsarbeiten einzuordnen und abzugrenzen. Anhand dieser Einordnung konkretisiert sich der wissenschaftliche Beitrag der Arbeit.

2.4.1 Anforderungen an das Literatur-Review und Vorgehensweise

Ein Literatur-Review stellt den Ausgangspunkt der Forschung dar [Rid12, S. 1]. Ein fundierter, gründlicher und differenzierter Literatur-Review ist die Basis für eine fundierte, gründliche und differenzierte Forschung [Boo05, S. 3]. Die Wichtigkeit eines Literatur-Reviews besteht darin ein Bewusstsein und Verständnis über die aktuell laufenden Forschungen im Themenfeld zu bekommen, um eine genaue Platzierung und Einordnung der vorliegenden Arbeit in Bezug auf bereits vorhandene Forschungsergebnisse zu ermöglichen [Rid12, S. 1] Für die Durchführung des Literatur-Reviews ist es erforderlich, dass dieser entsprechenden Qualitätskriterien entspricht und nach einer systematischen Vorgehensweise durchgeführt wird. In Tabelle 2.2 sind die nach Boote & Beile [Boo05] zu erfüllenden Anforderungen an das durchzuführende Literatur-Review dargestellt.

Tabelle 2.2 Anforderungen an das Literatur-Review (in Anlehnung an Boote & Beile [Boo05, S. 8])

Kategorie	Anforderungen an das Literatur-Review
Umfang	Definierter Betrachtungsbereich durch die begründete Einbeziehung und den Ausschluss von Literatur
Darstellung	Kritische Würdigung des aktuellen Stands der Wissenschaft
Methode	Kritische Würdigung der verwendeten Methoden Darstellung der Auswirkung der Methodenwahl auf die erzielten Forschungsergebnisse
Bedeutung	Darstellung der praktischen und wissenschaftlichen Bedeutung der eigenen Forschung
Rhetorik	Schriftliche Darlegung der Ergebnisse in schlüssiger und verständlicher Form

Zur Erfüllung der genannten Anforderungen ist es notwendig, dass das Literatur-Review einer geeigneten Vorgehensweise folgt. Creswell [Cre14, S. 64] empfiehlt die Durchführung eines Literatur-Reviews anhand von sieben Schritten:

1. Festlegung von Schlüsselwörtern zur Identifizierung relevanter Literatur
2. Durchsuchung von relevanten Datenbanken und Bibliotheken mit Hilfe der Schlüsselwörter
3. Identifizierung einer anfänglichen Sammlung von circa 50 relevanten Quellen
4. Sichtung und Bewertung der ausgewählten Literaturquellen
5. Erstellung einer Literaturlandkarte und Einordnung der eigenen Arbeit
6. Zusammenfassung der relevanten Literatur
7. Zusammenfassung der Ergebnisse, kritische Würdigung und Darstellung der Forschungslücke

In dem Werk von Grant & Booth [Gra09] wurden vierzehn verschiedene Typen des Literatur-Reviews in eine übergeordnete Struktur eingeordnet und miteinander verglichen. Das Framework für die Klassifizierung der in der Wissenschaft vorkommenden Review-Typen wird SALSA bezeichnet und besteht aus den allgemein formulierten Schritten **S**earch (Suchen), **A**ppraisa**L** (Bewerten), **S**ynthesis (Darstellen) und **A**nalysis (Analysieren) [Gra09, S. 93]. Das Literatur-Review in der vorliegenden Abhandlung ist nach der Definition von Grant & Booth als „Systematic Review“ einzustufen. Bei einem „Systematic Review“ handelt es sich um ein Vorhaben, das durch eine systematische Vorgehensweise den aktuellen Stand der Wissenschaft im Themenfeld möglichst umfassend erheben möchte [Gra09, S. 95]. Dadurch können Empfehlungen für die weitere Forschung anhand der identifizierten Forschungslücke abgeleitet werden [Gra09, S. 95].

Die Zielsetzung des durchzuführenden Reviews liegt in der Identifikation vorhandener Publikationen, die eine ähnliche Problemstellung wie die vorliegende Arbeit adressieren. Aufbauend auf dem genannten SALSA-Framework und der oben beschriebenen Vorgehensweise nach Creswell erfolgt die Entwicklung einer Vorgehensweise für das Literatur-Review, siehe Abbildung 2.11.

Die Phasen von Grant & Booth lassen sich mit den beschriebenen Schritten von Creswell in einen chronologischen Einklang bringen. Aus dieser übergeordneten Struktur sind die einzelnen Schritte für das Literatur-Review abgeleitet. Die einzelnen Schritte im Literatur-Review sind den entsprechenden Kapiteln zugeordnet und führen zu drei aufeinander aufbauenden Ergebnissen. Die Identifikation relevanter Literatur im Themenfeld stellt das Fundament dar. Die identifizierte Literatur wird im Weiteren anhand von festgelegten Klassifizierungsmerkmalen eingeordnet. Den Abschluss bilden eine Schlussfolgerung und ein Fazit zum aktuellen Stand der Wissenschaft.

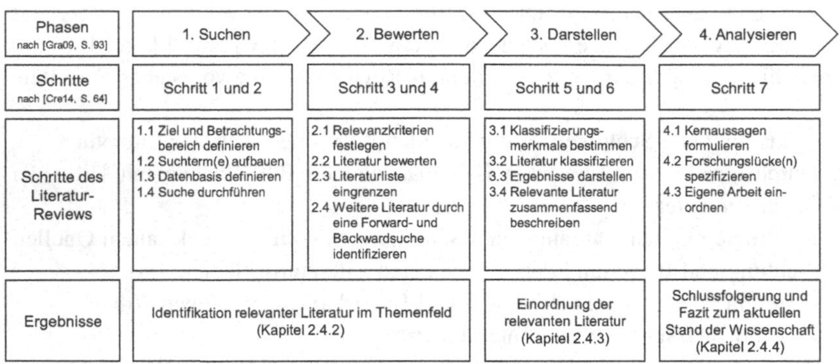

Abbildung 2.11 Vorgehensweise zur Durchführung des Literatur-Reviews

2.4.2 Identifikation relevanter Literatur im Themenfeld

Das Literatur-Review hat das Ziel relevante Forschungsarbeiten, die eine ähnliche Zielsetzung aufweisen und auf die Beantwortung ähnlicher Forschungsfragen abzielen, zu identifizieren. Für eine systematische Suche in elektronischen Datenbanken sind relevante Schlagwörter notwendig [Cre14, S. 31]. Die Schlagwörter sind aus dem in Abschnitt 1.2 formulierten Forschungsziel herausgearbeitet und anschließend, mit Hilfe von logischen Operatoren, zu Suchtermen verknüpft. Da internationale Datenbanken durchsucht werden sollen, ist der Suchterm in Deutsch und Englisch aufgebaut.[8] Die Abbildung 2.12 zeigt die beiden Suchterme.

Nach der Festlegung der Suchterme ist im Anschluss die zu durchsuchende Datenbasis zu definieren. Hierbei werden relevante wissenschaftliche Online-Datenbanken herangezogen, deren Inhalte die Bereiche Technik und Wirtschaft abdecken. Durch eine Suchabfrage mit geeigneten Suchkriterien[9] können über das Datenbank-Infosystem (DBIS) der Universitätsbibliothek der TU Chemnitz relevante Datenbanken identifiziert werden. Für das Literatur-Review empfehlen

[8] Aufgrund der sprachlichen Unterschiede zwischen Deutsch und Englisch sind die jeweiligen Suchterme spezifisch angepasst.

[9] Suchkriterien bei der Suche im Datenbank-Infosystem (DBIS) der Universitätsbibliothek der TU Chemnitz:

Fachgebiet(e) / Sammlung(en): Wirtschaftswissenschaften; Technik allgemein; Formaler Typ: WWW (Internet); Datenbanktypen: Volltextdatenbank; Zeitungs-, Zeitschriftenbibliographie.

Forschungsziel	Suchterm Englisch	Suchterm Deutsch
Entwicklung einer **Methode** für die **Fertigungsplanung**, die es ermöglicht **Fertigungssysteme** im Einklang mit den **Prinzipien der schlanken Produktion** modellbasiert zu **bewerten** und **systematisch zu verbessern**.	method*	*method*
	AND design*	**UND** *plan*
	AND „manufacturing system"	**UND** *fertigung*
	AND lean	**UND** *lean*
	AND evaluat*	**UND** *bewert*
	AND criteria	**UND** *kriterien*

Das Trunkierungszeichen (*) dient als Platzhalter und ermöglicht die Suche nach dem Wortstamm

Abbildung 2.12 Suchterme für das Literatur-Review

sich die fünf kontextspezifischen Datenbanken Emerald, IEEE Xplore, EBSCO, ScienceDirect und WISO. Der Publikationszeitraum wird von 2000 bis 2019 festgesetzt, um die Aktualität der Veröffentlichungen sicherzustellen und um bei der späteren Analyse zeitliche Trends erkennen zu können. Das Durchsuchen der Inhalte beschränkt sich nicht nur auf Titel, Abstract und Keywords, sondern erstreckt sich auf den gesamten Inhalt der Publikation. Da der Suchterm sehr spezifisch formuliert ist, Abstracts nicht immer verfügbar sind und Titel, Abstract und Keywords Synonyme der herangezogenen Schlagwörter enthalten, kann dadurch die Anzahl identifizierter Literatur erhöht werden.

Die identifizierte Literatur bedarf durch die zu erwartende hohe Anzahl einer weiteren Eingrenzung. Die erfassten Publikationen werden anschließend durch kontextspezifisches Lesen der Titel und der Abstracts bezüglich der tatsächlichen Relevanz weiter konsolidiert.

Die Identifikation relevanter Literatur kann nach Kornmeier [Kor07, S. 117 ff.] durch zwei Ansätze erweitert werden. Durch die gezielte Betrachtung des Literaturverzeichnisses kann weitere Literatur erschlossen werden. Neben dieser rückwärts gerichteten Suche kann auch eine vorwärts gerichtete Suche durchgeführt werden, die Autoren identifiziert, die mit dem entsprechenden Werk gearbeitet haben.

Ridley [Rid12, S. 53] unterstreicht die Wichtigkeit des beschriebenen „Schneeball"-Prinzips bei der Durchführung des Literatur-Reviews, weil dadurch zusätzliche Quellen mit hoher Relevanz identifiziert werden können. Daraus abgeleitet findet im letzten Schritt über ein Cross-Checking (Vorwärts- und Rückwärtssuche) die Identifikation weiterer Literatur statt.

Das Ergebnis der Identifikation relevanter Literatur im Themenfeld ist in Tabelle 2.3 dargestellt. Darin ist im oberen Teil (Phase 1) zu sehen, dass über die Suchterme in den fünf Datenbanken 2.288 Treffer erzielt werden konnten.

Tabelle 2.3 zeigt eine große Differenz zwischen der Gesamtanzahl der aus den Datenbankabfragen resultierenden Literatur (Phase 1) und der tatsächlich relevanten Literatur nach Titeln (R1 aus Phase 2). Dies ist darauf zurückzuführen, dass eine Vielzahl einzelner Bewertungsmethoden existiert, die sich auf andere oder zusätzliche Aspekte wie Strategie, Industrie 4.0, Agilität, Rekonfigurierbarkeit, Ergonomie und weitere fokussieren. Zusammenfassend ist zu sagen, dass der Begriff „lean" in aktuellen Publikationen häufig in Kombination mit Aspekten wie Agilität, Nachhaltigkeit oder Industrie 4.0 diskutiert wird. Darüber hinaus erstreckt sich der Betrachtungsbereich der Literatur nicht nur auf Fertigungssysteme, sondern von Einzelarbeitsplätzen über Fertigungs- und Montagesysteme und ganze Unternehmen bis hin zu übergreifenden Produktionsnetzwerken und Lieferketten. Ebenso sind in den Suchtreffern zahlreiche spezifische Optimierungsverfahren zu finden, beispielsweise zur Anordnungsoptimierung, Optimierung der Arbeitsverteilung und Maximierung einer Zielfunktion anhand definierter Systemparameter. Umfassende Methoden, die es ermöglichen Fertigungssysteme im Kontext der Prinzipien der schlanken Produktion modellbasiert zu bewerten und systematisch zu verbessern, sind jedoch kaum vorhanden. Schlussendlich konnten über den vierstufigen Ansatz (R1–R4) aus den Suchtreffern der Datenbankabfragen neun Werke identifiziert werden, die eine ähnliche Problemstellung wie die vorliegende Arbeit adressieren.

Tabelle 2.3 Identifikation relevanter Literatur im Themenfeld

Phase 1: Suchen	Suchabfrage vom 20.10.2019 (Vorveröffentlichungen der vorliegenden Arbeit in Phase 2 nicht enthalten)		**Durchsuchte Datenbanken**				
			Emerald	**IEEE Xplore**	**EBSCO**	**ScienceDirect**	**WISO**
	Datenbasis (Oktober 2019)		300 Journals, mehr als 2.500 Bücher und über 1.500 Teaching Cases	4.915.911 Items	8.764 full text journals and magazines	3.800 Journals und 35.000 Buchtitel	10 Mio. Volltexte aus rund 600 Fachzeitschriften
	Suchterm Deutsch		–	–	–	–	215[e]
	Suchterm Englisch		1.058[a]	132[b]	110[c]	773[d]	–
	Gesamtanzahl (inkl. Dopplungen)		2.288				
Phase 2: Bewerten	R1	Relevante Literatur nach Titel	64				
	R2	Relevante Literatur nach Abstract	23				
	R3	Relevante Literatur nach Cross-Checking	30				
	R4	Relevante Literatur nach Inhalt	**9**				

[a] Advanced search: Journal articles; all fields
[b] Advanced search: Conferences, Journals and Magazines; Full Text & Metadata
[c] Advanced search: TX All Text
[d] Advanced search: Research articles; kein Trunkierungszeichen (method design „manufacturing system“ lean evaluation criteria)
[e] Suche in Fachzeitschriften

2.4.3 Einordnung der relevanten Literatur

Im nächsten Schritt erfolgt eine Darstellung der relevanten Literatur in tabellarischer Form (siehe Tabelle 2.4). Diese Übersicht zeigt die Schwerpunkte der einzelnen Autoren und deren Werke hinsichtlich ausgewählter Kriterien. Die Kriterienstruktur orientiert sich an der Anforderung an Planungsaufgaben, dabei sind Objekt- und Methodenbereich zu unterscheiden [Gru06, S. 21]. Die einzelnen Kriterien leiten sich aus dem formulierten Forschungsziel und den Forschungsfragen aus Abschnitt 1.2 ab. Die Übersicht zeigt, dass die identifizierten Werke methodisch hauptsächlich das Bewerten betrachten. Je nach Ansatz liegt der Fokus auf monetären oder nichtmonetären Kriterien. Die zentrale Frage, wie eine Bewertungsmethode für eine systematische Verbesserung eines Planungsobjekts genutzt werden kann, wird in keinem Werk umfassend behandelt. Die Integration der entwickelten Ansätze in einen übergeordneten Fertigungsplanungsprozess ist in den vorliegenden Werken nicht oder nur teilweise Thema. Zum betrachteten Objektbereich der Ansätze ist anzumerken, dass sich dieser zwischen einzelnen Fertigungszellen, automatisierten Fertigungslinien sowie ganzen Fertigungsbereichen bewegt. Im Kontext der vorhandenen Werke zielt die vorliegende Arbeit darauf ab, die existierenden Forschungslücken zu schließen. Die zu entwickelnde Methode soll Fertigungssysteme gemäß den Prinzipien der schlanken Produktion bewerten und als ergänzendes Element in einen Fertigungsplanungsprozess integriert sein, um dadurch das Planungsobjekt systematisch verbessern zu können.

Die Kernergebnisse der neun relevanten Forschungsbeiträge der fünf Autoren sind nachfolgend zusammenfassend beschrieben, kritisch gewürdigt und diskutiert.

Zusammenfassung und Diskussion der Werke von Cochran et al. [Coc00], [Coc01a], [Coc01b], [Coc01c], [Coc16]

Gemäß dem durchgeführten Literatur-Review zeigen vor allem die Werke von Cochran et al. [Coc00], [Coc01a], [Coc01b], [Coc01c], [Coc16] eine hohe Relevanz. Der Beitrag von Cochran et al. ist ein Modell für ein allgemeines Fertigungssystem, welches die anzustrebenden Eigenschaften eines Fertigungssystems darstellt, um das übergeordnete Ziel der Maximierung des langfristigen Returns on Investment (dt.: Kapitalrentabilität) zu erreichen. Das Modell von Cochran et al. ist auf Basis des Axiomatic Designs nach SUH [Suh90; Suh01] entwickelt. Das Axiomatic Design ist eine Methode zur strukturierten Entwicklung von Systemen beziehungsweise ein Design-Framework, um geeignete Lösungen anhand von gestellten Anforderungen zu ermitteln [Suh01, S. 3].

Tabelle 2.4 Einordnung der relevanten Literatur und aktueller Stand der Wissenschaft

Relevante Literatur		Objektbereich	Methodenbereich			
			Bewertung des Fertigungssystems ...			
Autor	Literaturverweis	Fertigungssysteme nach den Prinzipien der schlanken Produktion	... hinsichtlich nichtmonetärer Kriterien (Eigenschaften)	... hinsichtlich monetärer Kriterien (Wirtschaftlichkeit)	Systematische Verbesserung des Planungsobjekts Fertigungssystem	Integration in einen Fertigungsplanungs-prozess
Cochran et al.	[Coc00], [Coc01a], [Coc01b], [Coc01c], [Coc16]	◑	●	◑	⊕	⊕
Kulak et al.	[Kul05]	◑	●	⊕	◑	◑
Herrmann	[Her13]	◑	●	●	◑	⊕
Bechtloff	[Bec14]	◑	⊕	●	⊕	⊕
Behrendt	[Beh09]	⊕	◑	◑	◑	◑
Ziel der vorliegenden Arbeit		●	●	●	●	●

● = umfassend behandelt ◑ = teilweise behandelt ⊕ = nicht behandelt

Das von Cochran et al. entwickelte Modell trägt den Namen Manufacturing System Design Decomposition (MSDD). Das MSDD beinhaltet wichtige Anforderungen an ein allgemeines Fertigungssystem mit dem übergeordneten Ziel der langfristigen Maximierung des Returns on Investment. Gemäß dem Axiomatic Design sind die Anforderungen in Designparameter und weitere Anforderungen stufenweise zerlegt. Das Modell unterteilt die funktionalen Anforderungen in fünf Teilgebiete. Die fünf Teilgebiete sind Quality (dt.: Qualität), Predictable Output (dt.: vorhersehbarer Ausstoß), Delay Reduction (dt.: Reduktion von Verzögerungen), Operational Costs (dt.: operative Kosten) und Investment (dt.: Investitionen). Das MSDD zeigt Zusammenhänge zwischen Zielen und Designparametern über mehrere Ebenen auf. Dadurch werden Zusammenhänge über mehrere Detaillierungsebenen hinweg transparent. Das entwickelte Modell hat einen allgemeingültigen Charakter und betrachtet ein breites Spektrum an Kriterien. Das Ergebnis kann als eine Zustandsbeschreibung angesehen werden, die ein ideales Fertigungssystem gemäß der Zielsetzung anhand von beschriebenen Designparametern darstellt. Das Modell kann für einen Fertigungsplaner als Checkliste dienen, liefert jedoch keinen Prozess im Sinne einer sequenziellen Schrittfolge von Planungsaufgaben, an der sich der Planer orientieren kann.

Die entwickelte Bewertungsmethode von Cochran et al. leitet sich direkt aus dem MSDD ab und hat einen rein qualitativen Charakter. Sie fokussiert die Bewertung der Eigenschaften eines Fertigungssystems nach nichtmonetären Kriterien. Für die betrachteten Anforderungen auf unterster Ebene sind für jedes Bewertungskriterium sechs Abstufungen mit unterschiedlichen Erfüllungsgraden des Designparameters zugeordnet, siehe Abbildung 2.13. Bei der Bewertung ist die Merkmalsausprägung auszuwählen, die die höchste Übereinstimmung aufweist.

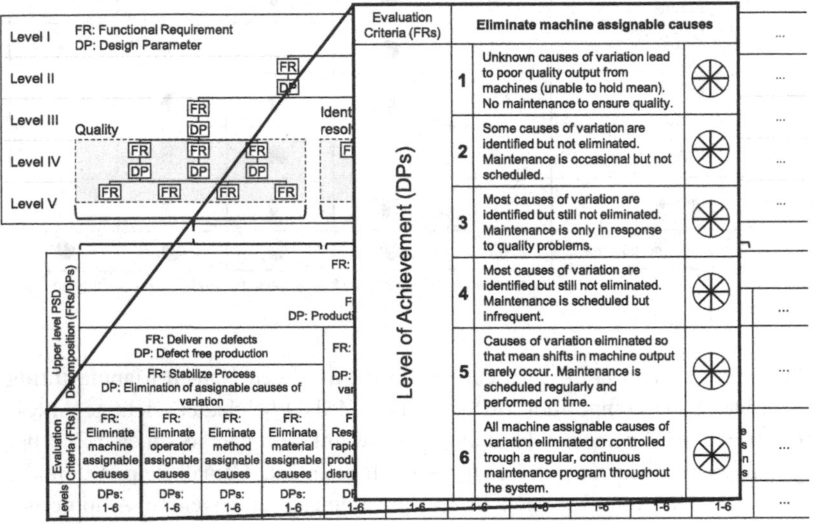

Abbildung 2.13 Ableitung des MSDD-Bewertungswerkzeugs aus der MSDD-Aufgliederung (eigene Darstellung in Anlehnung an [Coc16, S. 69 f.])

Die Grundidee für die Bewertungsmethode ist, dass durch die Fokussierung auf technische Merkmale sich die erforderlichen Output-Größen mittelbar einstellen. Die Bewertungskriterien sind relativ weit gefasst und beinhalten auch Aspekte wie Qualifizierungsprogramme, Lieferantenentwicklung und den Serviceprozess von Maschinen, welche keine Bestandteile des Betrachtungsbereichs der vorliegenden Arbeit darstellen. Durch den breiten Betrachtungsbereich ist der Detaillierungsgrad bei der Bewertung entsprechend gering. Die Bewertungsmethode ist jedoch nicht mit einem Planungsprozess und einer Methode zur systematischen Verbesserung gekoppelt. Cochran et al. adressieren in ihren Werken darüber hinaus den

Sachverhalt, dass die Zuschlagskalkulation auf Lohnkostenbasis kontraproduktive Verbesserungsmaßnahmen fördert.

Zusammenfassung und Diskussion des Werks von Kulak et al. [Kul05]
Kulak et al. zeigen ein Vorgehen für die Transformation, welches ebenfalls auf den Prinzipien des Axiomatic Designs [Suh90] aufbaut. Entwickelt wurde ein Methodengerüst, das mit einem Rückkopplungsmechanismus den kontinuierlichen Verbesserungsprozess unterstützen soll, siehe Abbildung 2.14. Der Rückkopplungsmechanismus kommt ausschließlich bei dem bereits existierenden Fertigungssystem zum Einsatz und nicht in der vorgelagerten Planung.

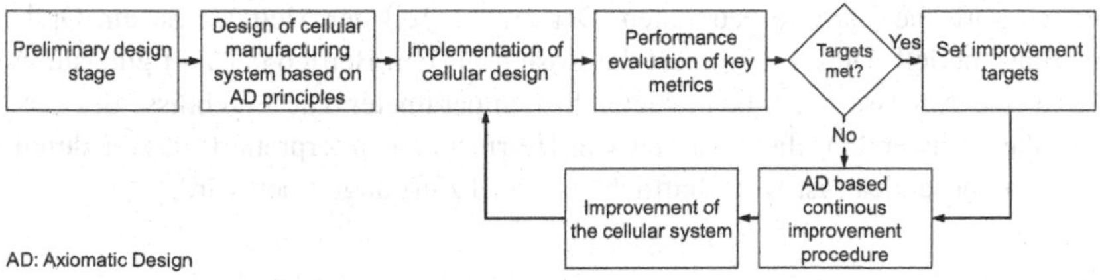

Abbildung 2.14 Methode mit einem Rückkopplungsmechanismus zur kontinuierlichen Verbesserung (in Anlehnung an [Kul05, S. 767])

Die Bewertung findet nach vordefinierten Leistungskennzahlen statt. Die Kennzahlen sind dabei eine Mischung zwischen technischen Merkmalen des Fertigungssystems (zum Beispiel Materialflusslänge) und Output-Kriterien (zum Beispiel Ausschussrate und Überstunden). Das Methodengerüst ist wenig konkret dargestellt, zeigt aber zwei interessante Aspekte auf. Erstens ist ein Rückkopplungsmechanismus vorhanden, welcher über eine Bewertung eine Systemverbesserung anstößt. Zweitens existiert der Methodenbaustein „AD based continuous improvement procedure“ (dt.: kontinuierliche Verbesserung basierend auf dem Axiomatic Design). Dieser Methodenbaustein ist in dem Werk von Kulak et al. nicht detailliert beschrieben. Es ist davon auszugehen, dass er die Zusammenhänge zwischen den Anforderungen und Designparametern abbildet.

Zusammenfassung und Diskussion des Werks von Herrmann [Her13]
Der wissenschaftliche Beitrag der Arbeit von Herrmann ist eine Methode zur Bewertung und Gestaltung von Fertigungslinien. Dabei werden technologische und organisatorische Systemparameter betrachtet, die sich aus den Prinzipien

der schlanken Produktion ableiten. Der Anwendungsbereich der Methode liegt auf automatisierten Fertigungslinien. Der Anstoß der Arbeit von Herrmann ist ebenfalls die identifizierte methodische Lücke, dass ein Fertigungssystem nicht objektiv in Form eines „Lean-Grads“ bewertet werden kann, um daraus Maßnahmen für eine Verbesserung ableiten und priorisieren zu können.

Der erste Teil der Methode ist ein Evaluationsmodell. Anhand der Ausprägungen von Systemparametern erfolgt eine Aggregation zu einem sogenannten Lean-Grad über eine Kennzahlenpyramide, siehe Abbildung 2.15. Dem Lean-Grad liegen die Primärfaktoren Verschwendung, Flexibilität und Stabilität zugrunde. Aus diesen sind die sogenannten Lean-Metriken (Sekundärfaktoren) abgeleitet. Diese gliedern sich wiederum über Komponenten der Metriken (Tertiärfaktoren) bis hin zu Systemparametern (Quartärfaktoren) auf, welche technologische und organisatorische Aspekte betrachten. Der zweite Teil der Methode ist ein Optimierungsmodell. Dieses minimiert die Kosten für den Betrieb der Fertigungslinie durch eine Anpassung der betrachteten Systemparameter. Die Ergebnisse des dargestellten Anwendungsfalls werden von Herrmann so interpretiert, dass dadurch die Hypothese „lean ist wirtschaftlich“ als verifiziert angesehen wird.

Lean-Grad	**Lean-Grad**					
Primärfaktoren	Verschwendung	Flexibilität	Stabilität			
Sekundärfaktoren	Fluss	Volumenflexibilität	stationäre Stabilität			
	Takt	Variantenflexibilität	variantenspez. Stabilität			
Tertiärfaktoren	Bearbeitungszeit	TaktPlan	Kundenbedarf	ZykluszeitMax		
	Durchlaufzeit	ProduktionsvolumenPlan	RüstvorgängePlan	ZykluszeitMin		
	TaktKunde	ProduktionsvolumenMax	RüstvorgängeOptimal			
Quartärfaktoren	Nebenzeiten	Kontrollzeit	Pufferzeit	AnzahlSchichten	StörzeitMin	LosgrößeMin
	Zykluszeit	Liegezeit	NettoBetriebszeit		RüstzeitMin	ProdzyklusMin
	Rüstzeit	Störzeit	PausenWartungIS	BetriebszeitSchicht	Produktionsprogramm	ZykluszeitMax/Min je Station
	Transportzeit	Wartezeit	BruttoBetriebszeit	TaktMin	AnzahlVarianten	NebenzeitenMax/Min je Variante

Alle Bezeichnungen entstammen ohne Anpassung der Schreibweise aus [Her13, S. 59].

Abbildung 2.15 Lean-Kennzahlenpyramide zur Ermittlung des Lean-Grads (eigene Darstellung in Anlehnung an [Her13, S. 59])

Im Ausblick betont Herrmann, die entwickelte Methode in ein übergeordnetes Planungsvorgehen zu integrieren, um dadurch größere Potenziale als im späteren Serienbetrieb auszuschöpfen. Die einzelnen Stellhebel zur Optimierung können bereits in der Planungshase bei der Erstellung des Lasten- und Pflichtenhefts berücksichtigt werden. Dieser Hinweis kommt dem Ziel „Integration in einen Fertigungsplanungsprozess" für die zu entwickelnde Methode gleich. Diese Aussage unterstreicht die Wichtigkeit des gesetzten Ziels, dass eine Integration der zu entwickelnden Methode in einen Fertigungsplanungsprozess vorzusehen ist.

Der Anwendungsbereich der Methode von Herrmann beschränkt sich ausschließlich auf automatisierte Fertigungslinien und fokussiert daher einen anderen Objektbereich als die vorliegende Arbeit. Diese betrachtet schlanke Fertigungssysteme, bei denen die Mitarbeiter und vor allem das Zusammenspiel sowie die Arbeitsteilung zwischen Menschen und Maschinen im Fokus stehen. Daraus ergibt sich die Schlussfolgerung, dass dafür in der vorgestellten Methode essenzielle Bewertungskriterien nicht berücksichtigt sind. Das Optimierungsmodell liefert Optimierungsmaßnahmen, bietet jedoch keine ausreichende Möglichkeit für die geforderte systematische Verbesserung des Planungsobjekts.

Zusammenfassung und Diskussion des Werks von Bechtloff [Bec14]
Die Arbeit von Bechtloff liefert eine Methode zur Bewertung und zum Vergleich der Wirtschaftlichkeit der Fertigungskonzepte Sequenzfertigung[10] und Komplettbearbeitung. Der Anwendungsbereich der Methode liegt auf der Bohr- und Fräsbearbeitung von Kleinserien. Über einen methodischen Ansatz wird unter Betrachtung verschiedener Parameter die Sequenzfertigung gegenüber einer alternativen Komplettbearbeitung nach wirtschaftlichen Gesichtspunkten verglichen. Aufgrund des unterschiedlichen Zeitbedarfs der beiden Konzepte erfolgte die wirtschaftliche Bewertung mittels einer statischen Kostenvergleichsrechnung. Das Modell von Bechtloff zur wirtschaftlichen Bewertung ist in Abbildung 2.16 dargestellt.

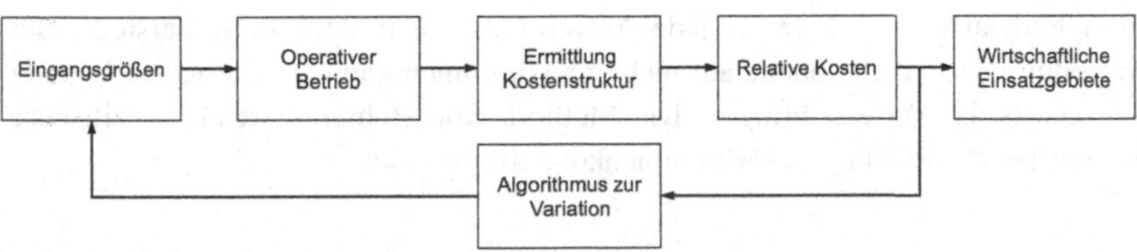

Abbildung 2.16 Modell zur Bewertung der Wirtschaftlichkeit von Fertigungssystemen (in Anlehnung an [Bec14, S. 87])

[10]Der „Begriff Sequenzfertigung vereint die Konzepte der Group Technology, des Cellular Manufacturing und des Line Balancings im Kontext der spanenden Teilefertigung" [Bec14, S. 28]. Der Begriff ist an dieser Stelle als ein Synonym für ein schlankes Fertigungssystem anzusehen.

Für den abgegrenzten Anwendungsbereich konnte nachgewiesen werden, dass die Sequenzfertigung, trotz des höheren Personalbedarfs, eine wirtschaftliche Alternative zur Komplettbearbeitung darstellen kann. Durch die Verteilung der Arbeitsinhalte auf mehrere Stationen kommt es zu einer Verkürzung der Betriebsdauer, was dazu führt, dass die Personalkosten in einem kürzeren Zeitraum anfallen und zuschlagsintensive Schichten wegfallen. Ein weiterer Hebel liegt in den geringeren Investitionskosten durch die Verwendung einfacherer Maschinen. Als kritische Merkmale für die Wirtschaftlichkeit wurden die Austaktungseffizienz und die Programmlaufzeit identifiziert. Durch die Anpassung der Mitarbeiter- und Maschinenanzahl kann darüber hinaus eine hohe Mengenflexibilität gewährleistet werden.

Die verwendete statische Vergleichsrechnung ist ein zielführender und praktikabler Ansatz, wie unterschiedliche Fertigungskonzepte monetär bewertet und miteinander verglichen werden können. Durch die Fokussierung der Bewertungsmethode auf nur einen Prozessschritt kann die Methode nicht unmittelbar auf den für die vorliegende Abhandlung vorgesehenen Anwendungsbereich übertragen werden. Die weitere Anforderung in Form einer Bewertung des Fertigungssystems nach Merkmalen zu den Eigenschaften des Fertigungssystems und einer Kopplung an einen Planungsprozess ist auch in dieser Methode nicht abgebildet.

Zusammenfassung und Diskussion des Werks von Behrendt [Beh09]

Behrendt adressiert die Problemstellung, dass aktuell auf Maschinenanwender- und auch auf Maschinenherstellerseite keine strukturierte Alternativenentwicklung für die Auswahl des optimalen Maschinenkonzepts existiert. Um langfristig gesehen keine Nachteile in der Wettbewerbsfähigkeit zu riskieren, wurde eine Planungssystematik entwickelt, die Fertigungsplaner bei der Auswahl des richtigen Maschinenkonzepts unterstützt. Die Arbeit zeigt auch, dass die klassische Komplettbearbeitung nicht für jede Anwendung die beste Lösung darstellt. Die Aufteilung der Arbeitsinhalte auf mehrere Maschinen kann als alternative Lösung wirtschaftliche Vorteile bringen. Die Methode von Behrendt ist als spezifischer Beitrag für die Planung des Maschinenkonzepts anzusehen.

2.4.4 Schlussfolgerung und Fazit zum aktuellen Stand der Wissenschaft

Mit Hilfe des Literatur-Reviews konnte über ein dreistufiges methodisches Vorgehen der aktuelle Stand der Wissenschaft im betrachteten Themenfeld erhoben werden. Im ersten Schritt wurden über eine Datenbankabfrage mit einem definierten Suchterm 2.288 Publikationen im Themenfeld identifiziert. Diese Trefferliste wurde über ein kontextspezifisches Lesen reduziert und über ein Cross-Checking ergänzt. Im Rahmen der Erhebung des aktuellen Stands der Wissenschaft wurden neun Werke als relevant eingestuft, die eine ähnliche Fragestellung wie der vorliegende Beitrag adressieren.

Psomas & Antony haben in ihrem umfangreichen Literatur-Review aus dem Jahr 2019 dargelegt, dass zum Thema „Lean Manufacturing" (dt.: schlanke Fertigung) aktuell zahlreiche Forschungslücken existieren [Pso19, S. 815 ff.]. Durch das durchgeführte Literatur-Review konnte diese Erkenntnis bestätigt werden und darüber hinaus erkannt werden, dass das Thema aktuell aktiv bearbeitet wird. Dies begründet sich in der hohen Trefferanzahl von 2.288 Publikationen und aufgrund der Aktualität der einzelnen Veröffentlichungen gemäß deren Publikationsdatum. Die Differenz zwischen den 2.288 Suchtreffern und den neun relevanten Beiträgen für die Arbeit konnte bereits in Abschnitt 2.4.2 ausführlich begründet werden. Zusammenfassend kann gesagt werden, dass das Thema aktuell unter verschiedenen Aspekten bearbeitet wird und viele einzelne spezifische Ansätze existieren. Jedoch ist keine umfassende Methode existent, die es ermöglicht Fertigungssysteme im Einklang mit den Prinzipien der schlanken Produktion modellbasiert zu bewerten und systematisch zu verbessern.

Die neun relevanten Werke der fünf Autoren liefern einen wichtigen Beitrag für die Forschung im Themenfeld. Die Übersicht in Tabelle 2.4 zeigt, dass die Ansätze ähnliche Problemstellungen adressieren, jedoch keine Methode die erforderlichen Kriterien für die zu entwickelnde Methode in Gänze abdeckt. Nach der detaillierten Vorstellung der einzelnen Werke stellt sich der aktuelle Stand der Wissenschaft wie folgt dar. Cochran et al. verfolgen den Ansatz, dass bei der Planung von Fertigungssystemen spezifische Eigenschaften zu betrachten und zu bewerten sind, um daraus spezifische Verbesserungsmaßnahmen ableiten zu können. Daraus wurde eine Bewertungsmethode entwickelt, die jedoch nicht in eine umfassendere Methode für eine systematische Verbesserung und einen Fertigungsplanungsprozess integriert ist. Kulak et al. beschreiben rudimentär einen sehr allgemein gehaltenen Ansatz für eine Methode mit einem Rückkopplungsmechanismus zur kontinuierlichen Verbesserung, dieser fokussiert jedoch Leistungskennzahlen und ist wenig konkret. Der Ansatz von Herrmann stellt eine Bewertungsmethode dar, die neben monetären auch technologische und organisatorische Aspekte abdeckt. Diese ist jedoch speziell für automatisierte Fertigungslinien konzipiert und nicht in einen Fertigungsplanungsprozess eingebunden. Bechtloff liefert durch seine Methode einen Beitrag für die Wirtschaftlichkeitsbewertung auf Basis einer statischen Kostenvergleichsrechnung.

Behrendt bietet eine spezifische Planungssystematik, die Maschinenkonzepte fokussiert und eine strukturierte Alternativenbildung ermöglicht.

An dieser Stelle sei nochmals der aus Tabelle 2.4 hervorgehende Forschungsbedarf betont. Dieser unterstreicht die Relevanz der vorliegenden Arbeit mit der formulierten Zielsetzung und den daraus abgeleiteten Forschungsfragen aus Abschnitt 1.2. Der wissenschaftliche Beitrag der zu entwickelnden Methode begründet sich im Schließen der in Tabelle 2.4 visualisierten Forschungslücke im Themenfeld der Fertigungsplanung.

Methode zur modellbasierten Bewertung und systematischen Verbesserung von Fertigungssystemen

3

Das vorliegende Kapitel fokussiert die Entwicklung und Beschreibung der Methode zur modellbasierten Bewertung und systematischen Verbesserung von Fertigungssystemen. Auf Basis von Vorüberlegungen zur Methodenentwicklung folgt die Erarbeitung eines Methodengerüsts mit der Benennung der enthaltenen Methodenbausteine. Aufbauend auf diesem Methodengerüst sowie einer Abgrenzung und Definition des Planungsobjekts schließt die anwendungsspezifische Ausgestaltung der einzelnen Methodenbausteine an. Gemäß der Zielsetzung der Abhandlung beantwortet Kapitel 3 die ersten beiden Forschungsfragen.

3.1 Vorüberlegungen zur Methodenentwicklung

Die Vorüberlegungen zur Methodenentwicklung strukturieren die zugrundeliegende Problemstellung und Zielsetzung und liefern somit die Grundlage für die nachfolgende Methodenentwicklung. Dies beinhaltet eine Abgrenzung und Beschreibung des Zusammenspiels zwischen Objekt- und Methodenbereich sowie die Formulierung von Anforderungen an die Methode. Ein Erklärungsmodell für die Methode in Form eines heuristischen Bezugsrahmens expliziert die angestrebte Wirkungsweise der Methode.

Elektronisches Zusatzmaterial Die elektronische Version dieses Kapitels enthält Zusatzmaterial, das berechtigten Benutzern zur Verfügung steht https://doi.org/10.1007/978-3-658-32288-5_3.

© Der/die Autor(en), exklusiv lizenziert durch Springer Fachmedien Wiesbaden GmbH, ein Teil von Springer Nature 2021

M. Feldmeth, *Methode zur modellbasierten Bewertung und systematischen Verbesserung von Fertigungssystemen*, https://doi.org/10.1007/978-3-658-32288-5_3

3.1.1 Abgrenzung des Objekt- und Methodenbereichs

Nach Grundig [Gru06, S. 21] ist es bei Planungsaufgaben erforderlich zwischen Methoden- und Objektbereich klar zu differenzieren. Dem Methodenbereich sind alle Methoden sowie Hilfsmittel zugeordnet, mit denen Planungsaufgaben bearbeitet und gelöst werden können. Der Objektbereich hingegen umfasst die Planungsobjekte zur Funktionserfüllung.

Diese Strukturierung dient als Grundlage für eine systematische und zielgerichtete Vorgehensweise bei der Methodenentwicklung. In Abbildung 3.1 ist der zu betrachtende Objekt- und Methodenbereich schematisch dargestellt. Der Objektbereich beinhaltet das Planungsobjekt beziehungsweise das Objektsystem. Dabei handelt es sich um das Objekt beziehungsweise System, das durch die Planung und die Anwendung der Methode zu gestalten ist [Sch91, S. 2]. Die Bewertung des Objektsystems anhand eines Wertsystems ist die Grundlage für die Entwicklung einer Lösung, die den festgelegten Werten aus dem Wertsystem entspricht [Wie05, S. 165]. Aus der Abbildung ist ersichtlich, dass die Bewertungskriterien die Verbindung zwischen Objekt- und Methodenbereich bilden. Die Abgrenzung und Definition des zu betrachtenden Objektsystems in Form der betrachteten Merkmale bestimmt den Aufbau und den Inhalt der zu entwickelnden Methode.

Zusammenfassend lässt sich zum einen sagen, dass der Objektbereich und der Methodenbereich klar abzugrenzen sind. Auf der anderen Seite ist zu betonen, dass sich über den abgegrenzten Betrachtungsbereich ein Einfluss auf den Methodenbereich ergibt. Die Definition und Abgrenzung des Objektbereichs bestimmt daher maßgeblich die Entwicklung sowie den Aufbau und Inhalt der Methode.

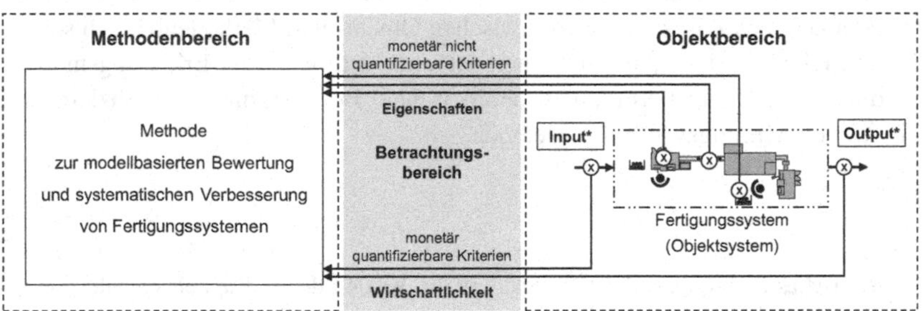

Abbildung 3.1 Abgrenzung und Zusammenspiel zwischen Objekt- und Methodenbereich

Die zu erarbeitende Methode soll sich bei der Bewertung und Verbesserung des Planungsobjekts primär auf die direkt durch Planer beeinflussbaren Eigenschaften eines Fertigungssystems beziehen und nicht auf Leistungskennzahlen. Eine Bewertung der Eigenschaften liefert ein differenziertes Bild über die vorhandenen Schwachstellen des Planungsobjekts, wodurch konkrete Verbesserungsmaßnahmen abgeleitet werden können [Coc16, S. 66]. Durch die Anwendung der Methode erfolgt eine systematische Verbesserung des Planungsobjekts nach den Prinzipien der schlanken Produktion. Die Gestaltung eines Fertigungssystems nach diesen Prinzipien dient nicht zum Selbstzweck, sondern zur Verbesserung des betriebswirtschaftlichen Ergebnisses. Alle Abläufe im Unternehmen sind mit Kosten verbunden und die Kosten begleiten die Leistungserbringung wie ein Schattenbild [Agg90b, S. 113]. Oberste Zielsetzung eines Unternehmens ist die Gewinnmaximierung, wobei Kostenminimierung und Umsatzmaximierung Teilziele darstellen [Wil07, S. 171]. Folglich ist die Vermeidung von Verschwendung kein Selbstzweck, sondern dient unmittelbar der Reduktion von Kosten [Aul13, S. 114]. Jede Überlegung und Verbesserungsidee muss mit einer Kostenreduktion verbunden sein [Ohn13, S. 91 ff.]. Nach der Philosophie von Toyota ist der Verkaufspreis durch den Markt vorbestimmt und der Erfolg eines Unternehmens resultiert aus der Differenz zwischen Erlös und Kosten, wodurch die Reduktion der Kosten die höchste Priorität einnimmt [Shi93, S. 45]. Nach diesen Überlegungen ist neben der Bewertung und Verbesserung der Eigenschaften des Planungsobjekts zusätzlich die Bewertung der Wirtschaftlichkeit einzubeziehen, um ein Fertigungssystem betriebswirtschaftlich quantifizieren zu können.

3.1.2 Anforderungen an die Methode

Die Methode und die Methodenbausteine haben neben den inhaltlichen Anforderungen auch formale Anforderungen gemäß allgemeinen Gütekriterien der Forschung sowie der Methoden- und Modellentwicklung zu erfüllen.

Die vier grundlegenden Gütekriterien nach Töpfer [Töp12, S. 233 f.] sind Objektivität, Validität, Reliabilität und Generalisierbarkeit. Unter dem Kriterium der Objektivität wird die Unabhängigkeit des Ergebnisses bei der Methodenanwendung gegenüber der Ausführung durch unterschiedliche Personen verstanden. Mit der Validität wird gefordert, dass durch die Methode die Ergebnisse geliefert werden, für die sie entwickelt wurde, sowie dass diese eindeutig und interpretierbar sind. Die Reliabilität besagt, dass bei einer wiederholten Anwendung unter gleichen Bedingungen, gegebenenfalls aber durch unterschiedliche Personen, die gleichen Ergebnisse zustande kommen müssen. Sie ist somit ein Maß der Zuverlässigkeit und Reproduzierbarkeit. Die Generalisierbarkeit fordert, dass die erzielten Ergebnisse verallgemeinerbar sind.

Aus den Anforderungen nach Little [Lit70, S. 466] an anwendungsnahe Entscheidungsmethoden ergeben sich folgende sechs ergänzende Anforderungen. Die Modelle und Methoden sollten sich durch Einfachheit, Robustheit, Kontrollierbarkeit, Anpassungsfähigkeit, Interaktionsfähigkeit und Vollständigkeit auszeichnen. Die Einfachheit[1] meint, dass die Methoden und Modelle einfach nachzuvollziehen und anwendbar sind. Die Robustheit soll sicherstellen, dass plausible Resultate entstehen. Die Kontrollierbarkeit soll eine Transparenz der Zusammenhänge zwischen Eingangs- und Ausgangsgrößen gewährleisten. Für einen flexiblen Methodeneinsatz garantiert die Anpassungsfähigkeit die Anpassung an neue Informationen. Die Möglichkeit leicht und schnell Eingangsgrößen zu verändern und schnell nachvollziehbare Ausgangsgrößen zu erhalten, spiegelt sich in der Interaktionsfähigkeit wider. Unter Vollständigkeit[2] wird verstanden, dass alle relevanten Faktoren und Sachverhalte berücksichtigt werden.

Zusammengefasst resultieren aus diesen Ausführungen zehn formale Anforderungen an die Methode. Nach Abschluss der Methodenentwicklung ist im Zuge einer Evaluierung die Erfüllung der zehn genannten Anforderungen kritisch zu überprüfen.

3.1.3 Erklärungsmodell für die Methode

Für die spätere Entwicklung des Methodengerüsts sind zu Beginn relevante Begriffe zu erklären, um daraus relevante Elemente aus dem Umfeld der Fertigungsplanung abgrenzen zu können. Aus den Elementen ist durch einen gedanklichen Vorgriff ein Erklärungsmodell für die zu entwickelnde Methode aufzubauen. In Tabelle 3.1 sind die für die Methodenentwicklung relevanten Begriffe erklärt und tabellarisch aufgelistet. Diese sind Bestandteile des nachfolgenden Erklärungsmodells für die Methode.

Nach der Abgrenzung der relevanten Begriffe im Umfeld der Fertigungsplanung kann im Folgenden ein Erklärungsmodell für die Methode in Form einer Arbeitshypothese entwickelt werden. Eine Arbeitshypothese dient als Hilfsmittel der Forschung beziehungsweise als vorläufige Annahme zum Zweck des besseren

[1] Die Planungshilfsmittel sind einfach und übersichtlich zu gestalten, so dass sie leicht und fehlerfrei nutzbar sind [Agg87, S. 62].

[2] Bei der Entwicklung von Modellen und Methoden ist darauf zu achten, dass diese nicht überparametrisiert sind und keine nicht messbaren beziehungsweise nicht erfassbaren Größen enthalten [Lit70, S. 482].

Tabelle 3.1 Relevante Begriffe im Umfeld der Fertigungsplanung

Begriff	Erklärung
Fertigungsplanung	„Die Planung der Fertigung umfasst alle einmalig zu treffenden Maßnahmen bezüglich der Gestaltung eines Fertigungssystems und der darin stattfindenden Fertigungsprozesse" [Dan01, S. 5].
Fertigungs-planungsaufgabe	Eine Fertigungsplanungsaufgabe „ist die Aufgabe, für ein Fertigungssystem vorausschauend Plandaten über die qualitative, quantitative und zeitliche Gestaltung und Zuordnung der Elemente dieses Fertigungssystems, die in sich und mit den Ausgangsdaten konsistent sind, für einen definierten, zielgerichteten Fertigungsprozeß festzulegen" [Dan01, S. 6].
Prozess	Bei Prozessen handelt es sich um Aktivitäten und Abfolgen von Aktivitäten, die zur Erfüllung bestimmter Aufgaben durchzuführen sind [Kle12, S. 16]. Bei einem Prozess handelt es sich um eine inhaltlich abgeschlossene Vorgangskette, die von einem Ereignis gestartet wird und eine definierte Eingabe und eine definierte Ausgabe hat [Sch14b, S. 51].
Bewertung	Breiing & Knosala [Bre97, S. 6] definieren den Begriff Bewertung wie folgt: Die Bewertung entspricht einem Wertzuweisungsprozess, wodurch ein System einen relativen Wert erhält. Die Bewertung orientiert sich entweder an einer Idealvorstellung oder an anderen gegenübergestellten Varianten.
Methode	Eine Methode ist ein Verfahren, das auf einem Regelsystem aufbaut, beziehungsweise die Art und Weise eines Vorgehens, um wissenschaftliche Erkenntnisse oder praktische Ergebnisse zu erlangen [Dud17].
Modell	„Ein Modell ist ein bewusst konstruiertes Abbild der Wirklichkeit, das auf der Grundlage einer Struktur-, Funktions- oder Verhaltensanalogie zu einem entsprechenden Original eingesetzt bzw. genutzt wird, um eine bestimmte Aufgabe zu lösen, deren Durchführung am Original nicht oder zunächst nicht möglich oder zweckmäßig ist" [Dan01, S. 11].
Fertigungssystem	Ein Fertigungssystem ist eine Anordnung von technischen Fertigungseinrichtungen, die zur Erfüllung einer bestimmten Fertigungsaufgabe miteinander verknüpft sind [Int04, S. 8].

Verständnisses eines Sachverhalts [Mes97, S. 330]. Diese wird in der vorliegenden Arbeit durch einen heuristischen Bezugsrahmen dargestellt und liefert eine Orientierung bei der Ausarbeitung der Methode.

Ein heuristischer Bezugsrahmen ist gemäß Kubicek [Kub77, S. 17 f.] ein theoretisches, gedankliches oder konzeptionelles Konstrukt, das als Aussagesystem dient. Er wird als Erklärungsmodell verstanden, das den weiteren Forschungsprozess steuert und zu klärende Fragen aufwirft. Formal kann ein heuristischer Bezugsrahmen als ein Diagramm mit Zellen und Pfeilen zwischen diesen Zellen dargestellt werden. Die Zellen repräsentieren dabei die als relevant erachteten Elemente der Problembeschreibung. Im Zuge der Problemdefinition werden zwischen den Elementen Verbundenheitsannahmen formuliert und als Pfeile dargestellt, die die funktionalen Beziehungen oder Ursache-Wirkungs-Beziehungen repräsentieren. In ihrer Gesamtheit ist diese Skizze der Ausdruck einer bestimmten theoretischen Perspektive, die durch gezielte Fragen selbst problematisiert wird.

Der in Abbildung 3.2 dargestellte heuristische Bezugsrahmen repräsentiert das Erklärungsmodell der zu entwickelnden Methode und deren angestrebte Funktionsweise im Anwendungsumfeld der Fertigungsplanung. Im heuristischen Bezugsrahmen ist die angestrebte Wirkungsweise der Methode über die darin enthaltenen Elemente und deren Verbindungen untereinander expliziert. Er verbildlicht und konkretisiert die Zielsetzung für die zu entwickelnde Methode. Die Ausgestaltung der Elemente und Verbindungen zur Generierung der Funktionsweise sind der Forschungsgegenstand der vorliegenden Arbeit. Die systematische Ausgestaltung des heuristischen Bezugsrahmens vollzieht sich durch die Übertragung von Modellen aus anderen Wissenschaftsgebieten und mündet in der Darstellung des Methodengerüsts (Abschnitt 3.2), der Ausarbeitung der einzelnen sich ergänzenden Methodenbausteine (Abschnitten 3.4 bis 3.6) sowie deren Integration in einen Fertigungsplanungsprozess (Kapitel 4).

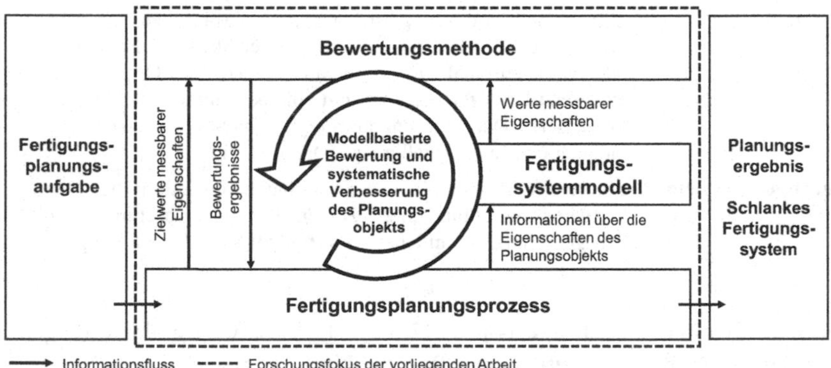

Abbildung 3.2 Heuristischer Bezugsrahmen als Erklärungsmodell für die Methode (in Anlehnung an [Fel18a, S. 667])

Das Erklärungsmodell zeigt, dass aus einer Fertigungsplanungsaufgabe über einen Fertigungsplanungsprozess ein Planungsergebnis für ein Fertigungssystem entsteht. Der Fertigungsplanungsprozess soll so durch eine geeignete Methode ergänzt werden, dass dadurch eine systematische Verbesserung des Planungsobjekts ermöglicht wird. Die systematische Verbesserung läuft dabei über die Elemente Fertigungssystemmodell, Bewertungsmethode und Fertigungsplanungsprozess sowie die verbindenden Informationsflüsse ab. Die Bewertungsmethode bildet das erforderliche Wertsystem für die Planung ab. Für eine Planungsaufgabe ist ein definiertes Wertsystem erforderlich, das eine Beurteilung von Planungsobjekten ermöglicht und den Planungsprozess lenkt [Sch91, S. 2]. Die Bewertungsmethode verfügt über direkte bidirektionale Verbindungen mit dem Fertigungsplanungsprozess, in denen Zielwerte messbarer Eigenschaften und Bewertungsergebnisse übermittelt werden. Eine mittelbare Verbindung zum Planungsprozess existiert über das Fertigungssystemmodell, welches aus den vorliegenden Informationen über die Eigenschaften des Planungsobjekts entsprechend verarbeitbare Werte der messbaren Eigenschaften generiert. Durch die beschriebene Funktionsweise unterstützt die zu entwickelnde Methode das Erreichen von Planungsergebnissen, die den Prinzipien der schlanken Produktion gerecht werden.

3.2 Methodengerüst und Methodenbausteine

Gemäß dem Erklärungsmodell für die Methode ist im nächsten Schritt die geforderte Funktionslogik der Methode zu beschreiben und anschließend das grundlegende Methodengerüst zu entwickeln. Die erforderliche Funktionslogik der Methode ist in Abbildung 3.3 in einem zweidimensionalen Diagramm mit zwei unabhängigen und messbaren Eigenschaften schematisch dargestellt. Ein Referenzpunkt wird durch die Festlegung von Zielwerten anhand eines idealen Fertigungssystems definiert. Dieser Referenzpunkt ist durch die konstanten Zielwerte α_{Ziel} und β_{Ziel} der messbaren Eigenschaften 1 und 2 eindeutig definiert.

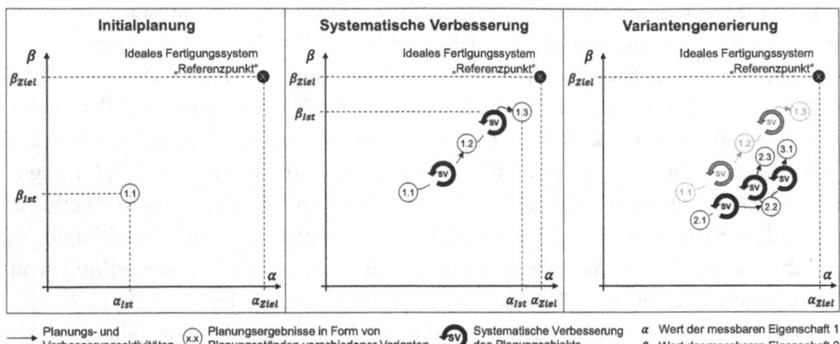

Abbildung 3.3 Funktionslogik der systematischen Verbesserung des Planungsergebnisses (fiktives Beispiel mit zwei beliebigen, unabhängigen und messbaren Eigenschaften)

Die Durchführung einer Initialplanung führt zu einem ersten Planungsergebnis (siehe Planungsergebnis 1.1). Das aktuelle Planungsergebnis ist durch seine Werte der messbaren Eigenschaften α_{Ist} und β_{Ist} beschreibbar. Die Werte α_{Ist} und β_{Ist} lassen sich aus den Informationen des Planungsergebnisses ermitteln. In der Abbildung ist ersichtlich, dass eine Abweichung zwischen dem Planungsergebnis und dem idealen Fertigungssystem existiert. Diese Abweichung soll während des Planungsprozesses sukzessive verkleinert werden. In der Phase der systematischen Verbesserung kommt es zur schrittweisen Verbesserung des Planungsergebnisses durch geeignete Maßnahmen (Planungsergebnis 1.2 und 1.3). Während des Fertigungsplanungsprozesses und der Methodenanwendung können weitere Varianten aus den bestehenden Planungsergebnissen entstehen, die nach der gleichen Logik ebenfalls systematisch verbessert werden können (Planungsergebnis 2.1, 2.2, 2.3 und 3.1).

Durch die Anwendung der Methode im Planungsprozess wird danach gestrebt das Planungsergebnis dem Referenzpunkt anzunähern. Durch die Durchführung mehrerer Verbesserungsaktivitäten aus der Methodenanwendung soll sich eine Annäherung der Werte α_{Ist} und β_{Ist} hin zu den konstanten Zielwerten α_{Ziel} und β_{Ziel} einstellen. Daraus ergibt sich die Anforderung zur Minimierung der Zielfunktionen

$$\alpha_{Ziel} - \alpha_{Ist} \rightarrow min \tag{3.1}$$

und

$$\beta_{Ziel} - \beta_{Ist} \rightarrow min. \quad (3.2)$$

An dieser Stelle ist jedoch zu sagen, dass für die vorliegende Problemstellung ein mathematisches Optimierungsmodell[3] nicht zielführend ist, da planerische Maßnahmen zu definieren sind. Für die Veränderung des Planungsobjekts durch empfohlene planerische Maßnahmen ist das Wort Verbessern anstatt Optimieren zu verwenden. Die Methode soll den Fertigungsplanungsprozess so beeinflussen, dass durch geeignete Verbesserungsmaßnahmen die Abweichung zwischen dem Planungsergebnis und dem idealen Fertigungssystem möglichst gering ist. Das Bestreben nach dem Minimieren einer Abweichung beziehungsweise das Angleichen eines Werts an eine Führungsgröße durch ein zielgerichtetes Einwirken in einen Prozess (Fertigungsplanungsprozess) stellt ein regelungstechnisches Problem dar. Der Begriff Regelung ist von Lutz & Wendt folgendermaßen definiert. „Unter einer Regelung versteht man einen Vorgang, bei dem eine Größe, die Regelgröße, fortlaufend gemessen wird und mit einer anderen Größe, der Führungsgröße, verglichen wird. Mit dem Vergleichsergebnis wird die Regelgröße so beeinflusst, dass sich die Regelgröße der Führungsgröße angleicht. Der sich ergebende Wirkungsablauf findet in einem geschlossenen Kreis, dem Regelkreis, statt“ [Lut10, S. 21].

Zur Erarbeitung des Methodengerüsts mit der geforderten Funktionslogik wird der Ansatz der Regelungstechnik[4] auf das Anwendungsumfeld der Fertigungsplanung übertragen. Aufgrund der erforderlichen Funktionsweise, dass eine Ausgangsgröße abgefragt und über eine Eingangsgröße eingestellt werden soll,

[3]Nach Klein & Scholl [Kle12, S. 46] sind Optimierungsmodelle folgendermaßen definiert: „Optimierungsmodelle bestehen aus einer Menge zulässiger Lösungen und mindestens einer zu maximierenden oder minimierenden Zielfunktion, mit deren Hilfe eine oder mehrere optimale Lösungen identifiziert werden können. Die Menge der zulässigen Lösungen ist implizit in Form eines Systems von Restriktionen (Nebenbedingungen) definiert“ [Kle12, S. 46].

[4]Die Regelungstechnik stellt nach Unbehauen [Unb02, Vorwort] ein Grundlagenfach für die meisten Ingenieurwissenschaften dar. Durch die Methodik können Regelsysteme aus unterschiedlichen Anwendungsumfeldern und -bereichen in einheitlicher Form dargestellt werden. Die Systeme sind gekennzeichnet durch eine zielgerichtete Beeinflussung und Informationsverarbeitung beziehungsweise Regelungs- und Steuerungsvorgänge. Die Regelungstechnik hat sich heute als methodische Wissenschaft durchgesetzt, die unabhängig vom Anwendungsumfeld und -bereich ist. Sie ist mehr den Systemwissenschaften als den Gerätewissenschaften zuzuordnen.

kommt der Kontrollmechanismus[5] der Rückkopplung zum Einsatz. Dieser Mechanismus ist dadurch gekennzeichnet, dass die bewusste Veränderung des Zustandes eine Funktion des gegenwärtigen Zustandes darstellt [Sch91, S. 27 f.]. Der Mechanismus, dass anhand der Rückkopplung des erzielten Arbeitsergebnisses geeignete Maßnahmen abgeleitet werden, um das angestrebte Ergebnis zu bewirken, ist in ähnlicher Weise auch im Mensch-Maschine-System [VDI15, S. 9 f.] zu finden. In Abbildung 3.4 ist ein allgemeiner Regelkreis aus der Regelungstechnik mit seinen Komponenten und Signalen skizziert. Dieser Regelkreis dient als Ausgangspunkt für die Übertragung der Funktionslogik auf das Anwendungsumfeld der Fertigungsplanung.

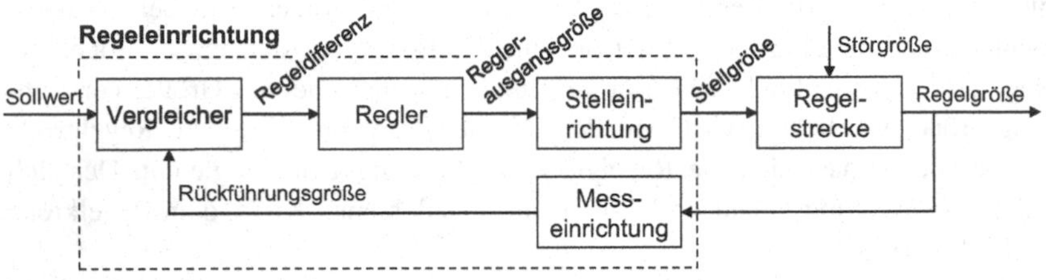

Abbildung 3.4 Allgemeiner Regelkreis (in Anlehnung an [Lut10, S. 23])

In Tabelle 3.2 ist die Übertragung der Komponenten und Signale eines technischen Regelkreises auf das Anwendungsumfeld der Fertigungsplanung dargestellt. In Abbildung 3.5 (siehe S. 48) ist der übertragene Regelkreis[6] in Form des entwickelten Methodengerüsts für die Unterstützung des Fertigungsplanungsprozesses veranschaulicht. Die Regeleinrichtung des Regelkreises stellt die Methode zur systematischen Verbesserung des Planungsobjekts dar und besteht aus den drei Elementen Fertigungssystemmodell, Bewertungsmethode und dem Verbesserungsleitfaden. Diese drei Elemente bilden somit die Methodenbausteine. Der

[5]Die vier existierenden Kontrollmechanismen sind „directing" (dt.: Steuerung), „feedforward" (dt.: Vorwärtskopplung; für Regelung mit Störgrößenaufschaltung), „feedback" (dt.: Rückkopplung) und „completing deficiencies" (dt.: Mängel beheben; für den Einsatz mit zusätzlichen Prozessen) [Dek17, S. 149].

[6]Durch die Mehrdimensionalität der Fertigungsplanungsaufgabe handelt es sich um eine Mehrgrößenregelung. Deren Größen sind im weiteren Verlauf der vorliegenden Arbeit zu definieren.

Tabelle 3.2 Komponenten und Signale der Regelungstechnik im Anwendungsumfeld (in Anlehnung an [Fel18a, S. 667])

Komponenten und Signale der Regelungstechnik		Komponenten und Signale[a] der Regelungstechnik im Anwendungsumfeld der Fertigungsplanung		Prozessschritt der Komponentenverwendung[b, c]
Komponenten	Regelstrecke	Planungsobjekt		Anpassung des Planungsobjekts
	Messeinrichtung	Fertigungssystemmodell		Modellierung
	Vergleicher	Bewertungsmethode		Bewertung
	Regler			
	Stelleinrichtung	Verbesserungsleitfaden		Festlegung von Verbesserungsmaßnahmen
Signale	Regelgröße	x	Eigenschaften des Planungsobjekts	nicht relevant
	Rückführungsgröße	r_b	Merkmalswerte	
	Sollwert	w_b	Zielwerte	
	Regeldifferenz	$x_{d,b}$	Abweichung zwischen w_b und r_b	
	Reglerausgangsgröße	$y_{R,b}$	Bewertungsergebnisse	
	Stellgröße	y_n	Verbesserungsmaßnahmen	
	Störgröße	z_l	Störgrößen	

[a]Die Formelzeichen der Signale lehnen sich an die gängigen Bezeichnungen aus der Regelungstechnik an, siehe Lutz & Wendt [Lut10, S. 23].

[b]Die Prozessschritte sind für die spätere Integration der Methode in den Fertigungsplanungsprozess (siehe Kapitel 4) notwendig.

[c]Eine vergleichbare Struktur ist auch in angrenzenden Themenfeldern zu finden. Die von Buschmann entwickelte Methode zur Planung und zum Betrieb von Energiedatenerfassungssystemen gliedert sich in das Erfassen (siehe Modellieren), das Verstehen und Vergleichen (siehe Bewertung und Festlegung von Verbesserungsmaßnahmen) und das Optimieren (siehe Anpassung des Planungsobjekts) [Bus13, S. 120 ff.].

übertragene Regelkreis auf das Umfeld der Fertigungsplanung basiert auf zeitdiskreten Signalen. Die Abtastrate ergibt sich aus den einzelnen Zeitpunkten der sich wiederholenden Zyklen zur systematischen Verbesserung des Planungsobjekts.

Die Eigenschaften des Planungsobjekts x stellen die Regelgrößen im Regelkreis dar. Diese werden über die noch zu definierenden Bewertungskriterien b, $b \in \mathbb{N}$, bewertet. Über eine Modellierung werden die Eigenschaften des Planungsobjekts x in verarbeitbare Werte, die sogenannten Merkmalswerte r_b, übersetzt. Aufgrund der Anforderung, dass r_b die Eigenschaften des Planungsobjekt in einer für die Bewertungsmethode verarbeitbaren Form abbilden soll, wird r_b als Merkmalswert bezeichnet.[7]

Bourier [Bou14, S. 9] definiert den Begriff wie folgt. Der Merkmalswert (auch Merkmalsausprägung) gibt an, in welcher Weise das Merkmal bei einem Merkmalsträger (hier: Planungsobjekt) auftritt. Der Merkmalswert ist das Resultat einer Messung, Beobachtung, Befragung oder einer Zählung, die beim Merkmalsträger vorgenommen wurde.

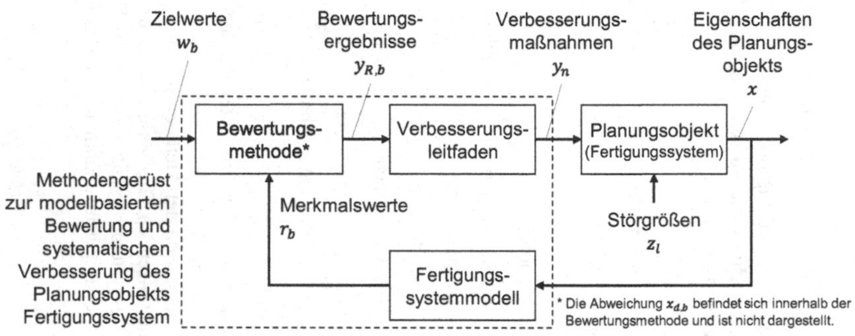

Abbildung 3.5 Methodengerüst als Regelkreis im Anwendungsumfeld Fertigungsplanung (in Anlehnung an [Fel18a, S. 668])

[7]Für r_b empfiehlt sich nicht den Begriff Messwert zu verwenden, da es sich bei den zu messenden Größen um nicht physikalische Größen handelt. Nach DIN 1319-1 [DIN95] ist ein Messwert der Wert einer Messgröße, der von einem Messgerät oder einer Messeinrichtung geliefert wird. Er stellt die quantitative Aussage über eine physikalische Messgröße dar und wird durch das Produkt aus Zahlenwert und Einheit ausgedrückt. In der Sozialwissenschaft wird nach Bortz [Bor84, S. 43] der Begriff des Messens jedoch weiter gefasst und als „Prozess der Darstellung empirischer Eigenschaften oder Relationen in einem formalen Modell" [Bor84, S. 43, zitiert nach Ste59, S. 20] verstanden.

Innerhalb der Bewertungsmethode läuft die Feststellung der Abweichungen $x_{d,b}$ der Merkmalswerte r_b gegenüber den vordefinierten Zielwerten w_b gemäß der Formel

$$x_{d,b} = w_b - r_b \tag{3.3}$$

ab. Nach der Interpretation der Abweichungen werden Maßzahlen als Bewertungsergebnis $y_{R,b}$ anhand von definierten Funktionen f bestimmt. Dafür gilt

$$y_{R,b} = f(x_{d,b}). \tag{3.4}$$

Die Herleitung und Beschreibung der anzuwendenden Funktionen erfolgen in Abschnitt 3.4.2. Die Bewertungsmethode übernimmt im Regelkreis die Funktion des Vergleichers und des Reglers. Die Abweichung $x_{d,b}$ ist als absolute und dimensionsbehaftete Größe nicht als direktes Eingangssignal für den Verbesserungsleitfaden, der die Stelleinrichtung im Regelkreis darstellt, geeignet. Die zu betrachtende Mehrdimensionalität bei der Planung von Fertigungssystemen erfordert die Möglichkeit einer gezielten Fokussierung im Fertigungsplanungsprozess. Daher ist die Umrechnung der Abweichung $x_{d,b}$ in einen Wert auf einer normierten Skala erforderlich, um diese interpretierbar zu machen. Die Bewertungsergebnisse $y_{R,b}$ auf der dimensionslosen normierten Skala repräsentieren daher die Reglerausgangsgrößen.

Das Bewertungsergebnis impliziert einen gewissen Handlungsdruck. Ein schlechtes Bewertungsergebnis stellt hohe Anforderungen hinsichtlich der Verbesserungsmaßnahmen und bietet viel Potenzial. Ein gutes Bewertungsergebnis führt zu einem geringeren Handlungsdruck und bietet weniger Verbesserungspotenzial. Der Planer strebt nach der Maximierung der Bewertungsergebnisse je Bewertungskriterium. Dafür gilt für jedes Bewertungskriterium b

$$y_{R,b} \rightarrow max. \tag{3.5}$$

Durch diese Handlungsstrategie wird das Ziel des Regelkreises, die Minimierung der Abweichung je Bewertungskriterium, sichergestellt. Die Merkmalswerte des Fertigungssystems nähern sich für jedes Bewertungskriterium b durch

$$x_{d,b} \rightarrow min \tag{3.6}$$

den Zielwerten an.

Die Auswahl geeigneter Verbesserungsmaßnahmen y_n, für $n \in \mathbb{N}$ geschieht anhand der Bewertungsergebnisse $y_{R,b}$ und durch den Verbesserungsleitfaden. Aus dem Verbesserungsleitfaden sind Maßnahmen zur zielgerichteten Verbesserung des Planungsstandes identifizierbar, bei dem Zusammenhänge und Einflüsse zwischen den Bewertungskriterien zu berücksichtigen sind. Durch die aus dem Bewertungsergebnis und dem Verbesserungsleitfaden identifizierten Verbesserungsmaßnahmen wird der Planer zielgerichtet in seinem Handeln beeinflusst und gelenkt. Die Verbesserungsmaßnahmen y_n wirken über die Steuerung der Planungsleistung im Fertigungsplanungsprozess mittelbar auf das Planungsobjekt ein und sorgen für veränderte Eigenschaften des Planungsobjekts x. In Anlehnung an die Problemlösung stellt die Verbesserungsmaßnahme einen Operator dar. Ein Operator ist die allgemeine Form einer Handlung, die einen Sachverhalt des Realitätsbereichs verändert [Dör76, S. 15]. Die veränderten Eigenschaften des Planungsobjekts werden im nächsten Zyklus erneut durch eine Modellierung abgebildet, wodurch der Regelkreis zur systematischen Verbesserung ein weiteres Mal durchlaufen wird und dadurch das Planungsergebnis weiter verbessert werden kann.

Auf das Planungsobjekt Fertigungssystem können verschiedene Störgrößen z_l, für $l \in \mathbb{N}$, wirken. Bei den Iterationen sind Störgrößen wie zum Beispiel veränderte Planungsgrundlagen, auftretende Restriktionen und vor allem unwirksame oder unangemessene Anpassungen zu kompensieren.

Durch die Übertragung des Modells aus der Regelungstechnik auf das Anwendungsumfeld der Fertigungsplanung konnten das Methodengerüst und die Methodenbausteine entwickelt werden. Dieses Methodengerüst erfüllt die inhaltliche Anforderung, dass durch die Funktionslogik eine systematische Verbesserung eines Planungsobjekts gewährleistet werden kann.

In Abbildung 3.6 sind das erarbeitete Methodengerüst vereinfacht mit den einzelnen Methodenbausteinen sowie das Planungsobjekt im zuvor beschriebenen Objekt- und Methodenbereich veranschaulicht. Die zu entwickelnde Methode besteht aus den drei Methodenbausteinen Fertigungssystemmodell, Bewertungsmethode und Verbesserungsleitfaden.

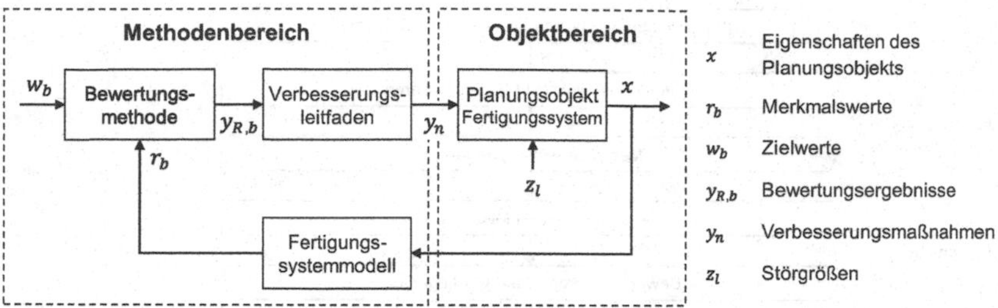

Abbildung 3.6 Methodenbausteine im abgegrenzten Methodenbereich

Das Fertigungssystemmodell als Methodenbaustein MB1 dient zur Erfassung der Eingangswerte für die Bewertungsmethode MB2. Über den Methodenbaustein MB3 werden anhand eines Verbesserungsleitfadens Maßnahmen zur systematischen Verbesserung des Planungsobjekts PO identifiziert. Folglich zeigt die Methode einen datenverarbeitenden Charakter, da der Grundablauf dem EVA-Prinzip [Ern00, S. 11] (Eingabe, Verarbeitung und Ausgabe) folgt. Tabelle 3.3 zeigt eine Übersicht über die Komponenten des Methodengerüsts und die weitere Vorgehensweise für deren Ausgestaltung.

Tabelle 3.3 Komponenten im Objekt- und Methodenbereich

Komponenten im Objekt- und Methodenbereich		**Abkürzung**	**Ausgestaltung**
Objektbereich	Planungsobjekt Fertigungssystem	PO	Abschnitt 3.3
Methodenbereich (Methodenbausteine)	Fertigungssystemmodell	MB1	Abschnitt 3.5
	Bewertungsmethode	MB2	Abschnitt 3.4[a]
	Verbesserungsleitfaden	MB3	Abschnitt 3.6

[a] Aufgrund des forschungsmethodischen Vorgehens und aus didaktischen Gründen beginnt die Ausgestaltung der Methodenbausteine mit der Bewertungsmethode (MB2).

Abschließend ist der oben beschriebene Ablauf und die Anwendung der Methodenbausteine durch eine geeignete Darstellung zu visualisieren. Auf Basis der Modellierungsmethode „ereignisgesteuerte Prozesskette", die in der Lage ist zeitlich-logische Abläufe darzustellen [Kel92, S. 15], kann der Prozess zur modellbasierten Bewertung und systematischen Verbesserung modelliert und anschaulich beschrieben werden. Abbildung 3.7 zeigt unter Anwendung der Modellierungsmethode einen Zyklus für die modellbasierte Bewertung und systematische Verbesserung von Fertigungssystemen. Das letzte Ereignis des Ablaufs kann als Startereignis für einen nachfolgenden Zyklus dienen.

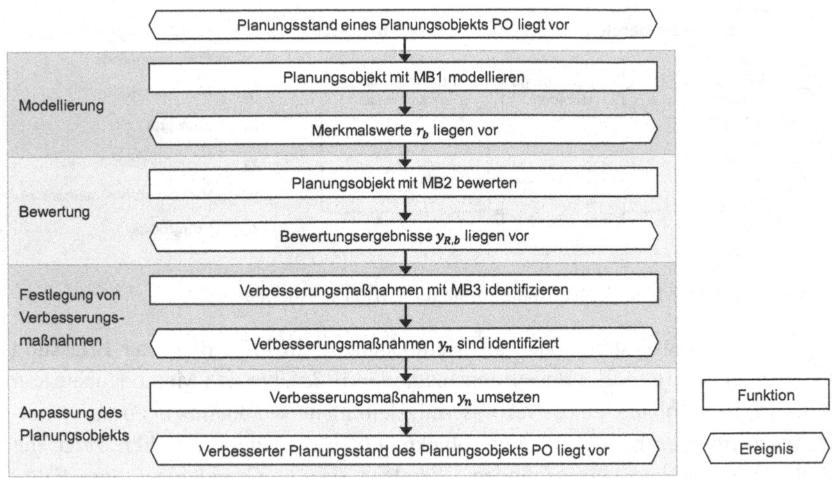

Abbildung 3.7 Ablauf der modellbasierten Bewertung und systematischen Verbesserung

3.3 Planungsobjekt Fertigungssystem

Da der zu betrachtende Objektbereich der Methode einen direkten Einfluss auf die Ausgestaltung der Methodenbausteine hat, ist bei der Ausarbeitung mit diesem anzufangen. Durch eine klare Abgrenzung und Definition des Betrachtungsobjekts beginnt im vorliegenden Teilkapitel die anwendungsspezifische Konkretisierung der Methode.

3.3.1 Anforderungen zur Abgrenzung und Definition

Die Abbildung 3.8 zeigt den Freischnitt des Planungsobjekts aus dem Methodengerüst. Darin ist zu erkennen, dass die Gestaltung der drei Methodenbausteine von der Auswahl der Merkmale zur Bewertung der zu verbessernden Eigenschaften x abhängig ist. Für die weiteren Schritte der Methodenentwicklung und die Ausarbeitung der einzelnen Methodenbausteine ist es essenziell den Objektbereich der Methode klar abzugrenzen und zu definieren.

Die Definition des Objektbereichs kommt einer Systemgrobanalyse gleich [Sch91, S. 50]. Diese beinhaltet die Systemabgrenzung in Form des zu betrachtenden Realitätsausschnitts und die Systemgrobstrukturierung zur Festlegung der

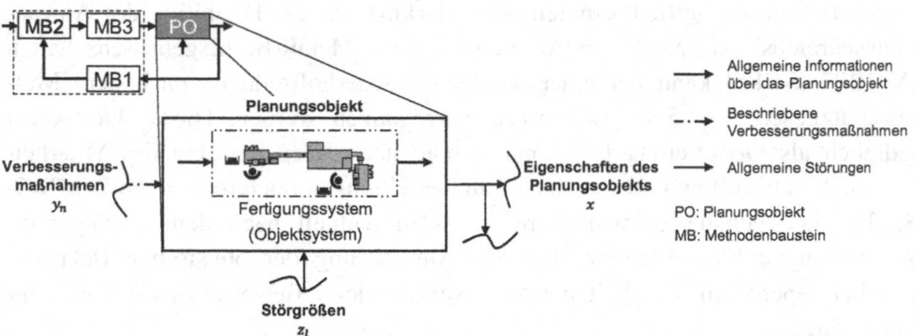

Abbildung 3.8 Freischnitt des Planungsobjekts aus dem Methodengerüst

zu betrachtenden Eigenschaften des Systems [Sch91, S. 50]. Basierend auf einem festgelegten Anwendungs- und Betrachtungsbereich ist das zu betrachtende Objektsystem abzugrenzen. Des Weiteren ist es erforderlich eine Beschreibungssystematik zu erarbeiten, die es ermöglicht Fertigungssysteme allgemeingültig zu beschreiben. Aufbauend auf dieser Beschreibungssystematik ist der Spezialfall eines Fertigungssystems, das schlanke Fertigungssystem zu beschreiben und zu definieren.

3.3.2 Anwendungs- und Betrachtungsbereich

Das breit gefasste Anwendungsumfeld der Fertigungsplanung erfordert eine Konkretisierung des Anwendungsbereichs. Für eine zielgerichtete Methodenentwicklung und die anschließende Anwendbarkeit der Methode ist der Anwendungsbereich hinsichtlich relevanter Merkmale sinnvoll abzugrenzen. Aus unterschiedlichen Merkmalsausprägungen der Fertigungsplanung können teilweise erheblich unterschiedliche Anforderungen an die zu entwickelnden Methoden resultieren. Der Anwendungsbereich der vorliegenden Arbeit wird nach einem morphologischen Merkmalsschema anhand relevanter Merkmale für die Fertigungsplanung abgegrenzt, siehe Abbildung 3.9. Die Abgrenzung erfolgt bezüglich der Merkmalsgruppen Produktionsprogramm, Technologie sowie Planungsobjekt und Planungsfall. Die Abgrenzung des Produktionsprogramms zeigt, dass die zu entwickelnde Methode für ein regelmäßiges Produktionsprogramm mit Standarderzeugnissen vorgesehen ist. Das Teilegewicht stellt durch das Tätigkeitsprofil des Mitarbeiters in einem schlanken Fertigungssystem (Teile manuell einlegen, transportieren und prüfen) ein zentrales Merkmal für die Definition des Anwendungsbereichs dar. Nach der Vereinigung der Metall-Berufsgenossenschaften [VMB07, S. 85] kann bei einer häufigen Wiederholfrequenz nach dem Mutterschutzgesetz von 5 kg Lastgrenze ausgegangen werden. Dieser Wert dient lediglich als Orientierung und kann sich je nach Körperhaltung des Mitarbeiters im Arbeitssystem und sonstigen Randbedingungen noch reduzieren [VMB07, S. 85]. Die genaue Belastungsgrenze ist individuell nach dem vorliegenden Anwendungsfall zu ermitteln. Für eine Beurteilung der physischen Belastungen bei repetitiven Tätigkeiten stehen verschiedene Bewertungsverfahren[8] zur Verfügung.

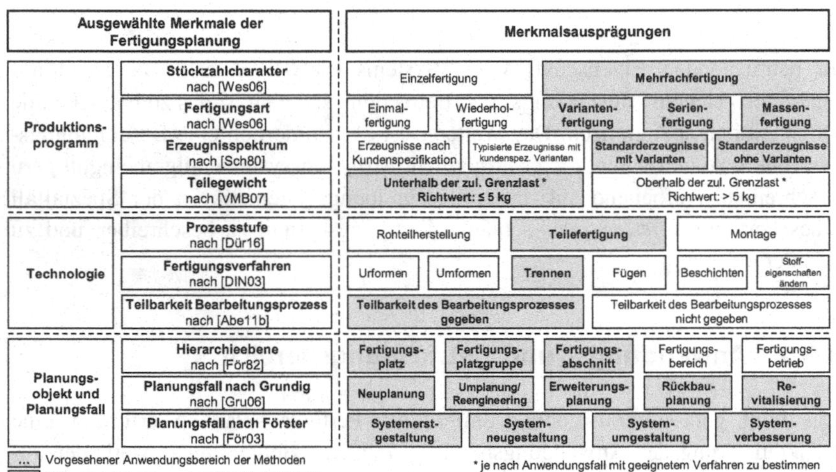

Abbildung 3.9 Abgrenzung des Anwendungsbereichs

Die zu entwickelnde Methode ist für die Anwendung in der Prozessstufe Teilefertigung und für die Fertigungsverfahren innerhalb der Hauptgruppe Trennen [DIN03, S. 10] vorgesehen. Aus technologischer Sicht ist ergänzend zu erwähnen,

[8]Auswahl an Bewertungsverfahren: DIN EN 1005-5 (Sicherheit von Maschinen – Menschliche körperliche Leistung – Teil 5: Risikobeurteilung für kurzzyklische Tätigkeiten bei hohen Handhabungsfrequenzen); ISO 11228-3 (Ergonomie – Manuelle Handhabung – Teil 3: Handhabung geringer Lasten bei hohen Bewegungsfrequenzen); „Ergonomic Assessment Worksheet" (EAWS) zur Bewertung körperlicher Belastungen im industriellen Arbeitsumfeld; „Bewertung körperlicher Belastung" (IAD-BkB).

dass eine Teilbarkeit der maschinellen Arbeit gegeben sein muss. Die Teilbarkeit des Bearbeitungsprozesses stellt eine Grundvoraussetzung bei der Systemgestaltung schlanker Fertigungssysteme dar [Abe11b, S. 27]. Das Planungsobjekt hat sich hierarchisch zwischen dem Fertigungsplatz und dem Fertigungsabschnitt zu befinden. Hinsichtlich der Planungsfälle ist die Methode so zu gestalten, dass diese die typischen Planungsfälle für Fertigungssysteme abdeckt.

Im nächsten Schritt ist der Betrachtungsbereich eindeutig abzugrenzen, da es sich bei der zu entwickelnden Methode um eine Ergänzung des Fertigungsplanungsprozesses handelt. Betrachtet werden ausschließlich einzelne ausgewählte Aspekte eines Fertigungssystems. Nach Adam [Ada93, S. 45 f.] ist die Abgrenzung des Betrachtungsbereichs einer Abstraktion beziehungsweise Vereinfachung eines komplexen Systems gleichzusetzen. Die Abstraktion hat so zu erfolgen, dass die wesentlichen Merkmale bezüglich der vorliegenden Fragestellung in geeigneter Weise abgebildet sind [Ada93, S. 45 f.]. Der abgegrenzte Objektbereich in Abbildung 3.1 (siehe Abschnitt 3.1.1) zeigt, dass der Betrachtungsfokus auf den Eigenschaften und der Wirtschaftlichkeit des Fertigungssystems liegt. Der Betrachtungsbereich ist demnach so zu definieren, dass eine Aussage darüber getroffen werden kann, ob das Fertigungssystem den Prinzipien der schlanken Produktion entspricht oder nicht. Output-Größen[9] zur reinen Leistungsmessung erfahren durch die Methode keine explizite Betrachtung.

Der Betrachtungsbereich lässt sich im Kontext des MTO[10]-Ansatzes nach Ulich [Uli11] definieren und abgrenzen. In Abbildung 3.10 sind für Mensch, Technik und Organisation die jeweiligen Betrachtungsmerkmale definiert und ist dadurch der Betrachtungsbereich des Objekts Fertigungssystem abgegrenzt. Nach dem MTO-Ansatz müssen Mensch, Technik und Organisation in ihrer gegenseitigen Abhängigkeit und ihrem Zusammenwirken verstanden werden [Uli11, S. 86]. Die Aufgabenverteilung zwischen Mensch und Technik bestimmt die Stellung des Menschen im Fertigungsprozess, wodurch dieser Aspekt eine wichtige Rolle in der Planung von Fertigungssystemen einnimmt [Uli11, S. 86]. Die Automatisierung bestimmt, wie die Arbeit zwischen Mensch und Technik aufgeteilt ist [Wäf99, S. 22]. In den Betrachtungsbereich sind die manuellen und maschinellen Prozesse einzubeziehen. Der Betrachtungsbereich erstreckt sich über die Prozessstufe Teilefertigung (siehe Abbildung 2.2). Die darunter liegenden Prozessphasen sowie deren Arbeitsgänge, Arbeitsstufen und die zugehörigen Bewegungselementen der Mitarbeiter sind inbegriffen. Eine Strukturierungshilfe liefert dafür das

[9]Die meisten Bewertungsmethoden bewerten Output-Größen und betrachten Fertigungssysteme als Black-Box [Coc16, S. 66].

[10]M: Mensch, T: Technik, O: Organisation.

Gliederungsschema nach REFA, das einen Gesamtablauf in Teilabläufe, Ablaufstufen, Vorgänge, Teilvorgänge, Vorgangsstufen und Vorgangselemente unterteilt [REF84, S. 100 ff.]. Der Fokus der Betrachtung soll auf der Verschwendung in den Prozessen liegen.

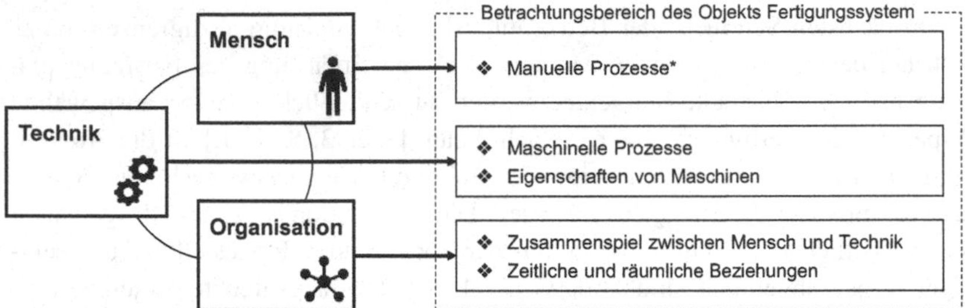

Abbildung 3.10 Abgrenzung des Betrachtungsbereichs im Kontext des MTO-Ansatzes

Gemäß der peripheren Ordnung werden die Hauptprozesse sowie relevante Komponenten aus der ersten Peripherie[11], wie zum Beispiel der Transport zwischen den Hauptprozessen und die Qualitätskontrolle, beleuchtet. Zur Abgrenzung der maschinellen Prozesse ist anzumerken, dass das Arbeitsverfahren als Technologie, die zur Veränderung des Arbeitsgegenstandes im Sinne der Arbeitsaufgabe angewendet wird [REF84, S. 107], nicht mit in die Betrachtung einfließt.[12] Die größten Verbesserungshebel liegen nicht auf den wertschöpfenden Prozessen selbst, sondern auf der wertstromorientierten Gestaltung des gesamten Fertigungssystems [Wil01, S. 17 ff.] sowie den organisatorischen Abläufen hinsichtlich des Zusammenwirkens zwischen Mensch und Maschine [Abe10, S. 96]. Des Weiteren würde die Betrachtung des Arbeitsverfahrens die Allgemeingültigkeit der Methode nicht mehr gewährleisten.

Da das zentrale Merkmal eines Fertigungssystem die Verwendung von Maschinen ist [Nic18, S. 293] und deren Integration in einen schlanken Materialfluss

[11]Zur ersten Peripherie zählen Flusssysteme, die unmittelbar vom Produktionsprogramm und direkt vom Hauptprozess abhängig sind und somit arbeitsgegenstandsabhängig sind [Sch14a, S. 135].

[12]An dieser Stelle liegt die Annahme zugrunde, dass die Bearbeitungsprozesse die geforderte Menge in der geforderten Qualität produzieren können. Die Arbeitsgenauigkeit und Qualität sind in der Methode nicht zu behandeln.

einen hohen Stellenwert aufweist [Abe11a, S. 46], ist ein besonderes Augenmerk auf die Eigenschaften der Maschinen im Fertigungssystem zu legen. Der Fokus soll daher auf die Integrationsfähigkeit in den Produktionsfluss gesetzt werden. In den Betrachtungsbereich fließen ebenso strukturelle Aspekte, wie das räumliche und zeitliche Zusammenspiel der Produktionsfaktoren Mensch und Maschine, ein. Zeitliche und räumliche Beziehungen innerhalb des Fertigungssystems sind im Kontext eines schlanken Produktionsflusses zu betrachten.

Aufgrund der Tatsache, dass die Methode auch für die Anwendung in frühen Planungsstadien vorgesehen ist, sind die dafür notwendigen Anforderungen zu berücksichtigen. Gemäß Konold & Reger [Kon03, S. 42] sind in solchen Stadien ausschließlich systementscheidende Einflussfaktoren bei der Gestaltung zu betrachten. Der Aufbau und Detaillierungsgrad der Methode sind so auszulegen, dass auch in frühen Planungsstadien Planungsergebnisse mit einem geringen Reifegrad und Detaillierungsgrad abgebildet werden können.

Durch die Fokussierung der Methode auf die oben ausgeführten Fragestellungen sind andere Aspekte bewusst ausgeklammert. Weitere Aspekte für eine Betrachtung eines Fertigungssystems können beispielsweise die Ergonomie[13] und die erzeugbare Werkstückqualität sein, um nur zwei zu nennen. Zum Themenfeld Werkstückqualität in schlanken Fertigungssystemen ist an dieser Stelle auf die Arbeit von Böllhoff [Böl18] zu verweisen.

3.3.3 Allgemeines Fertigungssystem als objekttheoretische Basis

Das Abschnitt 3.3.3 hat zum Ziel, das zu betrachtende Objektsystem zu präzisieren und abzugrenzen.[14] Dies erfolgt nach dem in Abschnitt 3.3.2 definierten Anwendungs- und Betrachtungsbereich. Ziel ist es, eine allgemeine Beschreibungsstruktur für Fertigungssysteme zu entwickeln, um dadurch die Grundlage für die Begriffsdefinition des schlanken Fertigungssystems zu legen.

Ein Fertigungssystem stellt ein soziotechnisches System dar, in dem Menschen und Betriebsmittel zusammenwirken, um einen Zweck (zum Beispiel Drehteil herstellen) zu erfüllen [REF84, S. 93]. Nach dem Prinzip des Systemdenkens ist es erforderlich, dass durch eine modellhafte Abbildung (reale) Systeme so abstrahiert

[13]Ergonomie: „Ergonomic evaluation of manufacturing system designs“ [Hun01] und „Ergonomics in Manufacturing“ [Kar98].

[14]Die Grundlagen der Definition eines allgemeinen Fertigungssystems wurden in [Fel18b] als ein Teilergebnis der vorliegenden Arbeit veröffentlicht.

und vereinfacht werden, dass die abgebildeten Teilaspekte genügend aussagefähig sind und die Anforderung nach Zweckmäßigkeit und Problemrelevanz erfüllt ist [Hab12, S. 41]. Ein Modell konkretisiert abstrakte Sachverhalte, indem es den Blick auf die wesentlichen Merkmale lenkt [Dör76, S. 91]. Die mengentheoretische Beschreibung eines Produktionssystems[15] nach Schmigalla [Sch95, S. 81 f.] dient als objekttheoretische Basis und wird als Ausgangspunkt für die Entwicklung eines Modells zur Definition eines allgemeinen Fertigungssystems herangezogen. Daraus ergibt sich für die vorliegende Arbeit folgende Definition.

Definition: Fertigungssystem
Ein Fertigungssystem besteht aus mengentheoretischer Sicht aus einer Menge an Elementen M_E, einer Menge an Strukturen M_S und einer Menge an Prozessen M_P.

Für ein Fertigungssystem, in dem die Mengen M_E, M_S, M_P zur Herstellung eines definierten Produktprogramms dienen, ergeben sich für $n_1, n_2, n_3 \in \mathbb{N}$ die Definitionen

$$M_E = \{E_i | i = 1, \ldots, n_1\},$$

$$M_S = \{S_i | i = 1, \ldots, n_2\},$$

$$M_P = \{P_i | i = 1, \ldots, n_3\}.$$

Gemäß dem festgelegten Anwendungs- und Betrachtungsbereich werden für die vorliegende Arbeit die Begriffe Elemente, Strukturen und Prozesse folgendermaßen definiert.

Definition: Elemente
Die Elemente E_i beschreiben die eingesetzten Maschinen beziehungsweise Fertigungsmittel im Fertigungssystem. Fertigungsmittel sind Einrichtungen, „die zur direkten oder indirekten Form-, Substanz oder Zustandsänderung mechanischer beziehungsweise chemisch-physikalischer Art von Werkstücken beitragen und ihr Nutzungspotenzial über längere Zeiträume abgeben können“ [Int04, S. 20].

[15] Der Begriff Produktionssystem ist als Synonym von dem verwendeten Begriff Fertigungssystem zu sehen [Int04, S. 8].

Definition: Strukturen
Die Elemente E_i sind über Strukturen S_i räumlichen und zeitlichen Charakters miteinander verbunden [Sch95, S. 81; Sch14a, S. 320]. Demnach umfasst die räumliche Struktur die Transportverbindungen zwischen den Elementen und deren räumliche Anordnung [Sch14a, S. 322 f.]. Die zeitliche Struktur beinhaltet die zeitliche Gliederung des Gesamtprozesses in seine einzelnen Bestandteile sowie deren zeitliches Zusammenwirken [Sch14a, S. 321].

Definition: Prozesse
Über die einzelnen Elemente E_i und die Strukturen S_i laufen die Prozesse P_i ab [Sch95, S. 81]. Die einzelnen Prozesse bilden den Gesamtdurchlauf des Produkts durch das Fertigungssystem ab und beinhalten daher neben den Bearbeitungsprozessen auch weitere Teilprozesse, wie zum Beispiel Transportprozesse.

Für eine vollständige Definition und Abgrenzung eines Fertigungssystems ist die mengentheoretische Beschreibung durch eine hierarchische Strukturierung zu ergänzen. Die Hierarchie der Fertigungssysteme eines Produktionsbetriebes ist durch eine 5-Ebenen-Struktur[16] beschreibbar. Das in der Methode zu betrachtende Fertigungssystem dient zur Produktion eines abgegrenzten Teilespektrums innerhalb definierter Systemgrenzen der Wertschöpfungskette. Bei dieser Art Fertigungssystem handelt es sich um ein Fertigungssystem 3. Ordnung (Fertigungsabschnitt). Das Fertigungssystem 3. Ordnung setzt sich aus einzelnen Fertigungssystemen niedrigerer Ordnung in Form von Fertigungsplätzen oder Fertigungsplatzgruppen (1. und 2. Ordnung) zusammen [För82, S. 31]. Ein Fertigungssystem wird in der vorliegenden Arbeit zur differenzierteren Betrachtung auf tieferer Ebene in mehrere Subsysteme gegliedert. Diese Fertigungssysteme niedrigerer Ordnung (Subsysteme) werden im Weiteren als Arbeitssysteme (AS) bezeichnet. Die verbindenden Prozesse zwischen den Arbeitssystemen werden Übergangsprozesse genannt. Dabei handelt es sich vor allem um Transport- und Lagerprozesse. Die Systemgrenzen eines Arbeitssystems können sich auf den Arbeitsbereich, die Arbeitsgruppe oder einen bestimmten Fertigungsabschnitt beziehen, wobei das kleinste Arbeitssystem der Arbeitsplatz bildet [Bun15, S. 3].

[16]Ordnungsebenen der Fertigungssysteme nach Förster, Lohwasser & Herbst [För82, S. 31]: Fertigungssystem 1. Ordnung: Fertigungsplatz, Fertigungssystem 2. Ordnung: Fertigungsplatzgruppe, Fertigungssystem 3. Ordnung: Fertigungsabschnitt, Fertigungssystem 4. Ordnung: Fertigungsbereich, Fertigungssystem 5. Ordnung: Fertigungsbetrieb.

Der Begriff Arbeitssystem ist in der Literatur unter anderem durch eine DIN-Norm[17], durch REFA[18] und die Bundesanstalt für Arbeitsschutz und Arbeitsmedizin (BAuA[19]) definiert. Anhand dieser Definitionen wird ein Arbeitssystem in der vorliegenden Abhandlung folgendermaßen definiert.

Definition: Arbeitssystem
Ein Arbeitssystem AS_p ist ein in sich abgeschlossenes soziotechnisches System, bei dem der Mensch zur Erfüllung einer bestimmten Arbeitsaufgabe mit Maschinen zusammenwirkt, um Arbeitsgegenstände zu verarbeiten. Es stellt eine räumlich und/oder zeitlich begrenzte Einheit dar, innerhalb derer Arbeitspersonen mit Maschinen in einem Prozess Aufgaben erfüllen. Ein Arbeitssystem ist ein Subsystem im Fertigungssystem und besteht somit aus einzelnen Teilmengen der Elemente, Strukturen und Prozesse eines Fertigungssystems.

Ein Arbeitssystem AS_p mit $p = 1, \ldots, n_4$ für $n_4 \in \mathbb{N}$ besteht aus den Teilmengen $M_{E,p}$, $M_{S,p}$ und $M_{P,p}$. Die Teilmengen

$$M_{E,p} \subseteq M_E$$

$$M_{S,p} \subseteq M_S$$

$$M_{P,p} \subseteq M_P$$

[17]Nach der DIN-Norm ist ein Arbeitssystem ein „System, welches das Zusammenwirken eines einzelnen oder mehrerer Arbeitender [...] mit den Arbeitsmitteln [...] umfasst, um die Funktion des Systems [...], innerhalb des Arbeitsraumes [...] und der Arbeitsumgebung [...] unter den durch die Arbeitsaufgaben [...] vorgegebenen Bedingungen, zu erfüllen" [DIN16, S. 7].

[18]Definition nach REFA: „Arbeitssysteme dienen der Erfüllung von Arbeitsaufgaben; hierbei wirken Menschen und Betriebsmittel mit der Eingabe unter Umwelteinflüssen zusammen" [REF84, S. 94].

[19]Ein Arbeitssystem besteht aus den Elementen Mensch, Betriebsmittel, Arbeitsgegenstände, Arbeitsumgebung, Arbeitsaufgabe und Arbeitsorganisation [Bun15, S. 4]. Nach REFA wird ein Arbeitssystem nach den sieben Systemelementen Arbeitsaufgabe, Arbeitsablauf, Eingabe, Ausgabe, Mensch, Betriebs- und Arbeitsmittel und Umgebungseinflüsse beschrieben [REF84, S. 94].

bilden ein in sich abgeschlossenes Subsystem im Fertigungssystem.[20] In Abbildung 3.11 ist ein beispielhaftes Fertigungssystem nach der definierten Beschreibungsstruktur dargestellt. Die Abbildung zeigt ein abgegrenztes Fertigungssystem mit $n_4 = 3$ Arbeitssystemen. Die Elemente und Strukturen des Fertigungssystems sind im linken Teil des Bildes platziert, die über die Elemente und Strukturen ablaufenden Prozesse im rechten Teil.

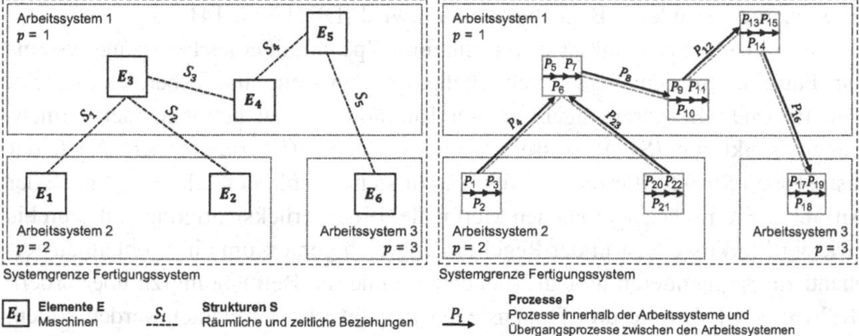

Abbildung 3.11 Definition eines allgemeinen Fertigungssystems (in Anlehnung an [Fel18b, S. 113])

Das Fertigungssystem besteht aus den Mengen $M_E = \{E_i | i = 1, \ldots, 6\}$, $M_S = \{S_i | i = 1, \ldots, 5\}$ und $M_P = \{P_i | i = 1, \ldots, 23\}$. Das Arbeitssystem AS_1 beinhaltet in diesem Beispiel die Teilmengen $M_{E,1} = \{E_3, E_4, E_5\}$, $M_{S,1} = \{S_3, S_4\}$ und $M_{P,1} = \{P_5, \ldots, P_{15}\}$.

3.3.4 Schlankes Fertigungssystem

Aufbauend auf dem allgemeinen Fertigungssystem als objekttheoretischer Basis ist der Begriff eines schlanken Fertigungssystems zu konkretisieren und für die vorliegende Arbeit zu definieren. Bhamu & Sangwan [Bha14, S. 876] zeigen in ihrem Literatur-Review, dass in der Literatur für den Begriff „lean manufacturing" (dt.: schlanke Fertigung) eine Fülle von unterschiedlichen Begriffsdefinitionen

[20] Strukturen und Prozesse, die über die Grenze eines Arbeitssystems verlaufen, sind nicht als Bestandteil des jeweiligen Arbeitssystem zu sehen.

vorzufinden ist. Diese unterscheiden sich im Fokus, in den Zielen, den Kennzahlen, den Werkzeugen/Techniken/Methoden und den Konzepten/Elementen [Bha14, S. 876]. Das Nichtvorhandensein einer einheitlichen und für die vorliegende Arbeit brauchbaren Definition erfordert an dieser Stelle eine geeignete Begriffsdefinition für ein schlankes Fertigungssystem. Diese Definition stellt einen zentralen Aspekt bei der Methodenentwicklung dar, da sich an ihr die Ausarbeitung der Methodenbausteine orientiert. Für eine Definitionen sind die Merkmale so zu wählen und zu benennen, dass der Begriff selbst und seine Abgrenzung zu anderen Begriffen deutlich wird [DIN13, S. 14].

Das schlanke Fertigungssystem stellt einen Spezialfall eines Fertigungssystems dar. Für eine zweckmäßige Beschreibung, die den Betrachtungsbereich abdeckt, sind relevante Beschreibungen aus der Literatur den zu betrachtenden Dimensionen Strukturen (S), Prozesse (P) und Elemente (E) zuzuordnen. Nach der festgelegten Struktur für die Definition stellt sich anschließend die Frage nach der Anzahl der zu berücksichtigenden Merkmale. Eine Berücksichtigung von zehn bis zwanzig Merkmalen ist in der Regel umfangreich genug, um ein Problem ausreichend zu fragmentieren und zu beleuchten, ohne die Betrachtung zu überfordern [Küh19, S. 8]. Da die drei Dimensionen gleichwertig betrachtet werden sollen, ergibt sich die Anzahl sechs als maximale Merkmalsanzahl je Dimension, um die genannten zwanzig nicht zu überschreiten. Tabelle 3.4 zeigt das Gerüst für die zu erarbeitende Definition eines schlanken Fertigungssystems. Dieses Gerüst dient als Strukturierungshilfe für die Erarbeitung der Definition und beinhaltet die achtzehn zu erhebenden Beschreibungen S1–S6, E1–E6 und P1–P6. Der relevante Betrachtungsfokus ergibt sich aus Abbildung 3.10.

Nachfolgend ist die anhand des Definitionsgerüsts erarbeitete Begriffsdefinition eines schlanken Fertigungssystems beschrieben. Die Definition stützt sich im Kern auf die Ausführungen von Ohno und Takeda.[21] An entsprechenden Stellen runden spezifischere Formulierungen aus anderen Werken die Definition ab. In Abbildung 3.12 ist die Definition eines schlanken Fertigungssystems in einer schematischen Darstellung illustriert und es sind die Beschreibungen S1–S6, P1–P6 und E1–E6 dargestellt. Schlanke Fertigungssysteme bilden Sub- und Teilsysteme der Fabrik [Sch14a, S. 123]. Die Definition des schlanken Fertigungssystems gibt die Eigenschaften des Planungsobjekts x wieder, die es über die Anwendung der Methode zu erreichen gilt.

[21]Ohno gilt als einer der Erfinder des Toyota-Produktionssystems [Dom15b, S. 14]. Takeda liefert neben seinem Standardwerk „Das synchrone Produktionssystem“ [Tak12] auch anwendungsspezifische Werke wie „LCIA“ [Tak06] und „Das System der Mixed Production“ [Tak96a] im Bereich der Fertigung.

Tabelle 3.4 Definitionsgerüst für das schlanke Fertigungssystem

Dimension	Beschreibungen	Relevanter Betrachtungsfokus
Strukturen	S1, S2, S3	Materialflüsse im Zuge der räumlichen Struktur
	S4, S5, S6	Zusammenwirken der Prozesse im Zuge der zeitlichen Struktur
Prozesse	P1, P2, P3, P4, P5, P6	Relevante Prozesse[a] in einem Fertigungssystem
Elemente	E1, E2, E3, E4, E5, E6	Maschinen im Hinblick auf die Ausführung von Prozessen und Einbettung in Strukturen[b]

[a]Anhand der Ausführung von Takeda über die ablaufenden Prozesse in der mechanischen Bearbeitung [Tak06, S. 112] werden für die vorliegende Arbeit die zu betrachtenden Prozesse abgeleitet. Dabei handelt es sich um Einlegeprozesse, Entnahmeprozesse, Maschinen-bedienungsprozesse, Prüfprozesse, Bearbeitungsprozesse und Transportprozesse.

[b]Der Fokus liegt hier auf den Maschinen und Anlagen. Der Mitarbeiter als weiteres Element im Fertigungssystem fließt nicht in die Bewertung mit ein, da es sich bei einem Mitarbeiter nicht um ein technisch gestaltbares Element handelt.

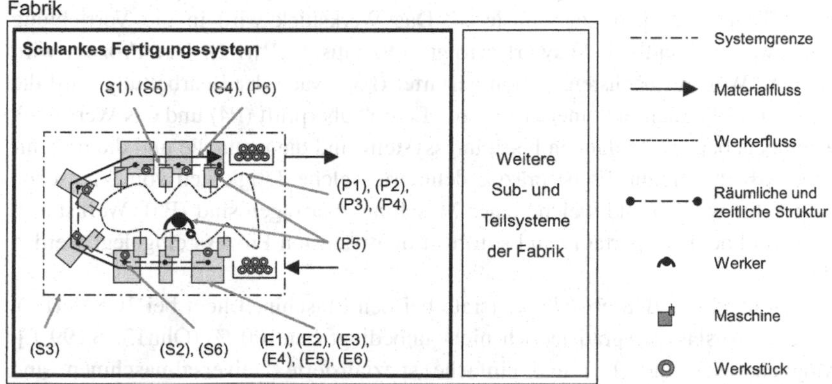

Abbildung 3.12 Schematische Darstellung eines schlanken Fertigungssystems (in Anlehnung an [Fel19])

Ein schlankes Fertigungssystem ist in der vorliegenden Arbeit wie folgt definiert.

Definition: Schlankes Fertigungssystem
Ein schlankes Fertigungssystem ist eine Fertigungszelle mit einer Gruppe von nah aneinander platzierten Arbeitsstationen (S1), in der mehrere sequentielle Operationen (S2) für eine oder mehrere Familien gleicher Teile durchgeführt werden [Hye02, S. 18]. Bei einer Fertigungszelle handelt es sich um eine organisatorisch abgeschlossene Einheit[22] (S3), in der eine oder mehrere Personen arbeiten [Hye02, S. 18]. Die Reduzierung der Durchlaufzeit ist das wichtigste Ziel [Tak12, S. 235]. Daraus ergibt sich ein hoher Flussgrad (S4) [Sch14a, S. 312]. Durch den proportionalen Zusammenhang zwischen Umlaufbestand und Durchlaufzeit wird dies durch die Minimierung der sich innerhalb des Fertigungssystems im Umlauf befindenden Arbeitsgegenstände erreicht [Wie12, S. 167]. Aufgrund eines ununterbrochenen, durchgängigen Einzelstückflusses vom Vormaterial bis hin zum Fertigprodukt wird jedes Stück einzeln gefertigt, transportiert und weitergegeben (S5) [Tak12, S. 42]. Der ununterbrochene Fluss erfordert eine hohe Austaktungseffizienz (S6) [Mon11, S. 124]. Aufgrund dessen sind die Geschwindigkeiten der Maschinen am Kundentakt ausgerichtet [Tak96a, S. 302].

Nach Takeda [Tak06, S. 112 ff.] ist in einem schlanken Fertigungssystem durch eine Einfachautomatisierung das folgende „Chaku-Chaku-Prinzip“ (Arbeiten mit reiner Einlegetätigkeit) zu realisieren. Das Werkstück wird in die Vorrichtung „eingeworfen“ und der Auswurf erfolgt automatisch (P1/P2). Der Prozess wird auf dem Weg zur nächsten Station gestartet (P3). Nach der Bearbeitung wird die Qualität schließlich mit einer „Ein-Griff-Lehre“ überprüft (P4) und das Werkstück weitergegeben. Im schlanken Fertigungssystem sind die manuelle und die maschinelle Arbeit getrennt. Es ist präzise definiert, welche Tätigkeiten vom Menschen ausgeführt werden und welche einer Maschine übertragen sind (P5). Werkstücke können ohne Transportaufwand sofort in den nächsten Prozess eingelegt werden (P6).

Das Ideal der Betriebsfähigkeitsrate bei den Maschinen liegt bei 100 % (E1), bei dem Auslastungsgrad jedoch nicht unbedingt bei 100 % [Ohn13, S. 99 f.]. Möglichst schmale (E2) und einfache spezialisierte Universalmaschinen sind dem jeweiligen Arbeitsgang angepasst (E3) und umrüstfreundlich (E4) gestaltet [Tak12, S. 175]. Sie sind frei beweglich (E5) [Tak12, S. 175] und durch einen modularen Aufbau leicht anpassbar (E6) [Tak96a, S. 304].

Diese Definition (siehe auch [Fel19]) macht den Begriff schlankes Fertigungssystem für die vorliegende Arbeit eindeutig und greifbar.

[22] Gemäß den oben eingeführten Begriffsdefinitionen handelt es sich bei einer Fertigungszelle um ein Arbeitssystem.

3.3.5 Schlussbemerkung zum Planungsobjekt

Für die abstrahierte Darstellung des komplexen Objekts Fertigungssystem wurde ein allgemeingültiger Ansatz entwickelt, der es ermöglicht unterschiedliche Fertigungssysteme innerhalb des definierten Anwendungs- und Betrachtungsbereichs zu beschreiben und klar abzugrenzen. Der Beschreibungsansatz für Fertigungssysteme orientiert sich an der mengentheoretischen Beschreibung nach Schmigalla. Demnach besteht ein allgemeines Fertigungssystem in der vorliegenden Arbeit aus Elementen, Strukturen und Prozessen. Die Maschinen stellen die Elemente des Fertigungssystems dar, die Strukturen die zeitlichen und räumlichen Verbindungen zwischen den Elementen, und die Prozesse laufen über die einzelnen Elemente und Strukturen ab. Auf Basis dieser Beschreibungsstruktur wurde eine Definition für ein schlankes Fertigungssystem erarbeitet. Das schlanke Fertigungssystem bildet einen Spezialfall des allgemeinen Fertigungssystems und repräsentiert die Ideallösung mit den Eigenschaften x. Die Definition des schlanken Fertigungssystems setzt sich aus achtzehn Beschreibungen zusammen, welche die Dimensionen Elemente, Strukturen und Prozesse abdecken.

Der zentrale Beitrag des Kapitels für die vorliegende Arbeit begründet sich darin, dass durch die Definition und Abgrenzung des Planungsobjekts die Grundlage für die anwendungsspezifische Ausgestaltung des entwickelten Methodengerüsts geschaffen wurde. Die Konkretisierung und Ausarbeitung der drei Methodenbausteine Bewertungsmethode, Fertigungssystemmodell und Verbesserungsleitfaden geschieht in den folgenden Kapiteln hinsichtlich des in diesem Kapitel definierten und abgegrenzten Objektbereichs.

3.4 Methodenbaustein Bewertungsmethode

Ausgehend vom entwickelten Methodengerüst und dem definierten Objektbereich folgt im vorliegenden Kapitel die Ausarbeitung und Konkretisierung der multikriteriellen Bewertungsmethode. Der Schwerpunkt des Kapitels liegt auf der Festlegung des allgemeinen Bewertungsablaufs und der Identifikation der erforderlichen Bewertungskriterien.

3.4.1 Anforderungen an den Methodenbaustein

Die zu entwickelnde Bewertungsmethode soll durch systematisch ausgewählte Bewertungskriterien die Gestaltung von schlanken Fertigungssystemen im Fertigungsplanungsprozess unterstützen. Im Betrachtungsbereich der Bewertung des Planungsobjekts liegen monetär nicht quantifizierbare und monetär quantifizierbare Kriterien. Die Auswahl der Bewertungskriterien bestimmt maßgeblich das Planungsergebnis. Diese stellen die Regelgrößen im Regelkreis dar. Das Zitat von Lucius Annaeus Seneca „Wer den Hafen nicht kennt, in den er segeln will, für den ist kein Wind der richtige" impliziert für die Fertigungsplanung, dass nur auf Basis einer klaren Zielstellung die geeigneten Verbesserungsmaßnahmen definiert werden können.

In Abbildung 3.13 ist die Bewertungsmethode freigeschnitten dargestellt. Der Freischnitt entstammt aus dem entwickelten Methodengerüst aus Abschnitt 3.2. Die Abbildung zeigt die beiden Eingangssignale, die Zielwerte w_b, die Merkmalswerte r_b sowie das Ausgangssignal Bewertungsergebnisse $y_{R,b}$. Die Zielwerte w_b sind dabei je Bewertungskriterium b konstant, wohingegen die Merkmalswerte r_b je nach Planungsvariante und Planungsfortschritt variieren.

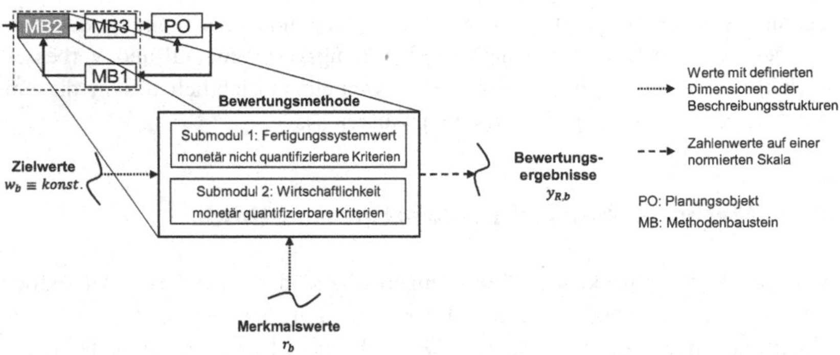

Abbildung 3.13 Freischnitt der Bewertungsmethode aus dem Methodengerüst

Die Bewertungsmethode gliedert sich in die zwei Submodule „Fertigungssystemwert" und „Wirtschaftlichkeit". Die Bewertung der Wirtschaftlichkeit stützt sich auf monetär quantifizierbare Kriterien. Beim Submodul Fertigungssystemwert erfolgt die Bewertung der Eigenschaften des Fertigungssystems anhand von monetär nicht quantifizierbaren Kriterien. Der Begriff Fertigungssystemwert leitet sich aus dem artverwandten Begriff Arbeitssystemwert[23] ab. In der vorliegenden Arbeit ist der Begriff Fertigungssystemwert folgendermaßen definiert.

Definition: Fertigungssystemwert
Der Fertigungssystemwert *FSW* eines Fertigungssystems gibt Aufschluss darüber, wie gut ein Fertigungssystem in Bezug auf die Prinzipien der schlanken Produktion gestaltet ist. Der Fertigungssystemwert errechnet sich aus einzelnen Bewertungsergebnissen von monetär nicht quantifizierbaren Kriterien.

Für den vorliegenden Anwendungsfall ist ein geeignetes Verfahren aus der Literatur auszuwählen. In der Literatur ist eine Vielzahl unterschiedlicher Bewertungsverfahren beschrieben, die sich in ihren Charakteristiken und dem erforderlichen Aufwand teilweise erheblich unterscheiden [Bre97, S. 227 ff.]. Aufgrund der Anforderung, dass eine getrennte Bewertung der zwei Dimensionen Fertigungssystemwert und Wirtschaftlichkeit[24] möglich sein soll, erfolgt eine Anlehnung an die technisch-wirtschaftliche Bewertung nach Kesselring.

Nach den Ausführungen von Breiing & Knosala [Bre97, S. 230 ff.] bewertet das Bewertungsverfahren nach Kesselring [Kes51] ein Objekt wie folgt getrennt nach nichtmonetären und monetären Kriterien. Das Bewertungsergebnis besteht aus zwei unabhängigen Größen, der technischen und wirtschaftlichen Wertigkeit. Unter der technischen Wertigkeit sind alle Teilergebnisse der Bewertungskriterien in aggregierter Form durch eine Kennzahl zusammengefasst. Die wirtschaftliche Wertigkeit besteht aus nur einem Bewertungskriterium. Die Darstellung erfolgt gewöhnlich in einem zweidimensionalen kartesischen Koordinatensystem, dem sogenannten Stärkediagramm.

Die alleinige Verwendung des Fertigungssystemwerts *FSW*, als aggregierter Spitzenkennzahl aus der Bewertung, würde zu einem unerwünschten Informations- und Interpretationsverlust bei der Methodenanwendung führen. In der zu entwickelnden Methode ist es erforderlich, dass neben der aggregierten Spitzenkennzahl *FSW* die einzelnen Bewertungskriterien einzeln angeführt werden. Durch die Darstellung des Bewertungsergebnisses auf Basis von Einzelkriterien wird es dem Planer ermöglicht differenziert und zielgerichtet Verbesserungsmaßnahmen abzuleiten. Der Fertigungssystemwert als Spitzenkennzahl dient

[23] Der Arbeitssystemwert stellt eine Kennzahl dar, die es ermöglicht nichtmonetäre Sachverhalte zu bewerten [Gro80, S. 54].

[24] Die Bewertung der Wirtschaftlichkeit und des Fertigungssystemwerts erfolgt durch eine getrennte Betrachtung der beiden Bewertungsdimensionen. Die getrennte Bewertung resultiert aus der Tatsache, dass keine ganzheitliche quantitative Beschreibung der Ursache-Wirkungs-Zusammenhänge zwischen den Kriterien der Bewertungsdimensionen darstellbar ist.

als übergeordnete Gesamtbewertung. Im weiteren Verlauf erfolgt an entsprechender Stelle der Aufbau eines geeigneten Kennzahlensystems zur Aggregation der Bewertungsergebnisse.

Nach Aggteleky [Agg90b, S. 323] werden die Bewertungskriterien vom angestrebten Zielzustand abgeleitet und bilden alle Anforderungen ab, die an die angestrebte Lösung gestellt werden. Sie dienen zur Beurteilung des Maßes der Zielerfüllung. Besondere Aufmerksamkeit gilt ihrer Auswahl, thematischen Gestaltung, stichhaltigen Bezeichnung und der systemgerechten Handhabung.

Die Qualität einer Bewertung hängt in entscheidendem Maße von den zugrunde liegenden Bewertungskriterien ab [Bre97, S. 14]. Bewertungskriterien werden je nach Anwendungsfall, Zielsetzung und Interessenlage bestimmt, was bei einer unzureichenden Bestimmung dazu führen kann, dass die Bewertung gegenüber der eigentlichen Zielsetzung kontraproduktiv wirkt [Stu14, S. 6 f.]. Die Folge kann sein, dass dem Fertigungsplaner kein hinreichender Bewertungsmaßstab für die Planung von schlanken Fertigungssystemen zur Verfügung steht. Die verbreiteten Kriterien zur Bewertung der Eigenschaften eines Fertigungssystems sind häufig anlagen- und funktionsorientiert.[25] Die Bewertung der Wirtschaftlichkeit erfolgt oft auf Basis von Zuschlagskalkulationen, mit denen Kosten nicht verursachungsgerecht zugeordnet werden können, wodurch somit ein verzerrtes Kostenbild entstehen kann.[26] Im industriellen Umfeld führt die Anwendung dieser Kriterien meist zu einer verrichtungsorientierten Fabriklogik mit einem hohen Anteil an Verschwendung[27], siehe Fall 1 in Abbildung 3.14.

[25]Die klassische Massenproduktion beschränkt sich darauf, verschwendete Zeit und Energie im Produktionsprozess zu identifizieren, zu zählen und zu beseitigen [Lik07, S. 33].

[26]Da die Gemeinkosten von Unternehmen in der Vergangenheit relativ zu den Einzelkosten gestiegen sind, wird es zur Vermeidung von Fehlentscheidungen immer wichtiger diese möglichst verursachungsgerecht auf die Produkte zu verrechnen [Göt10, S. 217].

[27]Wildemann [Wil01, S. 16 ff.] beschreibt die Entwicklung folgendermaßen. Über eine lange Zeit lag der Fokus bei Rationalisierungsmaßnahmen in der Produktion auf den direkt wertschöpfenden Tätigkeiten. Neue Technologien wurden vor allem eingesetzt, um die Produktivität des einzelnen Arbeitsplatzes zu erhöhen. Diese Strategie war so lange erfolgreich, bis die Reduzierung der Hauptzeiten und der direkten Arbeitskosten den steigenden Anteil der Gemeinkosten überkompensieren konnte. Durch die Zunahme von indirekten Tätigkeiten zur Erreichung der hohen Produktivität im direkten Bereich kam es zu Kostensteigerungen. Der damit verbundene überproportionale Anstieg der Gemeinkosten lässt die Strategie der reinen Fokussierung auf die direkt wertschöpfenden Prozesse als nicht mehr zielführend erscheinen.

Die Zielsetzung für die zu entwickelnde Bewertungsmethode ist, dass sich die Kriterien zur Bewertung der Eigenschaften des Fertigungssystems an den Prinzipien der schlanken Produktion orientieren und Kosten verursachungsgerecht bewertet werden, siehe Fall 2 in Abbildung 3.14. Die Abbildung 3.14 zeigt, dass ein ideales Fertigungssystem über die Bewertungskriterien und deren Zielwerte definiert ist. Im Umkehrschluss bedeutet dies, dass für ein schlankes Fertigungssystem geeignete Bewertungskriterien zu definieren sind. Des Weiteren ist in der Abbildung zu erkennen, dass je nach Bewertungsmaßstab (Fall 1 und Fall 2) unterschiedliche Fertigungssysteme favorisiert werden können.

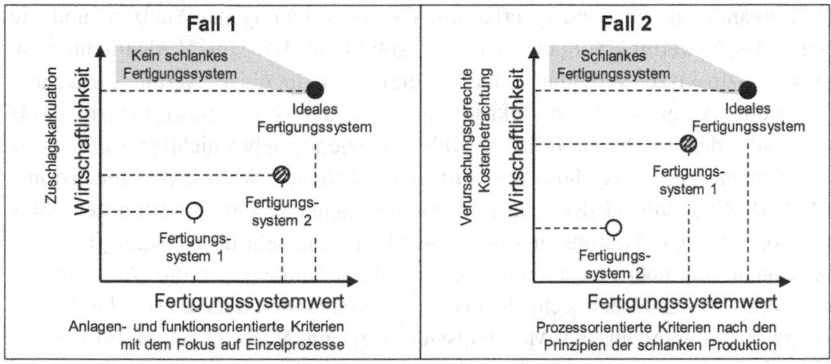

Abbildung 3.14 Bewertungskriterien und ideales Fertigungssystem

3.4.2 Funktionsweise zur Ermittlung der Bewertungsergebnisse

Da die Dimensionen der zur Bewertung herangezogenen Merkmalswerte r_b unterschiedlich sind, kann eine Bewertung nicht unmittelbar an ihnen erfolgen. Deshalb ist die Umrechnung der dimensionsbehafteten Merkmalswerte in eine Maßzahl auf einer einheitlichen Werteskala erforderlich [Bre97, S. 90]. Die Werteskala reicht von eins bis fünf. Diese Festlegung geschieht auf Basis der weitverbreiteten Fünf-Punkte-Bewertungsskala[28], welche besonders bei Kundenfeedbacks gängig und dadurch weitreichend bekannt ist [Stu14, S. 128]. Die Nutzung dieser Skala ermöglicht daher eine intuitive Interpretation der Ergebnisse und einen einfachen Umgang mit der Bewertungsmethode. Die Einteilung der Fünf-Punkte-Bewertungsskala erfolgt nach Excellent (dt.: Hervorragend), Very Good (dt.: Sehr Gut), Good (dt.: Gut), Fair (dt.: Ausreichend) und Poor (dt.: Mangelhaft) [Stu14, S. 230]. Hervorragend entspricht dabei der Maßzahl fünf, Mangelhaft der Maßzahl eins. Die jeweils zugewiesene Maßzahl entspricht dem Bewertungsergebnis $y_{R,b}$ aus dem in Abschnitt 3.2 entwickelten Methodengerüst.

Die Bestimmung der Bewertungsergebnisse $y_{R,b}$ wird kriterienneutral anhand der Eingangswerte w_b und r_b erläutert. Die Bestimmung der Maßzahl und die Logik des Bewertungsvorgangs sind in Abbildung 3.15 zur Verdeutlichung in einer Prinzipskizze, vereinfacht und exemplarisch für ein Bewertungskriterium, dargestellt. Aufgrund des multikriteriellen Charakters der Bewertungsmethode ergibt sich der im oberen Teil des Bildes skizzierte mehrschichtige Aufbau aus b Schichten. Die Abweichung $x_{d,b}$ auf einer absoluten Werteskala (dimensionsbehaftet) wird, anhand der inneren Hebelmechanik, in ein Bewertungsergebnis $y_{R,b}$ übersetzt. Die Bestimmung der Maßzahlen geschieht über festgelegte Wertfunktionen. Im übertragenen und vereinfachten Sinne stellt die Wertfunktion im Modell einen Hebelmechanismus dar. Vereinfacht bildet dieser durch eine lineare Übertragung aus den Merkmalswerten r_b eine Maßzahl auf der normierten Werteskala ab.

Um die Wertfunktion vollständig zu beschreiben, ist ein weiterer Eingangswert für die Bewertungsmethode, in Form von $w_{b,grenz}$, zu integrieren. Durch das Festsetzen des Grenzwerts $w_{b,grenz}$ wird die sogenannte „Bewertungshärte“ eingestellt. Der Zielwert w_b und der Grenzwert $w_{b,grenz}$ legen die Grenzen auf der Werteskala fest. Anhand des dargestellten allgemeinen Bewertungsvorgangs sind in den zwei nachfolgenden Unterkapiteln für die deterministischen und qualitativen Kriterien geeignete Verfahren beschrieben.[29]

---

[28] Gängige Skalen in Fragebogen sind verbalisierte Skalen mit vier bis sieben Skalenpunkten [Por09, S. 93].

[29] Die Grundlagen der beiden Verfahren wurden in [Fel18a] als ein Teilergebnis der vorliegenden Arbeit veröffentlicht.

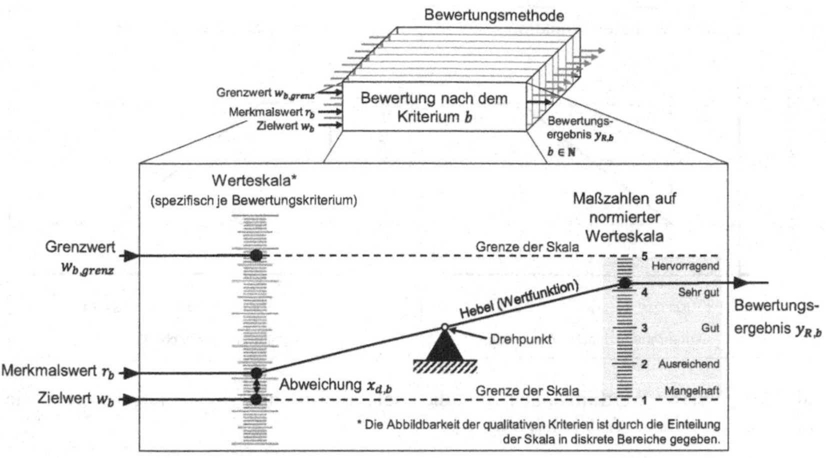

Abbildung 3.15 Vereinfachte exemplarische Darstellung des Bewertungsvorgangs

3.4.2.1 Deterministische Bewertungskriterien

Für die deterministischen Kriterien kommen als Wertfunktionen die lineare Straffungsfunktion sowie die lineare Wachstumsfunktion zum Einsatz.[30] Bei der linearen Wachstumsfunktion ist ein niedriger Merkmalswert schlecht und ein hoher Merkmalswert gut [Bre97, S. 94]. Bei der linearen Straffungsfunktion ist ein hoher Wert schlecht und ein niedriger gut [Bre97, S. 95]. In Abbildung 3.16 sind die beiden Wertfunktionen veranschaulicht. Merkmalswerte von r_b außerhalb des definierten linearen Bereichs zwischen $w_{b,grenz}$ und w_b werden durch eine konstante Funktion beschrieben.

Die durch Breiing & Knosala [Bre97, S. 94 ff.] beschriebenen Gleichungen für die beiden Funktionen können durch eine entsprechende Umformung und Einsetzen der Grenzen der normierten Werteskala in folgende Gleichung überführt werden. Durch

$$y_{R,b} = \frac{-4 * (w_b - r_b)}{w_b - w_{b,grenz}} + 5 \tag{3.7}$$

können alle deterministischen Kriterien abgebildet werden. Bei $w_b < w_{b,grenz}$ entsteht eine Gleichung mit negativer Steigung und somit die lineare Straffungsfunktion.

[30] Die linearen Funktionen haben eine konstante Steigung. Dadurch ist gewährleistet, dass die Veränderung von $y_{R,b}$ in Abhängigkeit von r_b über den gesamten Wertebereich konstant ist.

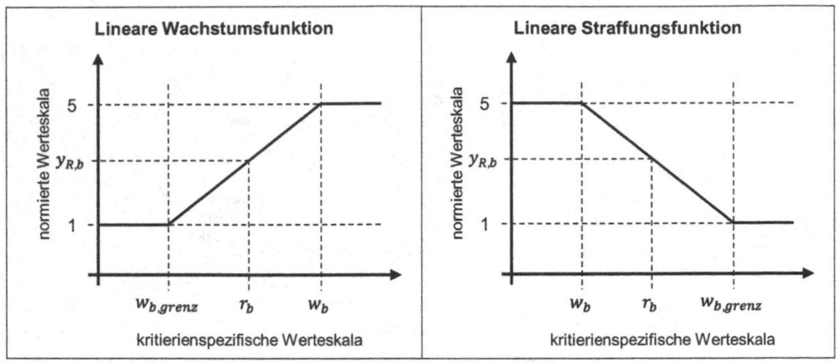

Abbildung 3.16 Wertfunktionen für die deterministischen Bewertungskriterien (in Anlehnung an [Bre97, S. 94 ff.])

Wenn $w_b > w_{b,grenz}$, liegt eine positive Steigung vor und es entsteht eine lineare Wachstumsfunktion. Wenn r_b außerhalb des definierten linearen Bereichs zwischen $w_{b,grenz}$ und w_b liegt, kommen konstante Funktionen zum Einsatz. Bei der linearen Wachstumsfunktion lässt sich somit das Bewertungsergebnis $y_{R,b}$ über

$$y_{R,b} = \begin{cases} 1 & f\ddot{u}r\ r_b < w_{b,grenz} \\ \frac{-4*(w_b - r_b)}{w_b - w_{b,grenz}} + 5 & f\ddot{u}r\ w_{b,grenz} \leq r_b \leq w_b \\ 5 & f\ddot{u}r\ r_b > w_b \end{cases} \tag{3.8}$$

bestimmen. Für die lineare Straffungsfunktion erfolgt die Bestimmung über

$$y_{R,b} = \begin{cases} 1 & f\ddot{u}r\ r_b > w_{b,grenz} \\ \frac{-4*(w_b - r_b)}{w_b - w_{b,grenz}} + 5 & f\ddot{u}r\ w_{b,grenz} \geq r_b \geq w_b. \\ 5 & f\ddot{u}r\ r_b < w_b \end{cases} \tag{3.9}$$

3.4.2.2 Qualitative Bewertungskriterien

Bei qualitativen Kriterien[31] sind die Eigenschaften ausschließlich durch vergleichende, beobachtete oder geschätzte Aussagen beschreibbar, da keine Wertfunktionen existieren, die Werte über Formeln in Maßzahlen umrechnen [Bre97, S. 129]. Es ist erforderlich, dass die qualitativen Kriterien rangmäßig beurteilbar sind [Bre97,

[31]Qualitative Kriterien werden in der vorliegenden Arbeit als Synonym für linguistische Kriterien verwendet. Breiing & Knosala [Bre97, S. 18] bezeichnen die qualitativen Kriterien als linguistische Kriterien.

S. 44]. Nach Breiing & Knosala [Bre97, S. 129 f.] ist für den Maßzahlbereich eine numerische Werteskala erforderlich, die die Rangfolge in Bezug auf die Erfüllung der jeweiligen qualitativen Anforderung widerspiegelt. Bei den qualitativen Kriterien kommen Begriffe zum Einsatz, die den Erfüllungsgrad eines Kriteriums beschreiben und diesem eine Maßzahl zuordnen [Bre97, S. 129 f.].

Für die qualitativen Bewertungskriterien empfiehlt sich die Verwendung einer ordinalen Skalierungsmethode [Bre97, S. 45]. Bortz & Schuster definieren die Ordinalskala gfolgendermaßen. „Eine Ordinalskala ordnet den Objekten eines empirischen Relativs Zahlen zu, die so geartet sind, dass von jeweils zwei Objekten das Objekt mit der größeren Merkmalsausprägung die größere Zahl erhält" [Bor10, S. 18]. Gemäß der zuvor eingeführten Fünf-Punkte-Bewertungsskala werden in Analogie dazu fünf Stufen als Maßzahlbereich definiert.[32] Dabei repräsentieren die Stufen Hervorragend = 5, Sehr gut = 4, Gut = 3, Ausreichend = 2, Mangelhaft = 1 den Maßzahlbereich. Da die Merkmalswerte danach eingeteilt werden können, ob ein Merkmalswert „besser" oder „schlechter" ist, handelt es sich somit um die erforderliche ordinale Skalierung.

Die fünf Skalenpunkte werden zur Sicherstellung der Objektivität durch vordefinierte Merkmalsbeschreibungen von drei Merkmalen[33] untersetzt. Zur Gewährleistung der Objektivität und Nachvollziehbarkeit sind diese aus der Literatur abzuleiten. Die Struktur mit drei Merkmalen und jeweils fünf Merkmalsbeschreibungen anhand der Skala gilt für alle qualitativen Kriterien, um einen gleichen Detaillierungsgrad sicherzustellen. Durch die Untersetzung mit drei Merkmalen wird eine ausreichende Differenzierung bei vertretbarem Aufwand erreicht. Jeder Merkmalswert eines qualitativen Bewertungskriteriums r_b beinhaltet somit drei definierte Merkmalsbeschreibungen $r_{b,1}$, $r_{b,2}$ und $r_{b,3}$. Die Merkmalswerte für die qualitativen Bewertungskriterien bestimmen sich aus

$$r_b = \left(r_{b,1}, r_{b,2}, r_{b,3}\right) \ \forall \ b|b \ \textit{ist qualitatives Kriterium} \qquad (3.10)$$

und bilden somit einen Vektor mit drei Merkmalsbeschreibungen ab.

[32] Ein zu groß gewählter Maßzahlbereich führt zu einer unglaubwürdigen Differenzierung und ist nicht zielführend [Bre97, S. 130].

[33] In Anlehnung an Minto [Min96, S. 82] muss bei der Untersetzung eines Sachverhalts durch mehrere Merkmale darauf geachtet werden, dass diese überschneidungsfrei und erschöpfend sind. Die für die Arbeit festgelegte Anzahl von drei Merkmalen stützt sich auf den Ansatz von Abele. Eine Fertigungseinrichtung wird dabei durch die drei Merkmale Technologie, Arbeitsraum und maschineninterne Handhabung untersetzt [Abe96, S. 81]. Da die Untersetzung durch drei Merkmale in der genannten Anwendung eine überschneidungsfreie und erschöpfende Untersetzung ermöglicht und der vorliegenden Anwendung sehr nahesteht, wird dieser Ansatz übernommen.

Für alle $r_{b,i}$, mit $i = 1, \ldots, 3$, werden beim Modellieren vordefinierte Merkmalsbeschreibungen der betrachteten Merkmale, gemäß der Eigenschaft des Planungsobjekts x, zugeordnet. Die Merkmalsbeschreibungen $r_{b,i}$ werden im Zuge der Bewertung mit den vorhandenen Skalenbeschreibungen abgeglichen, um daraus das Bewertungsergebnis zu ermitteln. In Abbildung 3.17 ist der Bewertungsablauf für die qualitativen Bewertungskriterien anhand des Beispiels $r_{b,1}$ dargestellt. Die Abbildung zeigt, dass die Merkmalsbeschreibung $r_{b,1}$ der Merkmalsausprägung „Gut" entspricht. Über die Zuordnung der Maßzahlen zu den Merkmalsausprägungen kann das Teilergebnis $y_{R,b,1}$ bestimmt werden.

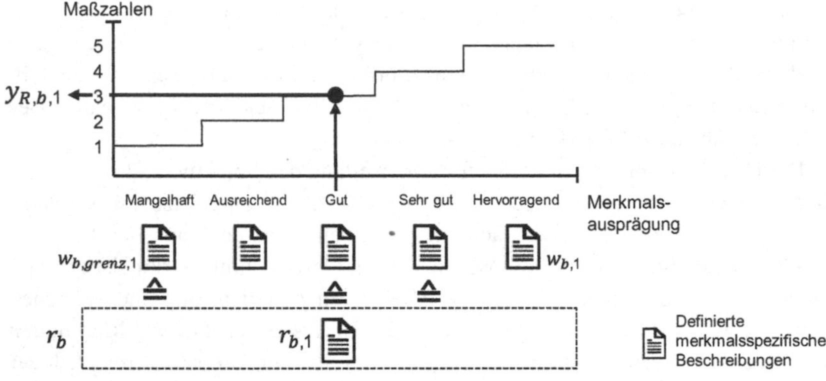

Abbildung 3.17 Bewertungsvorgang bei qualitativen Bewertungskriterien

Bei der Bewertung vollzieht sich die Ermittlung der Maßzahl anhand einer universellen Zuordnung von Maßzahlen zu Bewertungsbegriffen, wodurch das Teilergebnis $y_{R,b,i}$ entsteht. Die Ermittlung der Teilergebnisse durch Zuordnung der Maßzahlen zu den Merkmalsausprägungen erfolgt durch

$$y_{R,b,i} = \begin{cases} 5, \text{wenn } r_{b,i} \text{ der Merkmalsausprägung „Hervorragend" entspricht} \\ 4, \text{wenn } r_{b,i} \text{ der Merkmalsausprägung „Sehr gut" entspricht} \\ 3, \text{wenn } r_{b,i} \text{ der Merkmalsausprägung „Gut" entspricht} \\ 2, \text{wenn } r_{b,i} \text{ der Merkmalsausprägung „Ausreichend" entspricht} \\ 1, \text{wenn } r_{b,i} \text{ der Merkmalsausprägung „Mangelhaft" entspricht} \end{cases} \tag{3.11}$$

für alle qualitativen Kriterien mit $i = 1, \dots, 3$.

Zur Ermittlung der Merkmalswerte für die qualitativen Kriterien und deren Bewertung ist im weiteren Gang der Arbeit für jedes qualitative Kriterium eine standardisierte Merkmalstafel nach dem Schema in Abbildung 3.18 aufzubauen. Der Aufbau der kriterienspezifischen Merkmale erfolgt im Zuge von Abschnitt 3.5.3, in dem die Merkmale $i = 1, \dots, 3$ für jedes qualitative Bewertungskriterium erarbeitet werden. Die Merkmalstafeln beinhalten für jedes Merkmal i fünf Merkmalsbeschreibungen, die einem Skalenwert und einer Maßzahl zuordenbar sind.

r_b	$r_{b,1}$	$w_{b,grenz,1}$				$w_{b,1}$
	$r_{b,2}$	$w_{b,grenz,2}$				$w_{b,2}$
	$r_{b,3}$	$w_{b,grenz,3}$				$w_{b,3}$
Merkmals-ausprägung		Mangelhaft	Ausreichend	Gut	Sehr gut	Hervorragend
$y_{R,b,i}$		1	2	3	4	5

Definierte merkmalsspezifische Beschreibungen

Abbildung 3.18 Schema der Merkmalstafeln für qualitative Bewertungskriterien

Das arithmetische Mittel aus allen Zwischenergebnissen eines Kriteriums $y_{R,b,i}$ stellt das Bewertungsergebnis $y_{R,b}$ für ein qualitatives Bewertungskriterium dar. Für dessen Bestimmung gilt

$$y_{R,b} = \frac{1}{3} * \sum_{i=1}^{3} y_{R,b,i}. \tag{3.12}$$

3.4.3 Submodul 1: Fertigungssystemwert

Die Bestimmung der geeigneten Bewertungskriterien lehnt sich im Kern an die theoretischen und methodischen Grundlagen bewertungstechnischer Entscheidungshilfen von Breiing & Knosala [Bre97, S. 14 ff.] an. Der erste Schritt sind das Zusammentragen von relevanten Anforderungen an das Bewertungsobjekt und das

Erzeugen einer Anforderungsliste. Auf Basis der Anforderungsliste sind die Relationen zwischen den Anforderungen zu untersuchen, um eventuell vorhandene Zielkonflikte zu identifizieren. Nach der Relationenprüfung ist eine Bereinigung der Zielkonflikte durchzuführen und eine konsolidierte Anforderungsliste zu erstellen, aus der die Bewertungskriterien abzuleiten sind.

Ergänzend zu dieser Vorgehensweise ist für die Bewertungskriterien ein geeignetes Kennzahlensystem zu entwickeln, welches die Bewertungsergebnisse der Bewertungskriterien in einen systematischen Zusammenhang bringt.

3.4.3.1 Anforderungen an schlanke Fertigungssysteme

Bei Anforderungen handelt es sich um messbare Eigenschaften und Merkmale beziehungsweise Forderungen, die Voraussetzungen oder Fähigkeiten beschreiben, die ein System erfüllen muss [Ver04, S. 2 f.]. Die Qualität der Bewertung hängt im entscheidenden Maße von der Auswahl der aus den Anforderungen abgeleiteten Bewertungskriterien ab [Bre97, S. 14]. Zur Ermittlung der Bewertungskriterien ist es notwendig eine systematisch ermittelte und präzise formulierte Anforderungsliste zu generieren, die alle erforderlichen Anforderungen berücksichtigt [Bre97, S. 14]. Die Definition von Bewertungskriterien ist von entscheidender Bedeutung, da unangemessene Bewertungskriterien zu ineffektiven oder falsch fokussierten Verbesserungsmaßnahmen führen können [Coc16, S. 65].

Die Definition des schlanken Fertigungssystems aus Abschnitt 3.3.4 kann direkt in eine Anforderungsliste übersetzt werden. Der Rahmen soll an dieser Stelle bewusst größer gespannt werden, um weitere Anforderungen an Fertigungssysteme aus der Literatur mit einzubeziehen. Hintergrund und Motivation dafür ist, dass dadurch die zuvor angesprochenen ungeeigneten Bewertungskriterien identifiziert und konkret benannt werden können.

Bei umfangreichen technischen Systemen sind eine Gliederung und Ordnung der Anforderungen erforderlich [Bre97, S. 15]. Die Anforderungsgruppen leiten sich aus der in Abschnitt 3.3.3 erarbeiteten Definition eines allgemeinen Fertigungssystem ab. Aus der Definition ergeben sich die Anforderungsgruppen „Strukturen (räumlich und zeitlich)", „Prozesse" und „Elemente". Für den Anwendungsfall wird eine zweistufige Gliederung auf Basis von Anforderungsgruppen (AG) und Anforderungsuntergruppen (AUG) vorgenommen. Die Struktur dient als Grundlage für die Erhebung weiterer Anforderungen. Tabelle 3.5 zeigt anhand der definierten Anforderungsgruppen die für die Betrachtung relevanten Anforderungsuntergruppen. Die Anforderungsuntergruppen ergeben sich aus einer generalisierten Anforderungsbeschreibung anhand der Begriffsdefinition eines schlanken Fertigungssystems (siehe Abschnitt 3.3.4). Die Struktur soll dabei helfen weitere Anforderungen aus der Literatur zu identifizieren.

Tabelle 3.5 Anforderungsgruppen und -untergruppen

Anforderungsgruppen (AG)				**Anforderungsuntergruppen (AUG)**	
AG-S	**Strukturen S**	**Räumliche Struktur S_R**	Anforderungen an die Anordnung von ortsgebundenen Betriebsmitteln und deren Relationen nach Art und Richtung	AUG-S1	Anforderung(en) an die räumliche Lage der Maschinen
				AUG-S2	Anforderung(en) an die Relationen zwischen den Elementen innerhalb des Fertigungssystems
				AUG-S3	Anforderung(en) an die Relationen der Elemente des Fertigungssystems zu Elementen außerhalb der Systemgrenzen
		Zeitliche Struktur S_Z	Anforderungen an die zeitliche Gliederung des Prozesses in seine Elemente und ihr zeitliches Zusammenwirken	AUG-S4	Anforderung(en) an den zeitlichen Durchlauf der Arbeitsgegenstände durch das Fertigungssystem
				AUG-S5	Anforderung(en) an die zeitliche Systematik bei der Verarbeitung der Arbeitsgegenstände
				AUG-S6	Anforderung(en) an die zeitliche Nutzung der Elemente im Fertigungssystem
AG-P	**Prozesse P**		Anforderungen an die ablaufenden Prozesse über die Elemente und Strukturen	AUG-P1	Anforderung(en) an die Einlegeprozesse
				AUG-P2	Anforderung(en) an die Entnahmeprozesse
				AUG-P3	Anforderung(en) an die Maschinenbedienungsprozesse
				AUG-P4	Anforderung(en) an die Prüfprozesse
				AUG-P5	Anforderung(en) an die Bearbeitungsprozesse

(Fortsetzung)

Tabelle 3.5 (Fortsetzung)

Anforderungsgruppen (AG)			**Anforderungsuntergruppen (AUG)**	
			AUG-P6	Anforderung(en) an die Transportprozesse
AG-E	**Elemente E**	Anforderungen an die verwendeten Maschinen	AUG-E1	Anforderung(en) an die Verfügbarkeit der Elemente
			AUG-E2	Anforderung(en) an die Integrationsfähigkeit der Elemente in die Strukturen und Prozesse
			AUG-E3	Anforderung(en) an die Funktionalitäten der Elemente
			AUG-E4	Anforderung(en) an die Umrüstbarkeit der Elemente
			AUG-E5	Anforderung(en) an die Platzierbarkeit der Elemente
			AUG-E6	Anforderung(en) an den inneren Aufbau der Elemente

Die relevanten Anforderungen[34] werden über einen zweistufigen Ansatz erhoben. Im ersten Schritt werden Anforderungen unmittelbar aus der Definition des schlanken Fertigungssystems übernommen. Im zweiten Schritt werden ergänzende Anforderungen an Fertigungssysteme aus der Literatur identifiziert. Alle betrachteten Anforderungen[35] werden anschließend einer entsprechenden Anforderungsgruppe und -untergruppe zugeordnet und in einer Anforderungsliste dargestellt. Neben den formulierten Anforderungen aus der Definition des schlanken Fertigungssystems werden ergänzend weitere Anforderungen an Fertigungssysteme in der fachspezifischen Literatur identifiziert. Diese Anforderungen haben dem abgegrenzten Anwendungs- und Betrachtungsbereich aus Abschnitt 3.3.2 zu entsprechen. Ziel dieses Schritts ist, dass dadurch möglichst viele Anforderungen in die systematische Diskussion über die Beziehungen der unterschiedlichen Anforderungen zueinander mit einbezogen werden. Die zu betrachtenden Anforderungen werden relevanten Literaturquellen[36] entnommen. Betrachtet werden unter anderem die allgemeinen Anforderungen an eine Produktion nach Westkämper [Wes06]. Da Maschinen und Anlagen zentrale Bestandteile eines Fertigungssystem sind, werden die Anforderungen an Werkzeugmaschinen

[34]Exkurs: Der Rüstaufwand in einem Fertigungssystem über eine bestimmte Zeiteinheit setzt sich aus der Häufigkeit und der Rüstzeit für einen einzelnen Rüstvorgang zusammen. Ein geringer Rüstaufwand ist keine geeignete Anforderung für die Anforderungsliste, da dieser keine differenzierte Zielvorgabe für die Rüsthäufigkeit und die Rüstzeit je Rüstvorgang ermöglicht. Zielführender ist es den Rüstaufwand in seine beiden Komponenten zu zerlegen und diese als separate Anforderungen zu verwenden. Die eine Anforderung ist eine geringe Losgröße, die aus einer hohen Rüsthäufigkeit resultiert, um den angestrebten Einzelstückfluss zu realisieren. Die zweite Anforderung ist die geringe Rüstzeit, die die zuvor genannte hohe Rüsthäufigkeit wirtschaftlich ermöglicht. Ähnlich wie beim Rüstaufwand wird auch der Aufwand für den Transportprozess in die Teilanforderungen Häufigkeit (Geringe Transport- und Weitergabemengen) und spezifischer Aufwand je Transportprozess aufgegliedert. Hier ergibt sich ebenso der Vorteil, dass für beide Komponenten unabhängige Anforderungen formuliert werden können.

[35]Bei der Sammlung der Anforderungen sollte beachtet werden, dass eine Beschränkung auf die zehn bis dreißig wichtigsten Anforderungen erfolgt, um dadurch die Übersichtlichkeit und Handhabbarkeit zu gewährleisten [Ste12, S. 418].

[36]Die relevanten Literaturquellen wurden durch Suchabfragen mithilfe von Google Scholar (https://scholar.google.de/) identifiziert. Mit den Schlagwörtern „Fabrik Organisation" konnten die Werke von Westkämper [Wes06] und Schenk, Wirth & Müller [Sch14a] mit konkret formulierten Anforderungen identifiziert werden. Da das zentrale Merkmal eines Fertigungssystems die Verwendung von Werkzeugmaschinen ist [Nic18, S. 293], wurde eine Suchabfrage mit dem Schlagwort „Werkzeugmaschinen" durchgeführt. Dabei wurden Anforderungen an Maschinen in den Werken von Perovic [Per09], Milberg [Mil92] und Bahmann [Bah13] identifiziert.

nach Perovic [Per09], Milberg [Mil92] und Bahmann [Bah13] mit in die Betrachtung aufgenommen. Im identifizierten Werk von Schenk, Wirth & Müller wird die zunehmende Wichtigkeit der Anforderung an Flexibilität und Wandlungsfähigkeit unterstrichen [Sch14a, S. 17]. Durch diesen zukünftigen Trend werden die Flexibilitätsanforderungen nach Sethi & Sethi [Set90] und die Anforderungen an die Wandlungsfähigkeit nach Wiendahl [Wie14] ebenfalls in der Literaturrecherche mit berücksichtigt. Die vollständige Liste an identifizierten Anforderungen aus den genannten Literaturquellen ist in Anhang A.1 zu finden. Insgesamt wurden im ersten Schritt aus den genannten Quellen 46 Anforderungen an Fertigungssysteme identifiziert. Aus den identifizierten Anforderungen waren bereits sieben in der Definition des schlanken Fertigungssystems enthalten. Weitere fünf Anforderungen, die dem Betrachtungsbereich entsprechen, wurden in die Anforderungsliste aufgenommen. Dopplungen oder ähnliche Anforderungen wurden zusammengeführt oder vereinheitlicht und Anforderungen außerhalb des Betrachtungsbereichs eliminiert. In der Anforderungsliste in Anhang A.1 finden sich Begründungen zur Entscheidung der Weiterverwendung und die Zuordnung zu einer Anforderungsdimension. Aus der Literaturrecherche resultieren somit folgende fünf ergänzende Anforderungen, die in die Anforderungsliste aufgenommen werden:

- Hohe Maschinenflexibilität/Universalität (Zuordnung zu AUG-E3)
- Hohe Routenflexibilität (Zuordnung zu AUG-S2)
- Hoher Automatisierungsgrad (Zuordnung zu AUG-E3)
- Geringe Bearbeitungszeiten/Prozesszeiten je Teil (Zuordnung zu AUG-P5)
- Hohe Auslastung der Maschinen (Zuordnung zu AUG-S6)

Tabelle 3.6 zeigt die vollständige Anforderungsliste mit allen zu betrachtenden Anforderungen. Die vierundzwanzig Anforderungen ergeben sich aus den neunzehn Anforderungen[37] an ein schlankes Fertigungssystem sowie den fünf ergänzenden Anforderungen. Diese fünf Anforderungen sind im nächsten Schritt kritisch dahingehend zu prüfen, ob sie im Einklang mit den Anforderungen an ein schlankes Fertigungssystem stehen.

In Schritt 2 werden die Abhängigkeitsverhältnisse beziehungsweise Relationen zwischen den identifizierten Anforderungen von Schritt 1 analysiert. Für gegenläufige und widersprüchliche Anforderungsrelationen sind nachvollziehbare und systematische Konsolidierungsmaßnahmen zu definieren, um die Zielkonflikte aufzulösen [Bre97, S. 32 f.]. Zur Identifikation und Argumentation

[37]Der Einzelstückfluss wurde in die Anforderungen „geringe Transport- und Weitergabemenge“ und „geringe Bearbeitungsmenge“ aufgeteilt.

Tabelle 3.6 Relevante Anforderungen an Fertigungssysteme

Anforderungsgruppen	Anforderungsuntergruppe	#	Relevante Anforderungen an Fertigungssysteme	
AG-S Strukturen (räumlich und zeitlich) S_R, S_Z	AUG-S1	1	Distanz zwischen den Maschinen	gering
	AUG-S2	2	Eindeutigkeit in den Materialflussbeziehungen	hoch
		3	Routenflexibilität	hoch
	AUG-S3	4	Geschlossenheit der Materialflüsse	hoch
	AUG-S4	5	Durchlaufzeit	gering
	AUG-S5	6	Transport- und Weitergabemengen	gering
		7	Bearbeitungsmengen	gering
	AUG-S6	8	Austaktungseffizienz der Zykluszeiten in der Prozesskette	hoch
		9	Auslastung der Maschinen	hoch
AG-P Prozesse P	AUG-P1	10	Aufwand für Einlegeprozesse	gering
	AUG-P2	11	Aufwand für Entnahmeprozesse	gering
	AUG-P3	12	Aufwand für Maschinenbedienungsprozesse	gering
	AUG-P4	13	Aufwand für Prüfprozesse	gering
	AUG-P5	14	Bearbeitungszeiten/Prozesszeiten je Teil	gering
		15	Trennung zwischen menschlicher und maschineller Arbeit	hoch
	AUG-P6	16	Aufwand für Transportprozesse	gering

(Fortsetzung)

Tabelle 3.6 (Fortsetzung)

Anforderungs-gruppen	Anforderungs-untergruppe	#	Relevante Anforderungen an Fertigungssysteme	
AG-E Elemente E	AUG-E1	17	Verfügbarkeit der Maschinen	hoch
	AUG-E2	18	Breite der Maschinen	gering
	AUG-E3	19	Einfachheit der Maschinen	hoch
		20	Maschinenflexibilität/Universalität	hoch
		21	Automatisierungsgrad	hoch
	AUG-E4	22	Rüstzeit der Maschinen	gering
	AUG-E5	23	Mobilität der Maschinen	hoch
	AUG-E6	24	Modularität der Maschinen	hoch

der korrekten Konsolidierungsmaßnahmen, im Sinne der schlanken Produktion, wird ein geeigneter Diskussionsrahmen entwickelt und angewandt. Das Ergebnis stellt eine konsolidierte Anforderungsliste dar, aus welcher abschließend die Bewertungskriterien für die Bewertungsmethode festgelegt werden können.

Abhängigkeitsverhältnisse zwischen den Anforderungen

Die Überprüfung der Relationen erfolgt über eine Relationenprüfmatrix, die auch unter der Bezeichnung Zielrelationenmatrix bekannt ist, da die Erfüllung einer Anforderung als Erreichung eines Ziels anzusehen ist [Bre97, S. 33]. Ein mehrdimensionales Zielsystem, auch das der Produktionswirtschaft, kann aus Zielen, die neutral, komplementär, konkurrierend oder sich gegenseitig ausschließend sind, bestehen [Gro10, S. 36]. Die herangezogene Methode von Breiing & Knosala empfiehlt für die Beschreibung der Art der Anforderungsrelationen die Begrifflichkeiten unabhängig, unterstützend, gegenläufig und widersprüchlich zu verwenden [Bre97, S. 33].

Bezüglich der Begriffe gegenläufig und widersprüchlich bedarf es einer genauen Abgrenzung voneinander, um Fehlinterpretationen zu vermeiden. Nach Rieger [Rie18] ist der Widerspruch ein logisches Verhältnis, im engeren Sinne ein kontradiktorisches Verhältnis, zweier Aussagen. Kontradiktion bedeutet, dass nur eine der beiden Aussagen wahr sein kann [Rie18]. Widersprüchliche Anforderungen stehen logisch derart im Widerspruch zueinander, dass sie nicht gleichzeitig und nebeneinander existieren können [Dae02, S. 150]. Widersprüchliche Anforderungen sind somit inkompatibel und schließen sich gegenseitig logisch aus. Bei Widersprüchlichkeit kann daher entweder die eine oder die andere Anforderung verfolgt werden. Das Wort „gegenläufig“ wird im Duden mit der Bedeutung „in entgegengesetzter Richtung verlaufend“, „entgegengesetzt“ beschrieben [Dud17]. Zwei Anforderungen, die gegenläufig sind, behindern sich gegenseitig [Dae02, S. 150]. Die gegenläufigen beziehungsweise konkurrierenden Anforderungen beeinflussen sich negativ. Beim Streben nach der einen Anforderung ist eine negative Entwicklung bezüglich der anderen Anforderung zu erwarten. Der Unterschied zum Widerspruch ist, dass theoretisch beide Anforderungen erfüllbar sind, da sich diese logisch nicht ausschließen. In der Realität sind empirisch gegenläufige Tendenzen zwischen Anforderungen erkennbar, die eine Erfüllung beider Anforderungen erschweren. Das Relationenverhältnis gegenläufig lässt sich durch den nicht vorhandenen logischen Widerspruch der Anforderungen von dem der Widersprüchlichkeit abgrenzen. Bei gegenläufigen Anforderungen könnte somit prinzipiell die eine wie auch die andere Anforderung verfolgt werden. Dies ist aber aufgrund des entstehenden Zielkonflikts nicht zielführend, da dieser keine Eindeutigkeit in den Gestaltungszielen für den Planer sicherstellt. Die gegenläufigen Beziehungen unter den Anforderungen benötigen ebenfalls eine Konsolidierung zur Auflösung der Zielkonflikte. In Tabelle 3.7 ist zusammenfassend eine Gegenüberstellung der Relationsbezeichnungen, Art der Zielbeziehungen und der Konsolidierungsstrategien angeführt.

Tabelle 3.7 Einordnung der verwendeten Relationenbezeichnungen

Relationenbezeichnung nach [Bre97]	**Abkürzung**	**Relationenbezeichnung nach [Gro10]**	**Art der Zielbeziehung nach [Lac93]**	**Konsolidierungsstrategie nach [Bre97]**
unabhängig	0	neutral	Zielneutralität	Keine Konsolidierungsmaßnahmen notwendig
unterstützend	u	komplementär	Zielkomplementarität	
gegenläufig	g	konkurrierend	Zielkonflikt	Konsolidierungsmaßnahmen zur Auflösung des Zielkonflikts notwendig
widersprüchlich	w	ausschließend		

Ein geeignetes Mittel zur Überprüfung der Relationen der einzelnen Anforderungen zueinander ist die Relationenprüfmatrix [Bre97, S. 33]. Dabei wird jede Anforderung mit jeder anderen verglichen und entsprechend der identifizierten Relation die entsprechende Kennzeichnung aus Tabelle 3.7 vergeben [Bre97, S. 33].[38] Diese Kennzeichnungen drücken qualitativ die Art der Relationen aus. Die Stärke der jeweiligen Relation bleibt im vorliegenden Anwendungsfall unberücksichtigt. In der Relationenprüfmatrix, siehe Tabelle 3.8, sind alle Anforderungsrelationen[39] der berücksichtigten Anforderungen abgetragen. Die detaillierten Beschreibungen[40] zu den neunundsiebzig identifizierten, nicht unabhängigen Anforderungsrelationen finden sich in Tabelle A.2 in Anhang A.1. Darin sind die objektiv nachvollziehbaren Begründungen für die Zuordnung der jeweiligen Relationenart aufgeführt. Diese dienen zur Absicherung der Relationenprüfmatrix, welche ein kritisches Teilergebnis im Forschungsprozess darstellt. Zu den formulierten Anforderungsrelationen sind zusätzlich entsprechende Literaturreferenzen aufgelistet. Die Literaturreferenzen dienen zur objektiven Nachvollziehbarkeit der formulierten Anforderungsrelationen. Insgesamt sind 197 Anforderungspaare unabhängig (**0**) zueinander (71,4 %), 62 sind **u**nterstützend (22,5 %), 13 **g**egenläufig (4,7 %) und 4 **w**idersprüchlich (1,4 %).

Wie eingangs beschrieben sind die unabhängigen und unterstützenden Anforderungsrelationen unkritisch. Diese können ohne Konsolidierungsmaßnahmen in die konsolidierte Anforderungsliste übernommen werden. Die identifizierten gegenläufigen beziehungsweise widersprüchlichen Anforderungsrelationen bedürfen einer Bereinigung und Konsolidierung zur Sicherstellung der Konsistenz.

Bei einer detaillierten Betrachtung der Relationenprüfmatrix erweisen sich die Anforderungen #3, #9, #14, #20 und #21 (hohe Routenflexibilität, hohe Auslastung der Maschinen, geringe Bearbeitungszeiten/Prozesszeiten je Teil, hohe Maschinenflexibilität/Universalität und hoher Automatisierungsgrad) durch die Existenz mehrerer gegenläufiger beziehungsweise widersprüchlicher Anforderungsrelationen als besonders kritisch. In der Literatur zur schlanken Produktion sind zu den genannten Anforderungen folgende Thesen zu finden.

---

[38] Bei 24 Anforderungen sind 276 Abhängigkeitsverhältnisse zu prüfen (aus: 24*(24-1)/2).

[39] Die Darstellung der Anforderungsrelationen erfolgt in Tabelle 3.8 richtungsunabhängig.

[40] Aufgrund der Charakteristik des gewählten Vorgehens ist darauf zu achten, dass die Informationen transparent und objektiv nachvollziehbar für alle Beteiligten dargestellt sind [Sch04, S. 396].

Tabelle 3.8 Relationenprüfmatrix der Anforderungen an Fertigungssysteme

Anforderungs-gruppen	Anforderungs-untergruppe	#	Relevante Anforderungen an Fertigungssysteme		#	1	2	3	4	5	6	7	8	9	10	11	12	13	14	15	16	17	18	19	20	21	22	23	24	u	g	w
AG-S Strukturen (räumlich und zeitlich) S_R, S_Z	AUG-S1	1	Distanz zwischen den Maschinen	gering	1		u	w	u	u	0	0	0	0	0	0	0	0	0	0	u	0	u	0	u	0	0	u	0	7	0	1
	AUG-S2	2	Eindeutigkeit in den Materialflussbeziehungen	hoch	2			w	0	u	0	0	0	g	0	0	0	0	0	0	u	0	0	u	0	0	0	0	0	3	1	1
		3	Routenflexibilität	hoch	3				0	g	0	0	0	u	0	0	0	0	0	0	0	0	0	g	0	0	0	0	0	1	2	0
	AUG-S3	4	Geschlossenheit der Materialflüsse	hoch	4					u	0	0	u	g	0	0	0	u	0	0	u	0	0	u	0	0	0	0	0	5	1	0
	AUG-S4	5	Durchlaufzeit	gering	5						u	u	u	g	u	u	u	u	u	u	u	u	0	0	0	0	u	0	0	12	1	0
	AUG-S5	6	Transport- und Weitergabemengen	gering	6							0	0	0	u	0	0	0	0	0	u	0	0	0	0	0	0	0	0	2	0	0
		7	Bearbeitungsmengen	gering	7								0	g	0	·0	0	u	w	0	0	0	u	u	0	0	0	0	0	3	1	1
	AUG-S6	8	Austaktungseffizienz der Zykluszeiten in der Prozesskette	hoch	8									u	0	0	0	0	g	0	0	u	0	0	0	0	u	0	0	3	1	0
		9	Auslastung der Maschinen	hoch	9										0	0	0	0	g	u	0	0	0	0	u	0	u	0	0	3	1	0
AG-P Prozesse P	AUG-P1	10	Aufwand für Einlegeprozesse	gering	10											0	0	0	0	0	u	0	0	0	0	u	0	0	u	3	0	0
	AUG-P2	11	Aufwand für Entnahmeprozesse	gering	11												0	0	0	0	0	0	0	0	0	u	0	0	u	2	0	0
	AUG-P3	12	Aufwand Maschinenbedienungsprozesse	gering	12													0	0	0	0	0	u	u	0	u	0	0	u	4	0	0
	AUG-P4	13	Aufwand für Prüfprozesse	gering	13														0	u	0	0	0	0	0	u	0	0	0	2	0	0
	AUG-P5	14	Bearbeitungszeiten/Prozesszeiten je Teil	gering	14															0	0	0	0	g	g	0	0	0	0	0	2	0
		15	Trennung zwischen menschlicher und maschineller Arbeit	hoch	15																0	0	0	0	0	u	0	0	0	1	0	0
	AUG-P6	16	Aufwand für Transportprozesse	gering	16																	0	0	0	0	u	0	0	0	1	0	0
AG-E Elemente E	AUG-E1	17	Verfügbarkeit der Maschinen	hoch	17																		0	u	g	g	0	u	u	3	2	0
	AUG-E2	18	Breite der Maschinen	gering	18																			0	0	0	u	0	u	2	0	0
	AUG-E3	19	Einfachheit der Maschinen	hoch	19																				w	0	u	u	u	3	0	1
		20	Maschinenflexibilität/Universalität	hoch	20																					0	0	g	0	0	1	0
		21	Automatisierungsgrad	hoch	21																						0	0	0	0	0	0
	AUG-E4	22	Rüstzeit der Maschinen	gering	22																							u	u	2	0	0
	AUG-E5	23	Mobilität der Maschinen	hoch	23																								0	0	0	0
	AUG-E6	24	Modularität der Maschinen	hoch	24																									0	0	0

Legende

0	unabhängig
u	unterstützend
g	gegenläufig (gegenläufige Tendenz ohne logischen Ausschluss)
w	widersprüchlich (inkompatibel und logischer Ausschluss)

Zu Anforderung #3 (Hohe Routenflexibilität)
Die 1:1-Beziehungen im Materialfluss stellen nach Rother [Rot10, S. 97] die Grundlagen für einen kontinuierlichen Verbesserungsprozess dar. Eine hohe Routenflexibilität erschwert einen Verbesserungsprozess durch den fehlenden Handlungsdruck bei Problemen und die mangelnde Transparenz durch hohe Komplexität [Rot10, S. 97].

Zu Anforderung #9 (Hohe Auslastung der Maschinen)
Nichts ist so teuer wie eine voll ausgelastete Maschine, da eine hohe Maschinenauslastung zu mangelnder Lieferfähigkeit, schlechter Termintreue, geringer Flexibilität, Hektik und Sonderschichten sowie schlechter Lieferantenbeurteilung und Umsatzausfall führt [Kle07, S. 24]. Aufgrund der Tatsache, dass Verschwendung durch Überproduktion schlimmer ist als eine geringe Maschinenauslastung, ist eine geringe Maschinenauslastung erlaubt, wenn dadurch Überproduktion vermieden werden kann [Mon11, S. 187].

Zu Anforderung #14 (Geringe Bearbeitungszeiten/Prozesszeiten je Teil)
Die Geschwindigkeit der Maschine ist an der entsprechenden Kundentaktzeit auszurichten [Tak96a, S. 302].

Zu Anforderung #20 (Hohe Maschinenflexibilität/Universalität)
Die idealen Maschinen sind spezialisierte Universalmaschinen, die einfach gestaltet und günstig sind sowie nur die absolut notwendige Technik enthalten [Tak12, S. 175].

Zu Anforderung #21 (Hoher Automatisierungsgrad)
Seifermann [Sei18b, S. 55] beschreibt für einen hohen Automatisierungsgrad folgende Kausalkette: Ein erhöhter Automatisierungsgrad kann mittelbar über hohe Abschreibungen hohe Auslastungen der Maschinen erforderlich machen. Dies fördert große Losgrößen, die zu langen Durchlaufzeiten führen. Des Weiteren kann ein erhöhter Automatisierungsgrad die technische Verfügbarkeit und die Flexibilität für Neuerungen gefährden.

Die Thesen zeigen, dass die als kritisch identifizierten Anforderungen nicht im Einklang mit den Prinzipien der schlanken Produktion stehen. Sie sind eher pauschal formuliert und es existieren keine nachvollziehbaren Argumentationen zu deren fundierter Begründung. Die Eliminierung der oben genannten fünf Anforderungen würde die Zielkonflikte in der Relationenprüfmatrix auflösen.

Die nicht tiefer begründeten Thesen sollen in der vorliegenden Arbeit systematisch überprüft und bestätigt werden, bevor eine Konsolidierung durchgeführt wird. Im Folgenden sind die Konsolidierungsmaßnahmen und die Zielkonflikte der Relationenprüfmatrix auf einem systematischen Weg herzuleiten und somit nachvollziehbar zu begründen.

Den Ausgangspunkt für die Konsolidierung stellt eine hierarchische Ordnung der Verschwendungsarten dar. Eine Literaturrecherche liefert die Wirkungen der einzelnen Anforderungen auf die Verschwendungsarten, deren Abbildung in einer Matrix erfolgt. Über einen mathematischen Ansatz resultiert aus den beiden Teilergebnissen eine Entscheidungsgrundlage auf Basis quantitativer Werte, die eine objektive Festlegung der Konsolidierungsmaßnahmen gewährleistet. Aus Gründen der Übersichtlichkeit und zur Aufrechterhaltung des Leseflusses ist die Darstellung der Herleitung der Konsolidierungsmaßnahmen in Anhang A.2 zu finden. Das Ergebnis der Ausführungen bestätigt die oben genannten Thesen und macht diese nachvollziehbar. Nach den Ausführungen in Anhang A.2 sind zur Auflösung der Zielkonflikte folgende Konsolidierungsmaßnahmen durchzuführen:

1. Eliminierung der Anforderung „Hohe Routenflexibilität" (#3)
2. Eliminierung der Anforderung „Hohe Auslastung der Maschinen" (#9)
3. Eliminierung der Anforderung „Geringe Bearbeitungszeiten/Prozesszeiten je Teil" (#14)
4. Eliminierung der Anforderung „Hohe Maschinenflexibilität/Universalität" (#20)
5. Eliminierung der Anforderung „Hoher Automatisierungsgrad" (Anforderung #21)

Die Untersuchung hat gezeigt, dass in der Literatur einige Anforderungen an Fertigungssysteme zu finden sind, die zur Festlegung ungeeigneter Bewertungskriterien führen würden. Die Verarbeitung dieser fünf Anforderungen in der zu entwickelnden Methode würde zu den von Cochran et al. [Coc16, S. 65] erläuterten ineffektiven und falsch fokussierten Verbesserungsmaßnahmen führen. Dadurch wäre eine Planungsunterstützung für schlanke Fertigungssysteme nicht möglich. Alle Anforderungen an schlanke Fertigungssysteme sind somit unabhängig voneinander oder unterstützen sich gegenseitig. Auf die unterstützenden Einflüsse wird später nochmals zurückgegriffen, da sie für den Verbesserungsleitfaden (MB3) von besonderem Interesse sind.

3.4.3.2 Bewertungskriterien

Durch die Umsetzung der Konsolidierungsmaßnahmen entsteht eine konsolidierte Anforderungsliste ohne Zielkonflikte. Auf Basis der konsolidierten Anforderungsliste lassen sich Bewertungskriterien festlegen, die für die Bewertung eines Fertigungssystems, gemäß den gestellten Anforderungen, geeignet sind. Bei den Bewertungskriterien handelt es sich um die betrachteten Merkmale eines Fertigungssystems. In Tabelle 3.9 ist die konsolidierte Anforderungsliste mit den entsprechend festgelegten Bewertungskriterien und Abkürzungen dargestellt. Des Weiteren sind darin die zugehörigen Ein- und Ausgangswerte der Bewertungsmethode r_b, w_b, $w_{b,grenz}$ und $y_{R,b}$ benannt.

In Tabelle 3.9 erfolgt die Zuordnung der Merkmalswerte r_b zu den Bewertungskriterien. Die Bewertung findet anhand der Merkmalswerte r_b, mit $b = 1, \ldots, 18$ statt. Die Festlegung der Merkmalswerte r_b geschieht in Abschnitt 3.5.3 im Zuge der Entwicklung des Fertigungssystemmodells. Die Ziel- und Grenzwerte sind für die Parametrisierung der Wertfunktionen erforderlich, so dass aus den Merkmalswerten r_b das Bewertungsergebnis $y_{R,b}$ ermittelt werden kann. Die Ziel- und Grenzwerte für die Bewertungskriterien, w_b und $w_{b,grenz}$, können erst nach der Beschreibung von r_b erfolgen. Auf Basis der Ergebnisse in Abschnitt 3.5.3, in Form der modellierten Merkmalswerte r_b, findet anschließend die Modellierung der Ziel- und Grenzwerte statt.

Die Bewertungskriterien lassen sich, wie auch die Anforderungen, den drei Dimensionen Strukturen, Prozesse und Elemente zuweisen. In Abbildung 3.19 sind die achtzehn Bewertungskriterien zur Bestimmung des Fertigungssystemwerts grafisch anhand eines Beispiels skizziert. Die Darstellung umfasst die Maschinen E_1 und E_2 sowie die Struktur S_1 und die Prozesse P_1 bis P_6.

3.4.3.3 Kennzahlensystem für den Fertigungssystemwert

Im nächsten Schritt ist zu erarbeiten, wie die achtzehn Bewertungsergebnisse $y_{R,b}$ in geeigneter Weise darzustellen und zu verknüpfen sind. Dafür ist die Festlegung eines passenden Kennzahlensystems erforderlich. Bei einem Kennzahlensystem handelt es sich um „zwei oder mehr Kennzahlen, die in einer Beziehung zueinanderstehen, einander ergänzen oder erklären“ [Rei76, S. 707].

Nach Sandt [San04, S. 15 f.] können Kennzahlensysteme prinzipiell in folgende zwei Typen unterschieden werden. Bei Kennzahlensystemen in Form eines Rechensystems stehen die Kennzahlen in einem zahlenlogischen Zusammenhang und die Darstellung erfolgt anhand einer Kennzahlenpyramide. Bei Ordnungssystemen herrscht zwischen den Kennzahlen lediglich ein sachlogischer Zusammenhang, der in Form von Kennzahlenbündeln dargestellt ist. Ordnungssysteme tauchen häufig auf, wenn mehrdimensionale Problemstellungen zugrunde

Tabelle 3.9 Bewertungskriterien gemäß der konsolidierten Anforderungsliste

#	Relevante Anforderungen an Fertigungssysteme		Konsolidierungsmaßnahme	Bewertungskriterien (Betrachtete Merkmale)	Abkürzung	r_b	w_b	$w_{b,grenz}$	$y_{R,b}$
1	Distanz zwischen den Maschinen	gering	Anforderung beibehalten	Distanz zwischen Maschinen	DM	r_1	w_1	$w_{1,grenz}$	$y_{R,1}$
2	Eindeutigkeit in den Materialflussbeziehungen	hoch	Anforderung beibehalten	Eindeutigkeit des Materialflusses	EMF	r_2	w_2	$w_{2,grenz}$	$y_{R,2}$
3	Routenflexibilität	hoch	**Anforderung gelöscht!**	---	---	-	-	-	-
4	Geschlossenheit der Materialflüsse	hoch	Anforderung beibehalten	Geschlossenheitsgrad	GG	r_3	w_3	$w_{3,grenz}$	$y_{R,3}$
5	Durchlaufzeit	gering	Anforderung beibehalten	Innerzyklische Parallelität	IZP	r_4	w_4	$w_{4,grenz}$	$y_{R,4}$
6	Transport- und Weitergabemengen	gering	Anforderungen zusammenführen	Einzelstückfluss	ESF	r_5	w_5	$w_{5,grenz}$	$y_{R,5}$
7	Bearbeitungsmengen	gering							
8	Austaktungseffizienz der Zykluszeiten in der Prozesskette	hoch	Anforderung beibehalten	Austaktungseffizienz	AE	r_6	w_6	$w_{6,grenz}$	$y_{R,6}$
9	Auslastung der Maschinen	hoch	**Anforderung gelöscht!**	---	---	-	-	-	-
10	Aufwand für Einlegeprozesse	gering	Anforderung beibehalten	Einlegeprozesse	EIP	r_7	w_7	$w_{7,grenz}$	$y_{R,7}$
11	Aufwand für Entnahmeprozesse	gering	Anforderung beibehalten	Entnahmeprozesse	ENP	r_8	w_8	$w_{8,grenz}$	$y_{R,8}$
12	Aufwand für Maschinenbedienungsprozesse	gering	Anforderung beibehalten	Maschinenbedienungsprozesse	MBP	r_9	w_9	$w_{9,grenz}$	$y_{R,9}$
13	Aufwand für Prüfprozesse	gering	Anforderung beibehalten	Prüfprozesse	PP	r_{10}	w_{10}	$w_{10,grenz}$	$y_{R,10}$

(Fortsetzung)

Tabelle 3.9 (Fortsetzung)

#	Relevante Anforderungen an Fertigungssysteme		Konsolidierungsmaßnahme	Bewertungskriterien (Betrachtete Merkmale)	Abkürzung	r_b	w_b	$w_{b,grenz}$	$y_{R,b}$
14	Bearbeitungszeiten/ Prozesszeiten je Teil	gering	**Anforderung gelöscht!**	---	---	-	-	-	-
15	Trennung zwischen menschlicher und maschineller Arbeit	hoch	Anforderung beibehalten	Abhängigkeitsverhältnis Mensch/Maschine	AVMM	r_{11}	w_{11}	$w_{11,grenz}$	$y_{R,11}$
16	Aufwand für Transportprozesse	gering	Anforderung beibehalten	Transportprozesse	TP	r_{12}	w_{12}	$w_{12,grenz}$	$y_{R,12}$
17	Verfügbarkeit der Maschinen	hoch	Anforderung beibehalten	Maschinenverfügbarkeit	MV	r_{13}	w_{13}	$w_{13,grenz}$	$y_{R,13}$
18	Breite der Maschinen	gering	Anforderung beibehalten	Breite der Maschinen	BM	r_{14}	w_{14}	$w_{14,grenz}$	$y_{R,14}$
19	Einfachheit der Maschinen	hoch	Anforderung beibehalten	Maschinenkonzept	MK	r_{15}	w_{15}	$w_{15,grenz}$	$y_{R,15}$
20	Maschinenflexibilität/ Universalität	hoch	**Anforderung gelöscht!**	---	---	-	-	-	-
21	Automatisierungsgrad	hoch	**Anforderung gelöscht!**	---	---	-	-	-	-
22	Rüstzeit der Maschinen	gering	Anforderung beibehalten	Rüstzeit der Maschinen	RZM	r_{16}	w_{16}	$w_{16,grenz}$	$y_{R,16}$
23	Mobilität der Maschinen	hoch	Anforderung beibehalten	Mobilität der Maschinen	MBM	r_{17}	w_{17}	$w_{17,grenz}$	$y_{R,17}$
24	Modularität der Maschinen	hoch	Anforderung beibehalten	Modulare Anpassbarkeit der Maschinen	MAM	r_{18}	w_{18}	$w_{18,grenz}$	$y_{R,18}$

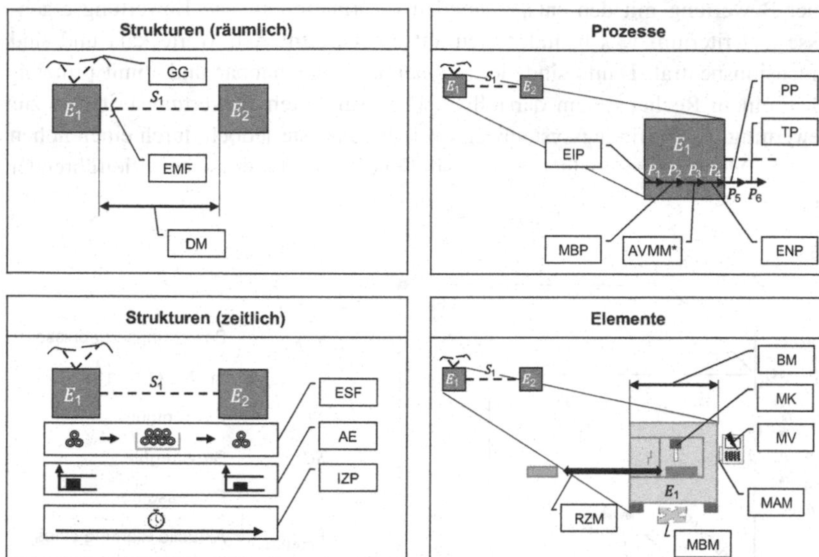

Abbildung 3.19 Grafische Darstellung der Bewertungskriterien zur Bestimmung des Fertigungssystemwerts

liegen und mehrere Ziele parallel verfolgt werden müssen. Ein Ordnungssystem ist gekennzeichnet durch eine sachlogische Verknüpfung von Kennzahlen und nicht durch einen zahlenlogischen (mathematischen) Zusammenhang wie ein Rechensystem.

Aufgrund der zugrunde liegenden Definition des allgemeinen Fertigungssystems zeigen die Bewertungsdimensionen zur Ermittlung des Fertigungssystemwerts die gleiche logische Gliederung wie der Planungsraum für Fertigungssysteme nach Schenk, Wirth & Müller [Sch14a, S. 284]. Alle Bewertungskriterien sind einer der Dimensionen Strukturen, Prozesse und Elemente zugeordnet. Diese drei Bewertungsdimensionen spannen bildlich ein kartesisches Koordinatensystem, in Form eines sogenannten Bewertungsraums, auf. Die Achsenskalierungen entsprechen der zuvor definierten Werteskala, auf denen die ermittelten Bewertungsergebnisse $y_{R,b}$ dimensionsneutral abgetragen werden können.

In Abbildung 3.20 ist der Bewertungsraum mit den genannten Bewertungsdimensionen grafisch dargestellt. Die Abbildung zeigt beispielhaft das Ergebnis einer Bewertung mit den entsprechenden Informationen. Die Bewertungsergebnisse je Kriterium $y_{R,b}$ befinden sich auf einer normierten Werteskala und sind dimensionsneutral. Damit sind sie miteinander verrechenbar und somit prinzipiell in einem Rechensystem darstellbar. Die ermittelten Bewertungskriterien zur Bewertung des Fertigungssystemwerts zeigen, dass sie jedoch durch einen hohen Grad an Mehrdimensionalität geprägt sind und ein Ordnungssystem zielführender ist.

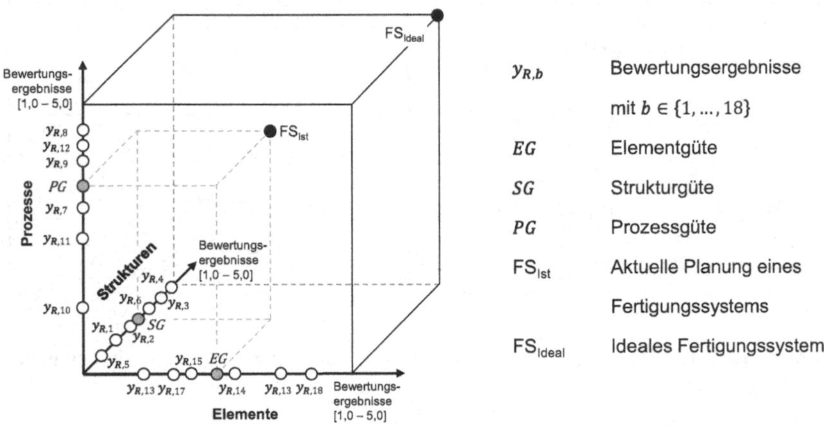

Abbildung 3.20 Darstellung der Bewertungsergebnisse im Bewertungsraum (in Anlehnung an [Fel18b, S. 114])

Die Bewertungsergebnisse können je nach Abstraktionsgrad in drei unterschiedlichen Aggregationsstufen dargestellt werden. Die Bewertungskriterien können mittelbar, durch die Bewertungsergebnisse $y_{R,b}$ auf einer normierten Skala, in einen zahlenlogischen Zusammenhang in Form eines Rechensystems gebracht werden. Somit sind prinzipiell der Einsatz von Rechen- und Ordnungssystemen sowie eine Kombination aus beiden möglich. Die Aggregationsstufe liefert eine Aussage darüber, in welchem Ausmaß die einzelnen Bewertungskriterien gebündelt sind. Im vorliegenden Anwendungsfall lassen sich drei Aggregationsstufen der Bewertungskriterien (0, 1, 2) unterscheiden [Fel18b, S. 114], siehe Abbildung 3.21.

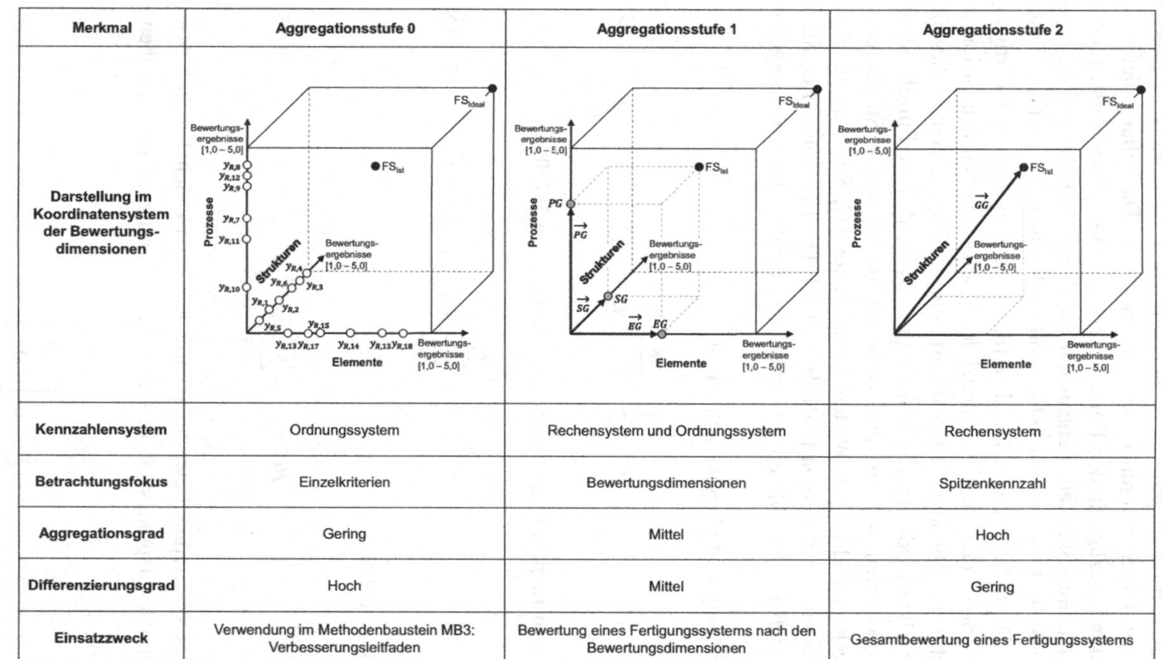

Merkmal	Aggregationsstufe 0	Aggregationsstufe 1	Aggregationsstufe 2
Darstellung im Koordinatensystem der Bewertungsdimensionen			
Kennzahlensystem	Ordnungssystem	Rechensystem und Ordnungssystem	Rechensystem
Betrachtungsfokus	Einzelkriterien	Bewertungsdimensionen	Spitzenkennzahl
Aggregationsgrad	Gering	Mittel	Hoch
Differenzierungsgrad	Hoch	Mittel	Gering
Einsatzzweck	Verwendung im Methodenbaustein MB3: Verbesserungsleitfaden	Bewertung eines Fertigungssystems nach den Bewertungsdimensionen	Gesamtbewertung eines Fertigungssystems

Abbildung 3.21 Aggregationsstufen der Bewertungskriterien

Die Aggregationsstufe 0 sieht vor, die einzelnen Bewertungsergebnisse $y_{R,b}$ differenziert zu betrachten und diese ausschließlich sachlogisch anhand der Bewertungsdimensionen zu ordnen. Die differenzierte Darstellung liefert eine hohe Aussagekraft bezüglich der Einzelkriterien. Diese Einzeldarstellung der Ergebnisse $y_{R,b}$ kommt im Methodenbaustein MB3 zum Einsatz.

Aggregationsstufe 1 zeigt eine Kombination aus Rechen- und Ordnungssystem. Diese Art der Darstellung empfiehlt sich für einen Vergleich von Fertigungssystemen, um einen Eindruck über Potenziale in den einzelnen Dimensionen zu erhalten. Durch den nicht ausreichenden Differenzierungsgrad kommt diese Darstellung im Regelkreis jedoch nicht zum Einsatz. Es werden die Einzelergebnisse der Bewertungskriterien $y_{R,b}$ aus den Dimensionen Elemente, Strukturen und Prozesse verrechnet und zu den Werten Elementgüte *EG*, Strukturgüte *SG* und Prozessgüte *PG* zusammengefasst [Fel18b, S. 114]. Die Ergebnisse *EG*, *SG* und *PG* errechnen sich aus dem Mittelwert der entsprechenden Bewertungsergebnisse $y_{R,b}$.

Für die Elementgüte *EG* ergibt sich damit

$$EG = \frac{1}{6} * \sum_{b=13}^{18} y_{R,b}. \tag{3.13}$$

Nach der gleichen Logik ist damit auch die Strukturgüte *SG* über

$$SG = \frac{1}{6} * \sum_{b=1}^{6} y_{R,b} \tag{3.14}$$

und die Prozessgüte *PG* über

$$PG = \frac{1}{6} * \sum_{b=7}^{12} y_{R,b} \tag{3.15}$$

bestimmbar. Im skizzierten Bewertungsraum handelt es sich bei $\overrightarrow{EG}$, $\overrightarrow{SG}$ und $\overrightarrow{PG}$ um orthogonale Ursprungsvektoren. Die drei Ursprungsvektoren ergeben sich durch

$$\overrightarrow{EG} = \begin{pmatrix} EG \\ 0 \\ 0 \end{pmatrix}, \tag{3.16}$$

$$\overrightarrow{PG} = \begin{pmatrix} 0 \\ PG \\ 0 \end{pmatrix} \text{ und} \tag{3.17}$$

$$\overrightarrow{SG} = \begin{pmatrix} 0 \\ 0 \\ SG \end{pmatrix}. \tag{3.18}$$

In der Aggregationsstufe 2 lässt sich aus den voraggregierten Werten beziehungsweise den Ursprungsvektoren Elementgüte EG, Strukturgüte SG und Prozessgüte PG durch Addition der Vektor Gestaltungsgüte $\overrightarrow{GG}$ errechnen. Der Vektor zur Bestimmung der Gestaltungsgüte setzt sich aus den errechneten orthogonalen Ursprungsvektoren $\overrightarrow{EG}$, $\overrightarrow{SG}$ und $\overrightarrow{PG}$ zusammen. Für $\overrightarrow{GG}$ gilt

$$\overrightarrow{GG} = \begin{pmatrix} EG \\ PG \\ SG \end{pmatrix} = \begin{pmatrix} EG \\ 0 \\ 0 \end{pmatrix} + \begin{pmatrix} 0 \\ PG \\ 0 \end{pmatrix} + \begin{pmatrix} 0 \\ 0 \\ SG \end{pmatrix}. \tag{3.19}$$

Der Betrag $|\bullet|$ von $\overrightarrow{GG}$ ist über

$$\left|\overrightarrow{GG}\right| = \sqrt{EG^2 + PG^2 + SG^2} \tag{3.20}$$

bestimmbar. Die Zielsetzung für den Fertigungsplanungsprozess ist die Erreichung des betragsmäßigen Maximums des Betrags, was der Zielfunktion

$$\left|\overrightarrow{GG}\right| \rightarrow max \tag{3.21}$$

entspricht. Durch die in Abschnitt 3.4.2 eingeführte Werteskala kann der Betrag $\left|\overrightarrow{GG}\right|$ maximal den Wert 8,66 annehmen, da EG, SG und PG maximal den Wert 5 haben können. Für ein ideales Fertigungssystem ergibt sich somit $\left|\overrightarrow{GG}\right| = 8{,}66$. Dieser Wert liefert eine Gesamtbewertung über das Fertigungssystem. Die Information daraus dient zur Orientierung und zur Gewinnung eines Gesamtüberblicks. Da der Differenzierungsgrad sehr gering ist, können daraus keine präzisen Verbesserungsansätze abgeleitet werden.

Als Spitzenkennzahl für alle Bewertungskriterien wird der Fertigungssystemwert FSW definiert. Dieser bildet den Mittelwert aller Bewertungsergebnisse und bewegt sich deshalb auch im gleichen Wertebereich wie die einzelnen Bewertungskriterien. Der Fertigungssystemwert FSW lässt sich über

$$FSW = \frac{EG + SG + PG}{3} \tag{3.22}$$

berechnen. Die Aggregationsstufe 2 ermöglicht somit über ein Rechensystem die Gesamtbewertung eines Fertigungssystems anhand der Spitzenkennzahl FSW.

3.4.4 Submodul 2: Wirtschaftlichkeit

Im vorliegenden Kapitel erfolgt anhand von formulierten Anforderungen die Festlegung eines geeigneten Kriteriums zur Bewertung der Wirtschaftlichkeit von Fertigungssystemen. Die Abgrenzung und Beschreibung der zu berücksichtigten Kostenkomponenten dient als Basis für die mathematische Modellierung des entsprechenden Merkmalswerts in Abschnitt 3.5.3.

3.4.4.1 Anforderungen an die Bewertung

Da die Gemeinkosten von Unternehmen in der Vergangenheit relativ zu den Einzelkosten gestiegen sind, wird es zur Vermeidung von Fehlentscheidungen immer wichtiger diese möglichst verursachungsgerecht auf die Produkte zu verrechnen [Göt10, S. 217].

Joos-Sachse [Joo14, S. 206 f.] beschreibt die Situation folgendermaßen. Die differenzierte Zuschlagskalkulation führt bei lohnintensiver Fertigung zu verwendbaren Ergebnissen. Bei einer Fertigung mit einem hohen Mechanisierungs- und Automatisierungsgrad stößt die Zuschlagskalkulation an ihre Grenzen. Durch die hohe Automatisierung stehen einer immer kleiner werdenden Lohnbasis immer höhere Fertigungsgemeinkostenzuschläge gegenüber. Dadurch sind Fertigungsgemeinkostenzuschläge von 1.000 % keine Seltenheit. In kapitalintensiven Fertigungen kommt die Maschinenstundensatzkalkulation zum Einsatz, die die maschinenabhängigen Kosten[41] auf die Maschinenlaufzeit umlegt und dadurch ein realistischeres Kostenbild als die Zuschlagskalkulation auf Lohnkostenbasis liefert.

Bei Maschinenstundensätzen werden Folgekosten durch eine hohe Maschinenauslastung, wie zum Beispiel Warte- und Liegezeiten sowie Lager- und

[41] In den Maschinenkosten sind die Kostenarten kalkulatorische Abschreibung, kalkulatorische Zinsen, Raumkosten, Energiekosten und Instandhaltungskosten enthalten [REF85, S. 40].

Umlaufbestände, verursacht und nicht eingerechnet [Kle07, S. 25 f.]. In diesem Zuge sind beispielsweise die erhöhten Logistikkosten, die aus einem verrichtungsorientierten Layout entstehen, anzumerken. Bei einem Mehrproduktbetrieb verschärft sich das Gemeinkostenproblem zusätzlich, da durch die Schlüsselung von Gemeinkosten das Verursachungsprinzip verletzt wird [Pli15, S. 141]. Zur Verbesserung der verursachungsgerechten differenzierten Kostenrechnung bei Fertigungssystemen sind Ansätze entstanden, die als Bezugsgröße für Gemeinkosten andere Größen, wie zum Beispiel die Durchlaufzeit, heranziehen [Eve89, S. 309 ff.]. Die Zuschlagskalkulation ist für die Bewertung von Fertigungssystemen ungeeignet, da die Kosten bei unterschiedlichen systemspezifischen Eigenschaften nicht verursachungsgerecht abgebildet werden können und dadurch verzerrte Kostenbilder entstehen [Dür16, S. 364].

In einer Studie von Cochran et al. [Coc01b] konnte darüber hinaus der Effekt der unterschiedlichen Kostenzusammensetzungen bei schlanken Fertigungssystemen gegenüber klassischen Fertigungssystemen nachgewiesen werden, welcher nachfolgend beschrieben ist. Die gesamten Fertigungskosten konnten im beschriebenen Beispiel durch die Reorganisation deutlich gesenkt werden. Das Fertigungssystem nach den Prinzipien der schlanken Produktion hat jedoch gegenüber der klassischen Variante etwas höhere Lohnkosten, was zu einem Lohnkostenanteil von 55,3 % im Vergleich zu 35,0 % führt. Der Anteil an Investitionskosten liegt indes nur bei 19,6 % anstatt bei 39,1 %.

Für die Wirtschaftlichkeitsbewertung ist es zweckmäßig die verursachten Kosten für jedes Produkt zu ermitteln [Eve02, S. 91]. Eine hohe Aussagefähigkeit bei einem Variantenvergleich ist durch einen möglichst hohen Anteil der dem Arbeitsgegenstand direkt zurechenbaren Kosten sicherzustellen [Dür16, S. 364]. Zu diesem Zweck sind relevante Gemeinkosten zu lokalisieren und verursachungsgerecht zu berechnen [Dür16, S. 364]. Die Einzelkostenkalkulation liefert im Vergleich zu der Zuschlagskalkulation und der Maschinenstundensatzrechnung ein sehr gutes technisches Kostenbild [Dür16, S. 372]. Durch die genannten Vorteile kommt bei der Wirtschaftlichkeitsbewertung in der vorliegenden Arbeit der methodische Ansatz zur Bestimmung der Kosten über eine Einzelkostenkalkulation in Anlehnung an Dürr & Göpfert [Dür16, S. 364 ff.] zur Anwendung.

Die Bewertung der Wirtschaftlichkeit von verschiedenen Fertigungskonzepten wurde in der Methode von Bechtloff [Bec14] zielführend durch eine statische Kostenvergleichsrechnung realisiert. Diese stützt sich nicht auf die Maschinenstundensatzrechnung, sondern auf eine Betrachtung der Fertigungskosten je Bauteil. Aufgrund der ähnlichen Problemstellung stützt sich der gewählte Ansatz in der vorliegenden Arbeit zur Einzelkostenkalkulation auch auf eine statische Kostenbetrachtung.

3.4.4.2 Bewertungskriterium

Die Grundidee für die Bewertung der Wirtschaftlichkeit ist die verursachungsgerechte Berechnung aller relevanten Einzelkosten, die bei der Herstellung eines Produkts anfallen. Bei der Lokalisierung der relevanten Einzelkosten sind besonders diejenigen, die sich in den einzelnen Varianten der Fertigungssysteme maßgeblich unterscheiden, zu berücksichtigen [Dür16, S. 364 f.]. Die Bewertung der Wirtschaftlichkeit von Fertigungssystemen stützt sich daher in der vorliegenden Arbeit nicht auf die gesamten Herstellkosten nach der differenzierten Zuschlagskalkulation K_H, sondern nur auf einen relevanten Teil davon. Der relevante Teil der Herstellkosten nach der differenzierten Zuschlagskalkulation wird in der vorliegenden Arbeit als sogenannte Herstellteilkosten K_{HT} bezeichnet.[42] Da die Herstellteilkosten nur einen Teil der Herstellkosten abbilden, gilt für diese

$$K_{HT} \leq K_H. \tag{3.23}$$

In Abbildung 3.22 ist die Abgrenzung zwischen den Herstellkosten K_H und Herstellteilkosten K_{HT} schematisch dargestellt. Die Herstellkosten K_H sollten nur zur Verwendung außerhalb der Fertigungsplanung herangezogen werden, da sie keine verursachungsgerechte Kostenbewertung ermöglichen. Zur Vermeidung des beschriebenen Problems eines verzerrten Kostenbilds durch eine Zuschlagskalkulation werden ausschließlich Kosten herangezogen, die verursachungsgerecht einem Erzeugnis zuweisbar sind. Dies geschieht in Form der Bewertung auf Basis der Herstellteilkosten K_{HT}. Die als konstant angesehenen Materialkosten K_M und die nicht verursachungsgerecht zuordenbaren Restfertigungsgemeinkosten K_{GFR} sind nicht Teil der Herstellteilkosten K_{HT}.

[42] In [Dür16, S. 365] werden die Kosten, die nur auf einer bestimmten Auswahl von Kostenarten basieren, als Herstellvergleichskosten bezeichnet.

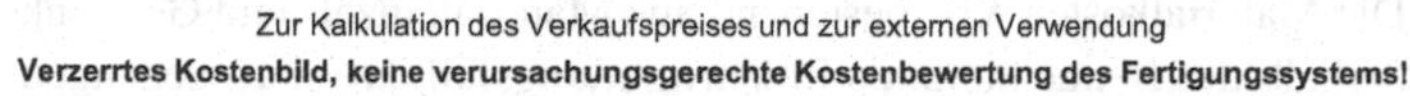

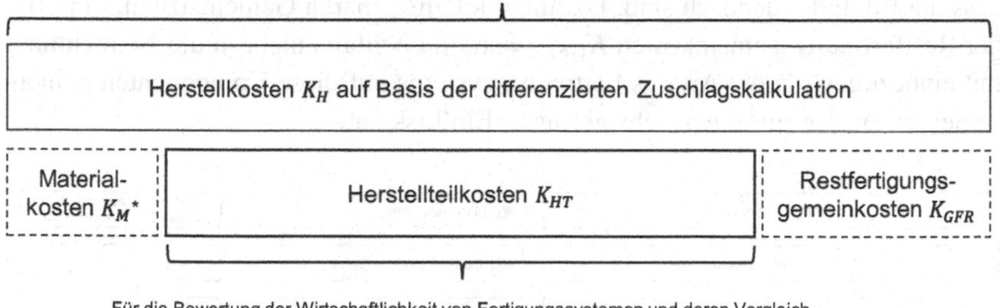

Für die Bewertung der Wirtschaftlichkeit von Fertigungssystemen und deren Vergleich
Verursachungsgerecht!

* Die Materialkosten K_M werden als fix betrachtet. Sollten diese von der Gestaltung des Fertigungssystems abhängig sein, sind sie in die Wirtschaftlichkeitsbewertung mit einzubeziehen.

Abbildung 3.22 Abgrenzung zwischen Herstellkosten K_H und Herstellteilkosten K_{HT}

Für die Herstellteilkosten K_{HT} ergibt sich damit folgende Definition:

Definition: Herstellteilkosten
Die Herstellteilkosten K_{HT} errechnen sich aus einem Teil der Kostenarten aus der differenzierten Zuschlagskalkulation. Die Herstellteilkosten berücksichtigen relevante Kostenarten, die verursachungsgerecht zugeordnet werden können. Gemeinkostenumlagen, die zu einer Kostenverzerrung führen würden, sind ausgeschlossen, um einen realistischen Vergleich zwischen verschiedenen Planungsvarianten zu ermöglichen. Die Herstellteilkosten dienen ausschließlich zur Wirtschaftlichkeitsbewertung von Fertigungssystemen und sind nicht für eine Preiskalkulation geeignet.

Für die genaue Identifizierung und Abgrenzung der zu berücksichtigenden Kostenkomponenten in den Herstellteilkosten K_{HT} werden die Komponenten der Herstellkosten K_H herangezogen und aufgegliedert. In Abbildung 3.23 ist die Herleitung der Herstellteilkosten K_{HT} aus den Herstellkosten K_H, mit der Einheit € für ein Stück, dargestellt. Die Herstellkosten auf Basis der differenzierten Zuschlagskalkulation K_H setzen sich aus den Materialkosten K_M, den Fertigungslohnkosten K_{FL}, den Sondereinzelkosten der Fertigung K_{SEKF} und den Fertigungsgemeinkosten K_{GF} zusammen [Pli15, S. 123]. Bei Sondereinzelkosten handelt es sich um Kosten, die ausschließlich für ein einzelnes Produkt anfallen (zum Beispiel Vorrichtungen oder Sonderwerkzeuge) und nicht Teil der Gemeinkosten sind [Wes06,

S. 97]. Die Materialkosten K_M, bestehend aus Materialeinzel- und Gemeinkosten, sind außerhalb der Betrachtung, da im Anwendungsfall davon ausgegangen wird, dass die Rohteile identisch sind. Die nicht lokalisierbaren Gemeinkosten, in Form der Restfertigungsgemeinkosten K_{GFR}, werden ebenfalls nicht in die Betrachtung mit einbezogen, da die Art des Fertigungssystems auf diese Komponenten keinen beziehungsweise nur einen sehr geringen Einfluss hat.

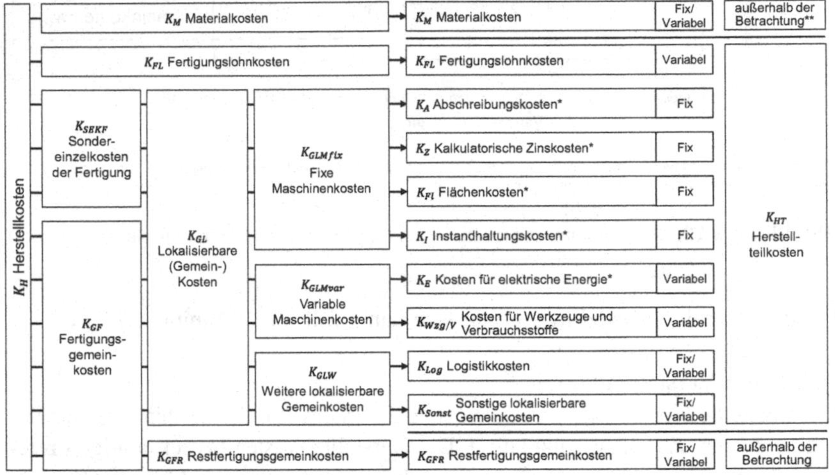

Abbildung 3.23 Bestandteile der Herstellteilkosten K_{HT}

Die Fertigungslohnkosten K_{FL} gehen direkt in die Berechnung der Herstellteilkosten ein. Die Fertigungsgemeinkosten K_{GF} werden so weit wie möglich lokalisiert und dem betrachteten Produkt zugeordnet. Daraus entstehen durch die Addition mit den Sondereinzelkosten der Fertigung K_{SEKF} die lokalisierbaren (Gemein-)Kosten K_{GL}. Dabei wird in fixe und variable Maschinenkosten K_{GLMfix} und K_{GLMvar} sowie weitere lokalisierbare Gemeinkosten K_{GLW} unterschieden. In den weiteren lokalisierbaren Gemeinkosten K_{GLW} werden die Logistikkosten K_{Log} zwischen den Arbeitssystemen mitberücksichtigt. Je nach Anwendungsfall können bei den sonstigen lokalisierbaren Gemeinkosten K_{Sonst} weitere relevante Kosten ergänzt werden. An dieser Stelle ist zu betonen, dass bei einem Variantenvergleich unbedingt darauf zu achten ist, dass bei den verschiedenen Varianten immer die gleichen Kosten einbezogen werden. Nur dadurch können eine gültige Bewertung und ein gültiger Vergleich gewährleistet werden.

Zur Berechnung der Einzelkosten ist ein geeignetes Rechengerüst notwendig, welches die Kosten verursachungsgerecht abbildet. Dieses Rechengerüst gilt es in Abschnitt 3.5.3 zu modellieren. Nach den obigen Ausführungen ergeben sich für das Rechengerüst der Herstellteilkosten folgende Rahmenbedingungen und Annahmen:

- Die Betrachtung liegt auf einem definierten Produkt eines fixen Produktprogramms.
- Die Berechnung basiert auf einer fixen Produktionsmenge und ist über die Zeit konstant.
- Das Rechengerüst bildet Fertigungssysteme nach der Definition eines allgemeinen Fertigungssystems aus Abschnitt 3.3.3 ab.
- Die nicht lokalisierbaren Gemeinkosten und die Materialkosten sind nicht eingeschlossen.

3.4.5 Schlussbemerkung zum Methodenbaustein

Im vorliegenden Kapitel erfolgte die Ausarbeitung des Methodenbausteins MB2, der Bewertungsmethode. Im Zuge der Ausführungen konnte die Funktionslogik des Methodenbausteins erarbeitet werden und es konnten die darin enthaltenen Bewertungskriterien bestimmt werden. Die Funktionslogik der Bewertungsmethode ermöglicht auf Basis von kriterienspezifischen und somit dimensionsbehafteten Eingangswerten die Erzeugung von Bewertungsergebnissen auf einer normierten Skala. Für die unterschiedlichen Kriterienarten, die deterministischen und qualitativen Kriterien, sind jeweils geeignete Verfahren beschrieben.

Bei der Auswahl der Bewertungskriterien für die Bestimmung des Fertigungssystemwerts wurden relevante Anforderungen in einer Relationenprüfmatrix hinsichtlich ihrer Abhängigkeitsverhältnisse untersucht. Die betrachteten Anforderungen entstammen der Definition des schlanken Fertigungssystems und der einschlägigen Literatur. Nachdem die kritischen Zielkonflikte durch einen methodischen Ansatz systematisch aufgelöst worden waren, erfolgte die Festlegung der achtzehn nichtmonetären Bewertungskriterien. Für das Bewertungskriterium Wirtschaftlichkeit wurde eine für die Arbeit neue Kostenart, die Herstellteilkosten, definiert und abgegrenzt. Die Herstellteilkosten bilden verursachungsgerecht einen relevanten Teil der Herstellkosten ab, so dass unterschiedlich gestaltete Fertigungssysteme miteinander vergleichbar sind.

Die in diesem Kapitel entwickelte Bewertungsmethode stellt den zentralen Methodenbaustein dar, da diese durch die Festlegung der Bewertungskriterien den

Inhalt und Aufbau der weiteren Methodenbausteine vorbestimmt. Der Aufbau des Fertigungssystemmodells und des Verbesserungsleitfadens erfolgt in den nächsten Kapiteln in Abhängigkeit von den gewählten Bewertungskriterien.

Durch die systematische Analyse der Anforderungen konnte die eingangs beschriebene Hypothese bestätigt werden, dass die Auswahl der Bewertungskriterien erfolgskritisch ist und dass nicht alle verbreiteten Bewertungskriterien für schlanke Fertigungssysteme geeignet sind. Die identifizierten Abhängigkeitsverhältnisse in der Anforderungsliste stellen ein zentrales Zwischenergebnis im Forschungsprozess dar, das zu einem späteren Zeitpunkt (Abschnitt 3.6) zur Weiterverarbeitung erneut aufgegriffen wird.

3.5 Methodenbaustein Fertigungssystemmodell

Im vorliegenden Kapitel ist die Ausgestaltung des Methodenbausteins Fertigungssystemmodell beschrieben. Aus der Festlegung des Modelltyps anhand eines Klassifikationsschemas für Modelle leiten sich die Anforderungen für den Aufbau des Fertigungssystemmodells ab. Die Ausgestaltung des Methodenbausteins beinhaltet neben der Beschreibung der Modelllogik und des inneren Aufbaus des Modells die Operationalisierung der bereits definierten Bewertungskriterien.

3.5.1 Anforderungen an den Methodenbaustein

Die im Zuge der Vorstellung des Erklärungsmodells der Methode in Abschnitt 3.1.3 eingeführte Definition des Begriffs „Modell" ist im vorliegenden Kapitel weiter zu präzisieren. Nach Adam [Ada93, S. 44] dient ein Modell als Hilfsmittel zur Erklärung und Gestaltung realer Systeme.[43] Ein Modell ermöglicht, durch die Ähnlichkeit zwischen dem realen System und dem Modell als Abbild, das Gewinnen von Erkenntnissen über Zusammenhänge und Sachverhalte bei realen Problemen [Ada93, S. 44]. Bei der Planung ist es nicht zielführend beziehungsweise kaum möglich alle Sachverhalte und Zusammenhänge aus der Realität zu erfassen und zu berücksichtigen [Kle12, S. 31]. Stattdessen ist es in

[43]Nach Klein & Scholl [Kle12, S. 31] versteht man unter einem System eine Menge von Elementen (Objekten), die durch Relationen miteinander in Verbindung stehen. Elemente werden durch Attribute (Merkmale, Eigenschaften) beschrieben, die unterschiedliche Ausprägungen annehmen können. Die Menge der Relationen eines Systems bildet seine Struktur.

der Regel zielführend Planungen anhand eines vereinfachten Modells vorzunehmen [Kle12, S. 31]. Bei der Planung erforderliche Vereinfachungen gegenüber dem realen System ergeben sich im Wege der Abstraktion durch gezieltes Weglassen von weniger wichtigen realen Elementen und/oder Beziehungen [Kle12, S. 32]. Das Modell ist eine abstrakte oder symbolische Abbildung eines bestimmten Ausschnitts aus der Realität [Bor84, S. 43]. Der Vorteil von Modellen liegt in der Vereinfachung von realen komplexen Systemen, durch die Abstraktion von für eine bestimmte Fragestellung unwesentlichen Merkmalen, die es ermöglicht die interessierenden Aspekte im Modell besser zu untersuchen [Ada93, S. 45 f.].

Die Zielsetzung für das Fertigungssystemmodell resultiert aus der Funktionsweise der Methode und des entwickelten Methodengerüsts. Das Fertigungssystemmodell soll für die Abbildung der Eigenschaften des Planungsobjekts in Form von verarbeitbaren Werten der definieren Bewertungskriterien sorgen. Das Planungs- und Bewertungsobjekt Fertigungssystem wird über ein Modell repräsentiert. Das zu modellierende Objekt kann ein theoretisches Konstrukt sein, aber auch bereits ganz oder teilweise physisch existieren. Die Bewertung des geplanten Fertigungssystems erfolgt somit mittelbar anhand des Fertigungssystemmodells. Mittels dieser Ausführungen begründet sich das zuvor genannte Abbildungsmerkmal von Modellen. In Abbildung 3.24 ist das Fertigungssystemmodell als Freischnitt aus dem Methodengerüst dargestellt. Als Input für das Fertigungssystemmodell dienen die Eigenschaften des Planungsobjekts x, diese liegen meist als nichtstandardisierte Informationen vor. Der Output des Fertigungssystemmodells sind die verarbeitbaren Merkmalswerte r_b für die anschließende Bewertung. Durch das Ermitteln und Eintragen der Merkmalswerte r_b wird das Modellschema instanziiert und dadurch ein Modell für das aktuell betrachtete Planungsobjekt geschaffen [VDI03a, S. 14].

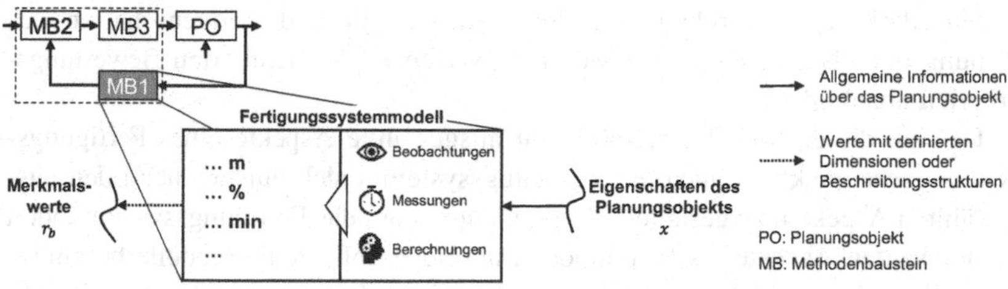

Abbildung 3.24 Freischnitt des Fertigungssystemmodells aus dem Methodengerüst

Nach Stachowiak [Sta73, S. 131 ff.] lässt sich der allgemeine Modellbegriff durch die Merkmale Abbildung, Verkürzung und Pragmatik beschreiben. Das Abbildungsmerkmal bedeutet, dass das Modell immer ein Abbild von etwas darstellt. Mit dem Verkürzungsmerkmal ist gemeint, dass die vom Modellerschaffer als relevant erscheinenden Attribute abgebildet werden. Das pragmatische Merkmal besagt, dass das Modell für einen bestimmten Zweck eingesetzt wird und eine Ersetzungsfunktion erfüllen muss.

Das Fertigungssystemmodell liefert ein Abbild des zu betrachtenden Planungsobjekts und wird damit dem Abbildungsmerkmal gerecht. Anhand der Definition und Abgrenzung des Betrachtungsbereichs in Abschnitt 3.3.2 und der Auswahl der Bewertungskriterien in Abschnitt 3.4 begründet sich das Verkürzungsmerkmal des Modells, da nur die relevanten Merkmale betrachtet werden. Da das Fertigungssystemmodell dem Zweck dient, das betrachtete Fertigungssystem als Repräsentant zu ersetzen, um aus Informationen die erforderlichen und verarbeitbaren Eingangswerte für die Bewertungsmethode zu generieren, ist auch das pragmatische Merkmal erfüllt.

3.5.2 Modelltyp

Zur Entwicklung des Fertigungssystemmodells ist im ersten Schritt der zugrunde liegende Modelltyp zu definieren. Die Definition und Abgrenzung des Modelltyps findet mit Hilfe des Klassifikationsschemas nach Klein & Scholl statt, siehe Tabelle 3.10. Die Anforderungen an das Fertigungssystemmodell und dessen Aufbau resultieren aus dem festzulegenden Modelltyp.

Der Methodenbaustein Fertigungssystemmodell ist als ein Beschreibungsmodell auszuführen. Beschreibungsmodelle bilden Sachverhalte ohne eine Erklärung oder Analyse ab [Kle12, S. 33]. Die Aufgabe des Fertigungssystemmodells besteht darin die unstrukturierten Informationen über die Eigenschaften des Planungsobjekts x in Form von Merkmalswerten r_b der definierten Bewertungskriterien abzubilden.

Da sich die entwickelte Methode auf ausgewählte Aspekte eines Fertigungssystems beschränkt, ist auch das Fertigungssystemmodell entsprechend den ausgewählten Aspekten zu gestalten. Dies bedeutet, dass das Fertigungssystemmodell die relevanten Aspekte als Partialmodell abbilden soll. Partialmodelle beschränken sich auf einen bestimmten Ausschnitt des realen Systems [Kle12, S. 38]. Die betrachteten Merkmale des Modells ergeben sich aus den in Tabelle 3.9 und Abbildung 3.19 dargestellten Bewertungskriterien. Für den Aufbau des

Tabelle 3.10 Abgrenzung des Modelltyps anhand der Klassifikation von Modellen nach Klein & Scholl [Kle12, S. 33]

Merkmal	Modellarten						
Einsatzzweck	**Beschreibungsmodelle**	Erklärungsmodelle	Kausalmodelle	Prognosemodelle	Simulationsmodelle	Entscheidungsmodelle	Optimierungsmodelle
Umfang der Abbildung	Totalmodelle			**Partialmodelle**			
Messniveau	**Qualitative Modelle**			**Quantitative Modelle**			
Darstellungsform	Physische Modelle	**Formale Modelle**		Grafische Modelle		Verbale Modelle	
Informationssicherheit	**Deterministische Modelle**			Stochastische Modelle			
Zeitbezug	**Statische Modelle**			Dynamische Modelle			

(grau hinterlegt:) Formale Anforderung an das Modell

Modells sind dafür die Ausführungen aus Abschnitt 3.3.2 und 3.3.3 heranzuziehen. Der Abbildungscharakter des Fertigungssystemmodells ist in Abbildung 3.25 dargestellt.

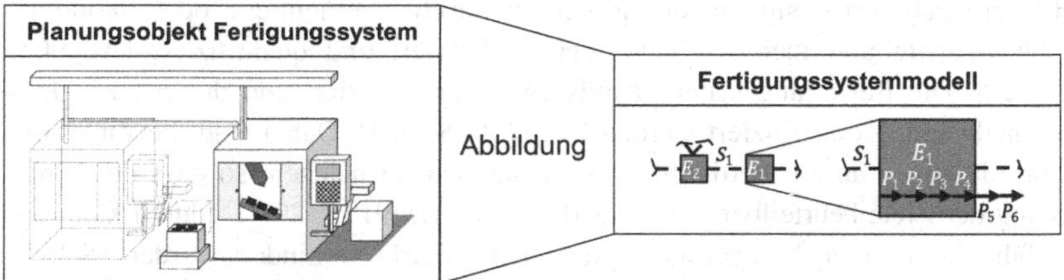

Abbildung 3.25 Abbildungscharakter des Fertigungssystemmodells (in Anlehnung an [Sch91, S. 53])

Das Fertigungssystemmodell ist als qualitatives und quantitatives Modell auszuführen. Quantitative Modelle stützen sich auf mathematische Methoden, um Kenngrößen des realen Systems zu ermitteln [Kle12, S. 37]. Qualitative Modelle arbeiten ganz oder teilweise mit qualitativen Informationen, die für eine weitere Verarbeitung aufzubereiten sind [Kle12, S. 37]. Die deterministischen Bewertungskriterien sind dem quantitativen Modellteil zugeordnet. Die qualitativen Bewertungskriterien sind demnach dem qualitativen Modell zugeordnet. Konkret bedeutet dies im Anwendungsfall, dass es erforderlich ist eine standardisierte Merkmalsbeschreibung zuzuordnen.

Formale Modelle nutzen mathematische Größen zur Darstellung quantitativer Zusammenhänge [Kle12, S. 38]. Das Fertigungssystemmodell nutzt mathematische Funktionen und Zahlen, um das Planungsobjekt Fertigungssystem zu beschreiben, und ist daher eindeutig den formalen Modellen zuzuordnen.

Das Fertigungssystemmodell ist als deterministisches Modell auszuführen. Modelle, welche die zugrunde liegenden Informationen als sicher ansehen, werden im Kontext der Modelltypen als deterministische Modelle bezeichnet [Kle12, S. 38].

Die Modellierung findet ausschließlich zu diskreten Zeitpunkten im Fertigungsplanungsprozess statt. Die diskreten Zeitpunkte können einzelne Iterationsschritte der systematischen Verbesserung oder das Ende von Planungsstadien sein. Da das Modell Momentaufnahmen abbilden soll, ist es zielführend es als statisches Modell auszuführen. Statische Modelle lassen die zeitliche Entwicklung unberücksichtigt, bilden keine dynamischen Zusammenhänge ab [Kle12, S. 39] und betrachten Modellzustände unabhängig von Zeiteinflüssen [VDI03a, S. 14].

3.5.3 Operationalisierung der Bewertungskriterien

Bewertungskriterien sind in der Regel technische, betriebliche oder ökonomische Begriffe und meistens nicht genau definiert und quantifiziert [Agg90b, S. 324]. Die Bewertungskriterien müssen näher präzisiert und durch eine Operationalisierung quantifiziert werden [Agg90b, S. 324]. Dabei sind die Ziele und Anforderungen an ein Fertigungssystem messbar zu machen, so dass die Erreichung der Ziele beurteilbar wird [Füh07, S. 42; Sch91, S. 29]. Dadurch kann die Gefahr durch einen Mangel an begrifflicher Schärfe verhindert werden [Sch91, S. 34 f.]. In den folgenden zwei Teilkapiteln erfolgt die Operationalisierung der betrachteten Merkmale eines Fertigungssystems hinsichtlich der achtzehn Bewertungskriterien. Dies beinhaltet die Definition der Merkmalswerte r_b und die Beschreibung für deren Erfassung. Darauf aufbauend sind zur Parametrisierung der Wertfunktionen die Ziel- und Grenzwerte (w_b und $w_{b,grenz}$) festzulegen.

Merkmalswerte r_b

Für die Merkmalswerte r_b erfolgt eine Beschreibung, wie diese zu erfassen und zu bestimmen sind. Die Bewertungskriterien bestehen aus deterministischen und qualitativen Kriterien.[44] Die Merkmalswerte für die deterministischen Kriterien sind quantitativ über Formeln bestimmbar, die nachfolgend ausgearbeitet werden. Für die qualitativen Kriterien sind die in Abschnitt 3.4.2.2 vorgestellten Merkmalstafeln zu erarbeiten. Grundlage für die Bestimmung der Merkmalswerte r_b sind die Ausführungen aus Abschnitt 3.3.2 und 3.3.3.

Bewertungskriterien Fertigungssystemwert

Die räumliche Struktur wird anhand von drei deterministischen Kriterien bewertet, die die Materialflussbeziehungen betrachten. Das erste Bewertungskriterium „Distanz zwischen Maschinen“ (DM) bewertet die räumliche Anordnung der Maschinen E_i in Form der Materialflussdistanzen im Fertigungssystem. Für die Bewertung dieses Merkmals wird der Merkmalswert r_1 herangezogen, der sich über

$$r_1 = \frac{1}{\sum_{i=1}^{n_2} I_i} * \sum_{i=1}^{n_2} d_i * I_i \tag{3.24}$$

ermitteln lässt. Der Merkmalswert r_1 drückt eine nach der Materialflussintensität I_i gewichtete Durchschnittsdistanz aller Distanzen d_i zwischen den Maschinen E_i aus. Die Distanzen d_i sind nach der Definition des allgemeinen Fertigungssystems Bestandteile der Strukturen S_i zwischen den Maschinen E_i.

Die „Eindeutigkeit des Materialflusses“ (EMF) wird anhand des Merkmalswerts r_2, der die Güte der Materialflussbeziehungen hinsichtlich Verzweigungen, Rückflüssen und Kreuzungen abbildet, bewertet. Zur Bestimmung von r_2 wird die Anzahl der Maschinen M im Fertigungssystem in das Verhältnis zur Anzahl V der Verbindungen im Fertigungssystem[45] gesetzt und über die Formel

$$r_2 = \frac{M+1}{V} * 100\,\% \tag{3.25}$$

bestimmt. Durch die Betrachtung der Richtungsabhängigkeit werden bidirektionale Verbindungen in zwei separate Flussbeziehungen aufgeteilt. Eine richtungsbezogene

---

[44] Deterministische Kriterien sind alle Kriterien mit zähl-, mess-, wäg-, berechenbaren und zahlenmäßig vergleichbaren Werten [Bre97, S. 90]. Qualitative Kriterien sind alle Kriterien, deren Eigenschaften ausschließlich durch vergleichende, beobachtete oder geschätzte Aussagen beschreibbar sind [Bre97, S. 129].

[45] Anzahl der Strukturen S_i inklusive der Verbindungen zu Lieferanten- und Kundenprozessen

Analyse der Materialflussbeziehungen erfolgt über die Verbindungsmatrix[46] [Gru06, S. 130]. Die Werte für M und V können aus der Verbindungsmatrix eines Fertigungssystems ermittelt werden. In Abbildung 3.26 ist die Bestimmung der Werte M und V über die Verbindungsmatrix anhand von zwei Beispielen exemplarisch dargestellt.

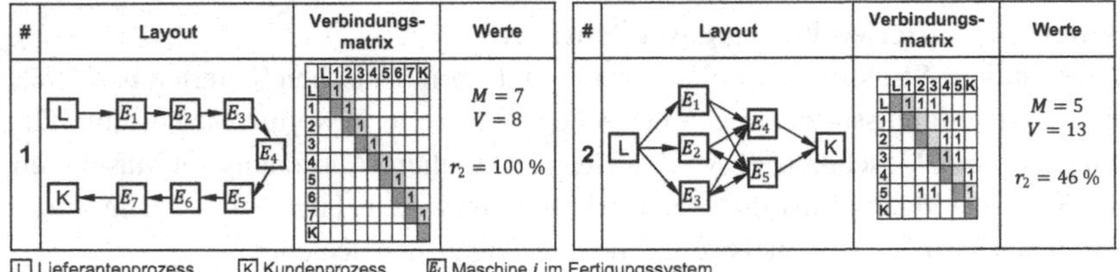

Abbildung 3.26 Bestimmung der Werte M und V über die Verbindungsmatrix (in Anlehnung an [Fel18b, S. 115])

Das dritte Kriterium „Geschlossenheitsgrad" (GG) betrachtet die Segmentierung eines Fertigungssystem. Zur Ermittlung des entsprechenden Merkmalswerts r_3 wird die Anzahl aller fremdbelegten Maschinen FBE in das Verhältnis zur Anzahl der Maschinen M im Fertigungssystem gesetzt und nach der Gleichung

$$r_3 = \left(1 - \frac{FBE}{M}\right) * 100\,\% \tag{3.26}$$

berechnet. Fremdbelegung heißt in diesem Sinne, dass auf einer Maschine die Fertigung von Produkten außerhalb des betrachteten Produktspektrums stattfindet.

Die drei nachfolgend betrachteten Kriterien zur Bewertung der zeitlichen Struktur sind ebenfalls deterministischen Charakters und fokussieren die zeitlichen Beziehungen der Maschinen untereinander sowie deren zeitliches Zusammenspiel. Zur Überprüfung der Anforderung einer kurzen Durchlaufzeit eines Werkstücks durch das betrachtete Fertigungssystem wird das Bewertungskriterium „Innerzyklische Parallelität" (IZP) herangezogen. Die IZP[47] drückt den Flussgrad eines Fertigungssystems aus und setzt dafür die Bearbeitungszeiten ins Verhältnis zur gesamten

---

[46] Im Gegensatz zur Verbindungsmatrix liefert die Kennzahl „Kooperationsgrad" [Gru06, S. 130] aus der Fabrikplanung ausschließlich eine Aussage über die Anzahl der mit einer Maschine in Verbindung stehenden Maschinen. Die Flussrichtungen bleiben dabei unberücksichtigt.

[47] An anderer Stelle ist diese Kennzahl auch unter Prozesswirkungsgrad zu finden [Kle14, S. 72].

Durchlaufzeit [Sch14a, S. 312]. Die relative Größe ermöglicht es, dass Fertigungssysteme mit unterschiedlich vielen Wertschöpfungsstufen betrachtet werden können. Da in der Planung die Durchlaufzeit nicht unmittelbar erfassbar ist, kann diese mittelbar über die Summe der Werkstücke im Fertigungssystem Wsk_{SumFS} errechnet werden. Diese sind mit dem Kundentakt KT zu multiplizieren [Erl10, S. 102 ff.]. Der Kundentakt ist der Quotient aus verfügbarer Betriebszeit pro Jahr und dem stückzahlbezogenen Kundenbedarf pro Jahr [Erl10, S. 48]. Das daraus resultierende Produkt wird in das Verhältnis zur Summe aller Bearbeitungszeiten t_i^{bearb} an den Maschinen E_i gesetzt. Diese sind mit der Anzahl zur Maschine E_i parallel arbeitender Maschinen APM_i zu verrechnen, damit alle relevanten Arbeitsgänge für ein Teil betrachtet werden können. Der Merkmalswert r_4 mit

$$r_4 = \frac{\sum_{i=1}^{n_1} t_i^{bearb} * \frac{1}{APM_i}}{Wsk_{SumFS} * KT} \tag{3.27}$$

dient zur Bewertung des Merkmals IZP. Das Bewertungskriterium „Einzelstückfluss“ (ESF) betrachtet über alle ablaufenden Prozesse im Fertigungssystem P_i die zugrunde liegenden zeitlichen Strukturen S_i hinsichtlich deren Mengeneinheiten. Für die Bestimmung des zugehörigen Merkmalswerts werden alle Transport- und Weitergabemengen $TWMe_i$ mit $i = 1, \ldots, n_2$ für alle Strukturen S_i aufsummiert. Ergänzend dazu werden alle Bearbeitungsmengen BMe_i mit $i = 1, \ldots, n_1$ über die Maschinen E_i aufsummiert. Aus allen Mengeneinheiten wird der arithmetische Mittelwert bestimmt. Die Bearbeitungsmengen BMe_i sind in der Betrachtung mit einbezogen, da sie die Be- und Entlademengen bestimmen und somit Teil der entsprechenden Strukturen S_i sind. Somit ergibt sich der Merkmalswert r_5 über die Formel

$$r_5 = \frac{1}{n_1 + n_2} * \left(\sum_{i=1}^{n_2} TWMe_i + \sum_{i=1}^{n_1} BMe_i \right). \tag{3.28}$$

Das Kriterium „Austaktungseffizienz“ (AE) bewertet die Güte der zeitlichen Synchronität zwischen den einzelnen Maschinen E_i innerhalb des Fertigungssystems. Die Austaktungseffizienz gibt Aufschluss darüber, welche zeitliche Differenz über eine Struktur S_i zu überbrücken ist. Die Berechnung des Merkmalswerts r_6 für die Bewertung des Merkmals Austaktungseffizienz stützt sich auf die Zykluszeiten ZZ_i an den einzelnen Maschinen E_i. Die Zykluszeit an einer Maschine E_i ist der Quotient aus Prozesszeit PZ_i und der Prozessmenge PM_i (Stückzahl je Zyklus) [Erl10, S. 66]. Die Zykluszeit ZZ_i an der Maschine E_i lässt sich über

$$ZZ_i = \frac{PZ_i}{PM_i} \tag{3.29}$$

berechnen. Bei einer Arbeitsverteilung nach dem Prinzip der Mengenteilung ist im nächsten Schritt die Anzahl der zur Maschine E_i parallel arbeitenden Maschinen APM_i zu berücksichtigen [Erl10, S. 66]. Um eine Aussage über die Güte der zeitlichen Synchronität zwischen den einzelnen Maschinen E_i innerhalb des Fertigungssystems zu erhalten, wird das Kriterium AE allgemeingültig über den Merkmalswert r_6 mit

$$r_6 = \frac{1}{KT * \sum_{i=1}^{n_1} \frac{1}{APM_i}} * \sum_{i=1}^{n_1} \frac{ZZ_i}{APM_i^2} * 100\,\% \tag{3.30}$$

abgebildet. Dieser setzt die Summe aller Zykluszeiten an den unterschiedlichen Arbeitsgängen $\sum_{i=1}^{n_1} \frac{ZZ_i}{APM_i^2}$ in das Verhältnis zu der insgesamt an allen Maschinen zur Verfügung stehenden Zeit. Die zur Verfügung stehende Zeit ist das Produkt aus der Anzahl unterschiedlicher Arbeitsgänge $\sum_{i=1}^{n_1} \frac{1}{APM_i}$ und des Kundentakts KT. Nachfolgend sind in Abbildung 3.27 die beschriebenen Zusammenhänge bezüglich des Kriteriums AE zur ergänzenden Erklärung anhand eines Beispiels illustriert.

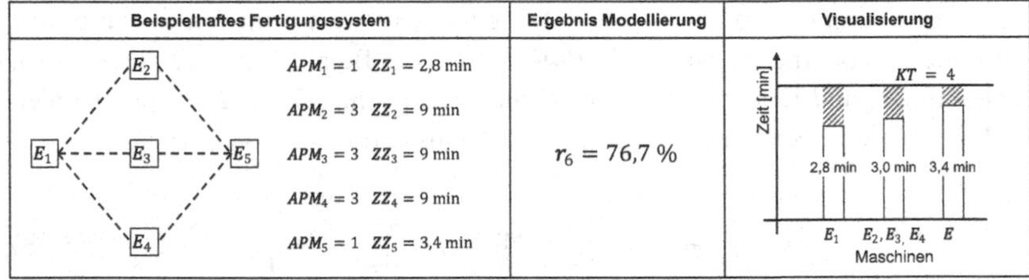

Abbildung 3.27 Zeitliche Bezugsgrößen für die Bewertung der Austaktungseffizienz

Die Bewertungskriterien der Dimension Prozesse betrachten zwei Arten von Prozessen: die manuellen Prozesse, die durch die Mitarbeiter ausgeführt werden, und die maschinellen Prozesse[48], die durch Maschinen und Betriebsmittel ausgeführt werden. Da bei den erarbeiteten Bewertungskriterien der Prozesse nicht immer ein

[48] Gemäß der genauen Abgrenzung des Betrachtungsbereichs in Abschnitt 3.3.2 liegt der Fokus der Methode nicht auf den wertschöpfenden Bearbeitungsprozessen im Fertigungssystem.

quantitativer Merkmalswert für die Bewertung herangezogen werden kann, kommen neben deterministischen Merkmalswerten auch qualitative Merkmalswerte zum Einsatz.

Manuelle Abläufe werden in der Zeitstudie durch die Messgröße Zeit quantifiziert [Bar49, S. 3]. Die Zeit ist als Funktion der Einflussgrößen auf einen bestimmten Ablaufschritts zu sehen [REF72, S. 10]. Der Zeitbedarf spiegelt die Effektivität der Bewegungsabläufe wider [Shi93, S. 164]. Die Bewertungskriterien „Einlegeprozesse" (EIP), „Entnahmeprozesse" (ENP) und „Maschinenbedienungsprozesse" (MBP) können über die Messgröße Zeit bewertet werden, da für diese allgemeingültige Zielwerte festgesetzt werden können. Die Zeitwerte können während des Planungsprozesses über verschiedene Methoden der Zeitdatenermittlung[49] erfasst werden. Unter der Annahme, dass an jeder Maschine ein Einlege-, Entnahme- und Maschinenbedienungsprozess durchzuführen ist, werden die Formeln (3.31)–(3.33) zur Wertbestimmung für die Bewertungskriterien herangezogen. Die Bewertung von EIP stützt sich auf den Merkmalswert r_7, der sich aus dem Durchschnittswert aller Einlegezeiten t_i^{Einleg} für ein Stück an den Maschinen E_i über die Formel

$$r_7 = \frac{1}{n_1} * \sum_{i=1}^{n_1} t_i^{Einleg} \tag{3.31}$$

berechnen lässt. Das Kriterium ENP wird operationalisiert, indem für alle Maschinen E_i die durchschnittliche Entnahmezeit über die Einzelentnahmezeiten t_i^{Ent} mit der Formel

$$r_8 = \frac{1}{n_1} * \sum_{i=1}^{n_1} t_i^{Ent} \tag{3.32}$$

errechnet wird. Die Bewertung von MBP erfolgt über die einzelnen Bedienzeiten t_i^{Bed} je Maschine E_i, die über die Gleichung

$$r_9 = \frac{1}{n_1} * \sum_{i=1}^{n_1} t_i^{Bed} \tag{3.33}$$

in einen Durchschnittswert für das betrachtete Fertigungssystem überführt werden.

---

[49]Dies kann durch Zeitaufnahmen, Systeme vorbestimmter Zeiten oder Multimomentaufnahmen erfolgen [Sch10, S. 671].

Gemäß der Definition eines schlanken Fertigungssystems in Abschnitt 3.3.4 müssen alle maschinellen Prozesse nach dem Einlegen des Teils und Starten der Maschine automatisch ohne Zutun eines Mitarbeiters ablaufen. Für die Operationalisierung des Bewertungskriteriums „Abhängigkeitsverhältnis Mensch/Maschine" (AVMM) wird die Anzahl der maschinellen Prozessschritte MP_{Mensch}, die das Eingreifen des Menschen erforderlich machen, in das Verhältnis zur Gesamtanzahl der maschinellen Prozessschritte MP gesetzt. Zu betrachten sind alle maschinellen Prozesse (Arbeitsstufe gemäß Abschnitt 2.1.2) der Maschinen E_i. Mit diesem Ansatz wird das Merkmal AVMM über den Merkmalswert r_{11} mit

$$r_{11} = \frac{MP_{Mensch}}{MP} * 100\,\% \tag{3.34}$$

deterministisch bewertbar. In der nachfolgenden Abbildung 3.28 sind die Abhängigkeitsverhältnisse für MP_{Mensch} anhand des Standardarbeitskombinationsblatts[50] dargestellt. Dieses Instrument dient als zentrales Planungsinstrument bei der Planung von schlanken Fertigungssystemen [Sek95, S. 86 f.].

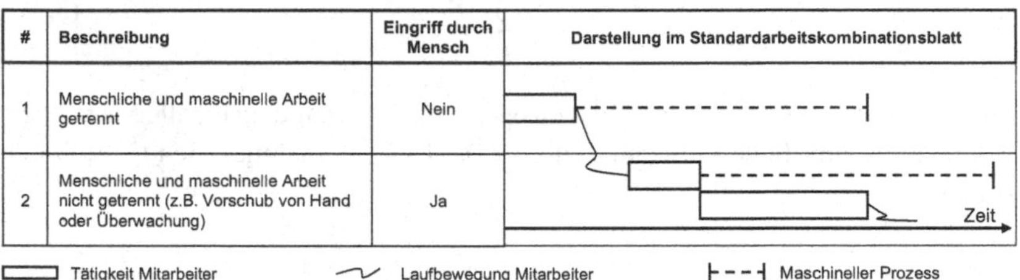

#	Beschreibung	Eingriff durch Mensch	Darstellung im Standardarbeitskombinationsblatt
1	Menschliche und maschinelle Arbeit getrennt	Nein	
2	Menschliche und maschinelle Arbeit nicht getrennt (z.B. Vorschub von Hand oder Überwachung)	Ja	

Abbildung 3.28 Abhängigkeitsverhältnisse maschineller und menschlicher Arbeit (Darstellung im Standardarbeitskombinationsblatt, in Anlehnung an [Tak06, S. 116])

Bei den Bewertungskriterien „Prüfprozesse" (PP) und „Transportprozesse" (TP) ist die Messgröße Zeit nicht zielführend. Bei Fertigungssystemen kann sich die Art und Weise der Prüf- und Transportprozesse erheblich unterscheiden. Je nach Teilespezifikation kann der Prüfablauf stark variieren und der Transportprozess kann beispielsweise über Technik und Flurförderfahrzeuge sehr unterschiedlich gestaltet sein. Eine differenzierte Betrachtung über die Größe Zeit ist daher kaum möglich. Zur Bewertung von PP und TP wird ein qualitativer Bewertungsansatz herangezogen. Für

[50] Weitere Informationen über das Standardarbeitskombinationsblatt finden sich in Abschnitt 2.3.2 unter „Stabile und standardisierte Prozesse".

die Bestimmung der Merkmalswerte r_{10} und r_{12} sind die entsprechenden Merkmalstafeln aus A.3 heranzuziehen. Die Bestimmung von r_{10} und r_{12} erfolgt anhand der beschriebenen Vorgehensweise in Abschnitt 3.4.2.2 über die Merkmalstafeln unter Betrachtung aller relevanten Prozesse.

Die Bewertungskriterien zur Bestimmung der Elementgüte *EG* setzen sich ebenfalls aus deterministischen und qualitativen Kriterien zusammen. Das Kriterium „Maschinenverfügbarkeit" (MV) repräsentiert die durchschnittliche Verfügbarkeit der Maschinen im Fertigungssystem. Die Verfügbarkeit errechnet sich über die Formel der inhärenten Verfügbarkeit nach Stapelberg.

Nach Stapelberg [Sta09, S. 344] betrachtet die inhärente Verfügbarkeit A_i ausschließlich die Ausfälle der Maschine selbst und lässt Ausfälle durch eine geplante Instandhaltung, Administration und Logistik dabei unberücksichtigt. Dadurch ist eine ausschließliche Bewertung der Maschine als Element des Fertigungssystems möglich. Die Verfügbarkeit A_i errechnet sich aus den zwei Variablen $MTBF_i$ (Mean Time Between Failures; dt.: mittlere Zeit zwischen Ausfällen) und $MTTR_i$ (Mean Time To Repair; dt.: mittlere Reparaturzeit) für die Maschine i. Daraus ergibt sich für A_i die Gleichung

$$A_i = \frac{MTBF_i}{MTBF_i + MTTR_i} * 100\,\%. \tag{3.35}$$

Durch die Bildung des Mittelwerts der Verfügbarkeiten A_i über alle Maschinen im Fertigungssystem E_i wird über

$$r_{13} = \frac{1}{n_1} * \sum_{i=1}^{n_1} A_i \tag{3.36}$$

der Merkmalswert für das Bewertungskriterium MV bestimmt. Der Merkmalswert r_{14} für das Bewertungskriterium „Breite der Maschinen" (BM) ist über die jeweiligen Mittelwerte der Maschinenbreiten b_i^{Masch} über alle Maschinen E_i im Fertigungssystem zu ermitteln. Die Bewertung nach dem Kriterium BM findet über

$$r_{14} = \frac{1}{n_1} * \sum_{i=1}^{n_1} b_i^{Masch} \tag{3.37}$$

statt. Der Merkmalswert für das betrachtete Merkmal „Rüstzeiten der Maschinen" (RZM) wird über die jeweiligen Mittelwerte der Rüstzeiten t_i^{RZ} über alle Maschinen E_i im Fertigungssystem gebildet. Damit wird für die Bewertung von RZM der Merkmalswert

$$r_{16} = \frac{1}{n_1} * \sum_{i=1}^{n_1} t_i^{RZ} \tag{3.38}$$

herangezogen.

Bei den drei weiteren Kriterien „Maschinenkonzept“ (MK), „Mobilität der Maschinen“ (MBM) und „Modulare Anpassbarkeit der Maschinen“ (MAM) handelt es sich um qualitative Kriterien. Die Merkmalstafeln für die Bestimmung von r_{15}, r_{17} und r_{18} sind im Anhang A.3 zu finden. Für die Zuordnung der passenden Merkmalsbeschreibung sind alle sich im Fertigungssystem befindenden Maschinen E_i, mit $i = 1, \ldots, n_1$, zu betrachten.

Bewertungskriterium der Wirtschaftlichkeit

In Abschnitt 3.4.4 wurden die Herstellteilkosten K_{HT} als Bewertungskriterium zur Bewertung der Wirtschaftlichkeit definiert. Zur Bestimmung des Werts K_{HT} sind die entsprechenden Kostenparameter mathematisch zu beschreiben und es ist das Rechengerüst zu entwickeln. Gemäß Abbildung 3.23 in Abschnitt 3.4.4.2 ergeben sich die Herstellteilkosten für ein Stück aus der Summe der Fertigungslohnkosten K_{FL}, der Abschreibungskosten K_A, der kalkulatorischen Zinskosten K_Z, der Flächenkosten K_{Fl}, der Instandhaltungskosten K_I, der Kosten für elektrische Energie K_E, der Kosten für Werkzeuge und Verbrauchsstoffe $K_{Wzg/V}$, der Logistikkosten K_{Log} und der sonstigen lokalisierbaren Gemeinkosten K_{Sonst}. Der Merkmalswert r_{19}, zur Bewertung der Wirtschaftlichkeit lässt sich somit über

$$r_{19} = K_{HT} = K_{FL} + K_A + K_Z + K_{Fl} + K_I + K_E + K_{Wzg/V} + K_{Log} + K_{Sonst}. \tag{3.39}$$

bestimmen. Gemäß der zugrunde liegenden Definition eines allgemeinen Fertigungssystems werden die entsprechenden Kostenbestandteile über alle vorhandenen Arbeitssysteme und die logistischen Übergangsprozesse zwischen den Arbeitssystemen erhoben. Die Gleichungen zur Ermittlung der Kostenanteile sind an eine Methode zur Berechnung vergleichbarer Kosten auf Basis der Einzelkostenkalkulation [Dür16, S. 364 ff.] angelehnt. Die Kostenkomponente K_{Sonst} dient als Platzhalter für sonstige lokalisierbare Gemeinkosten bei entsprechenden Anwendungsfällen, wird hier jedoch nicht weiter spezifiziert. Bei ihrer Ermittlung sind geeignete Verfahren wie zum Beispiel die Prozesskostenrechnung [Göt10, S. 217 ff.] heranzuziehen.

Bevor die einzelnen Kostenbestandteile modelliert werden, sind geeignete zeitliche Bezugsgrößen zu definieren. Gemäß der Definition aus Abschnitt 3.3.3 besteht ein schlankes Fertigungssystem im Idealfall aus nur einem Arbeitssystem.

Die zeitlichen Bezugsgrößen in einem Arbeitssystem AS_p sind in der nachfolgenden Abbildung 3.29 exemplarisch dargestellt. Im linken Teil des Bildes finden sich die zeitlichen Bezugsgrößen für einen Fabriktag. In der rechten Bildhälfte sind anhand eines beispielhaften Arbeitssystems mit fünf Arbeitsgängen die Zeitkomponenten je Stück aufgezeigt. Die beiden Darstellungen veranschaulichen die existierenden Zusammenhänge der entsprechenden Variablen. Die Betriebszeit BZ_p eines Arbeitssystems AS_p setzt sich aus dessen Nutzungsdauer T_p^N für die Fertigung der Menge m des betrachteten Produktprogramms und einer Fremdnutzungsdauer $T_p^{N,fremd}$ zur Herstellung von Fremdprodukten[51] zusammen. Nach Westkämper [Wes06, S. 95] wird während der Nutzungszeit, die sich aus Lastlaufzeit, Leerlaufzeit und Hilfszeit zusammensetzt, die Maschine für ein spezielles Erzeugnis genutzt. Die Produktionszeit T_p für die Menge m ergibt sich über

$$T_p = ZZ_p^{Plan} * m * \frac{1\,\text{h}}{60\,\text{min}}. \qquad (3.40)$$

Für die geplante Zykluszeit gilt $ZZ_p^{Plan} = max\{ZZ_i\}$ für $i = 1, \ldots, n_1$ und $E_i \in AS_p$. Die Verlustzeit T_p^{Verl} resultiert aus Nacharbeiten, Maschinenstillständen oder Abläufen außerhalb des Standards. Die Rüstzeit $T_p^{Rüst}$ bildet den Zeitanteil für das Rüsten innerhalb der Betriebszeit ab. Die Zeiten $t_p^{Verl,Ant}$ und $t_p^{Rüst,Ant}$ stellen jeweils den entsprechenden Zeitanteil pro Stück dar.

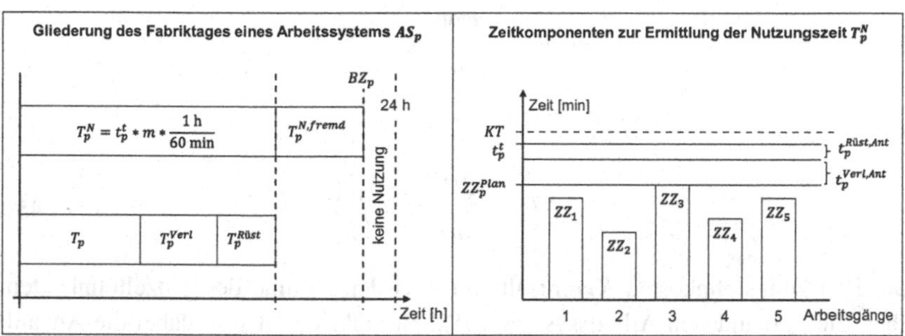

Abbildung 3.29 Zeitliche Bezugsgrößen in einem Arbeitssystem AS_p

[51] Ein Fremdprodukt ist in der vorliegenden Arbeit ein Produkt, welches nicht dem betrachteten Produktspektrum angehört.

Aus den Zeitwerten kann somit die theoretische Taktzeit t_p^t errechnet werden, die die durchschnittliche Ausbringungsrate über die Nutzungsdauer T_p^N darstellt. Die Charakteristik der theoretischen Taktzeit t_p^t lässt an dieser Stelle die Hypothese entstehen, dass es sinnvoll sein kann die Maschinen innerhalb eines Arbeitssystems kostentechnisch zusammenzufassen. Diese Hypothese wird im weiteren Gang der Kostenmodellierung an der entsprechenden Stelle aufgegriffen. Die Betriebszeit BZ_p für das Arbeitssystem AS_p lässt sich gemäß

$$BZ_p = T_p^N + T_p^{N,fremd} \tag{3.41}$$

berechnen. Die Nutzungsdauer T_p^N ist bestimmbar über

$$T_p^N = t_p^t * m * \frac{1\,\mathrm{h}}{60\,\mathrm{min}}. \tag{3.42}$$

Für die theoretische Taktzeit t_p^t gilt $ZZ_p^{Plan} \leq t_p^t \leq KT$. Dabei ist t_p^t durch die Formel

$$t_p^t = ZZ_p^{Plan} + t_p^{Rüst,Ant} + t_p^{Verl,Ant} \tag{3.43}$$

zu berechnen. Die auf ein Stück bezogenen zeitlichen Größen $t_p^{Rüst,Ant}$ und $t_p^{Verl,Ant}$ ergeben sich aus

$$t_p^{Rüst,Ant} = \frac{T_p^{Rüst}}{m} * \frac{60\,\mathrm{min}}{1\,\mathrm{h}} \tag{3.44}$$

und

$$t_p^{Verl,Ant} = \frac{T_p^{Verl}}{m} * \frac{60\,\mathrm{min}}{1\,\mathrm{h}}. \tag{3.45}$$

Die Fertigungslohnkosten K_{FL} resultieren aus der Summe der Einzellohnkosten über alle vorhandenen Arbeitssysteme AS_p. Berücksichtigt sind dabei die Anzahl Mitarbeiter M_p im Arbeitssystem AS_p, die Lohnkosten S sowie der Prozentsatz für die Lohnnebenkosten Z_L und ein Korrekturfaktor für Schichtzuschläge $f_{Schicht}$.[52]

[52]Für die Lohnkosten ohne Schichtzuschläge kann der Wert von $S = 18{,}72$ €/h und $Z_L = 72{,}3\,\%$ angenommen werden [Bec14, S. 120]. Zur Berücksichtigung der Schichtzuschläge kann der Korrekturfaktor $f_{Schicht}$ für die Schichtzuschläge aus [Bec14, S. 120; Bec14, S. 181] entnommen werden.

Unter der Annahme, dass das Rüsten durch die Maschinenbediener ausgeführt wird, lassen sich die Fertigungslohnkosten K_{FL} über

$$K_{FL} = \sum_{p=1}^{n_4} \left(M_p * S * (1 + Z_L) * (1 + f_{Schicht}) * \frac{T_p^N}{m} \right) \tag{3.46}$$

berechnen.

Bei den als fix betrachteten Maschinenkosten wie Abschreibungskosten K_A, kalkulatorischen Zinskosten K_Z, Flächenkosten K_{Fl} und Instandhaltungskosten K_I werden die täglichen Fixkosten über ein Nutzungszeitverhältnis $\frac{T_p^N}{BZ_p}$ umgelegt. Dabei werden die einzelnen Maschinenkosten über die eingesetzten Maschinen E_i im Arbeitssystem AS_p aufsummiert. Die einzelnen Kostenfaktoren in den oben aufgeführten Formeln zur Bestimmung der fixen Kosten je Fabriktag FT lassen sich folgendermaßen berechnen. Für die Abschreibungskosten K_A gilt

$$K_A = \frac{1}{m} * \sum_{p=1}^{n_4} \left(\sum_{\substack{i=1 \\ E_i \in AS_p}}^{n_1} K_i^{A/FT} * \frac{T_p^N}{BZ_p} \right), \tag{3.47}$$

wobei die täglichen Abschreibungskosten $K_i^{A/FT}$ einer Maschine E_i sich über deren gesamte Investitionssumme I_i^{Ges} und die Abschreibungsdauer T_{Absch} nach der Formel

$$K_i^{A/FT} = \frac{I_i^{Ges}}{T_{Absch} * FT} \tag{3.48}$$

errechnen. Zur Bestimmung der kalkulatorischen Zinskosten K_Z dient die Formel

$$K_Z = \frac{1}{m} * \sum_{p=1}^{n_4} \left(\sum_{\substack{i=1 \\ E_i \in AS_p}}^{n_1} K_i^{Z/FT} * \frac{T_p^N}{BZ_p} \right), \tag{3.49}$$

wobei die kalkulatorischen Zinssätze je Fabriktag $K_i^{Z/FT}$ einer Maschine E_i sich über einen kalkulatorischen Zinssatz$i_{\%}$[53] mit der Formel

[53]Zur Berechnung der kalkulatorischen Zinskosten kann $i_{\%} = 6\,\%$ angenommen werden [Bec14, S. 123].

$$K_i^{Z/FT} = \frac{I_i^{Ges}}{2} * i_{\%} * \frac{1}{FT} \tag{3.50}$$

bestimmen lassen. Bei der Berechnung der Instandhaltungskosten K_I ist die Formel

$$K_I = \frac{1}{m} * \sum_{p=1}^{n_4} \left(\sum_{\substack{i=1 \\ E_i \in AS_p}}^{n_1} K_i^{I/FT} * \frac{T_p^N}{BZ_p} \right) \tag{3.51}$$

heranzuziehen. Die als fix betrachteten Instandhaltungskosten $K_i^{I/FT}$ können über die gesamte Investitionssumme der Maschine I_i^{Ges} und eine Instandhaltungskostenrate k_{IHRate}[54] über

$$K_i^{I/FT} = \frac{I_i^{Ges} * k_{IHRate}}{FT} \tag{3.52}$$

berechnet werden. Die Flächenkosten K_{Fl} bestimmen sich über alle Arbeitssysteme AS_p über

$$K_{Fl} = \frac{1}{m} * \sum_{p=1}^{n_4} \left(K_p^{Fl/FT} * \frac{T_p^N}{BZ_p} \right). \tag{3.53}$$

Die täglichen Flächenkosten $K_p^{Fl/FT}$ für jedes Arbeitssystem AS_p sind über die flächenmäßige Größe des Arbeitssystems Q_p und einen VerrechnungssatzV_{Fl}[55] bestimmbar, also gilt

$$K_p^{Fl/FT} = \frac{Q_p * V_{Fl}}{FT}. \tag{3.54}$$

Die als variabel betrachteten Maschinenkosten für elektrische Energie K_E und Werkzeuge und Verbrauchsstoffe $K_{Wzg/V}$ werden über die zeitliche Bezugsgröße der theoretischen Taktzeit t_p^t umgelegt, was bei der Berechnung der Faktoren k_i^E und $k_p^{Wzg/V}$ zu berücksichtigen ist.

[54]Für Werkzeugmaschinen in der mechanischen Bearbeitung kann eine Instandhaltungskostenrate $k_{IHRate} = 4{,}5\,\%$ angenommen werden [Bec14, S. 117].

[55]Für die jährlichen Flächenkosten können 84 €/m² angenommen werden [Bec14, S. 121].

Die Energiekosten K_E errechnen sich über die Formel

$$K_E = \sum_{p=1}^{n_4} \left(\sum_{\substack{i=1 \\ E_i \in AS_p}}^{n_1} k_i^E * t_p^t * \frac{1\,\text{h}}{60\,\text{min}} \right), \tag{3.55}$$

mit den stündlichen Kosten für elektrische Energie k_i^E je Maschine E_i. Diese werden über die installierte Nennleistung N_i^I, einen Leistungsfaktor f_i^L und den Verrechnungspreis für elektrischen StromV_{Elektr}[56] mit der Formel

$$k_i^E = N_i^I * f_i^L * V_{Elektr} \tag{3.56}$$

bestimmt. Die Kosten für Werkzeuge und Verbrauchsstoffe errechnen sich über

$$K_{Wzg/V} = \sum_{p=1}^{n_4} \left(k_p^{Wzg/V} * t_p^t * \frac{1\,\text{h}}{60\,\text{min}} \right). \tag{3.57}$$

Die Kosten für Werkzeuge und Verbrauchsstoffe pro Stunde $k_p^{Wzg/V}$ können über den Quotienten der jährlichen Kosten für Werkzeuge[57] und Verbrauchsstoffe $V_p^{Wzg/V}$ zu dem Produkt aus täglicher Betriebszeit BZ_p und jährlichen Fabriktagen FT errechnet werden. Es gilt

$$k_p^{Wzg/V} = \frac{V_p^{Wzg/V}}{BZ_p * FT}. \tag{3.58}$$

Die Logistikkosten K_{Log} lassen sich allgemein über einen variablen und fixen Anteil bestimmen. Die Kosten werden für alle Prozesse ermittelt, die nicht innerhalb eines Arbeitssystems AS_p stattfinden. Bei diesen Übergangsprozessen handelt es sich um Logistikprozesse, die die Logistikkosten K_{Log} verursachen. Aufgrund der Unterschiedlichkeit der Übergangsprozesse soll die Formel hier nicht weiter detailliert werden. Für den jeweiligen Anwendungsfall ist es erforderlich den jeweiligen Übergangsprozess so zu beschreiben, dass er gemäß der Formel (3.59)

---

[56] Der Strompreis für Industriekunden betrug in Deutschland im Jahr 2018 0,1508 €/kWh [Eur19].

[57] Für allgemeine Fräs- und Bohroperationen können Werkzeugkosten von 5 €/h angenommen werden [Bec14, S. 115].

modellierbar ist. Die Fixkosten $K_i^{Logfix/FT}$ beziehen sich auf die Menge m, die variablen Kosten K_i^{Logvar} sind Kosten je Stück. Daraus ergibt sich

$$K_{Log} = \sum_{\substack{i=1 \\ P_i \notin AS_p, \forall p=1,\ldots,n_4}}^{n_3} \left(\frac{K_i^{Logfix/FT}}{m} + K_i^{Logvar} \right). \tag{3.59}$$

An dieser Stelle wird die zuvor formulierte Hypothese aufgegriffen, dass die Zusammenfassung der Kosten innerhalb eines Arbeitssystems sinnvoll sein kann. Für die weitere Kalkulation kann in Anlehnung an die Maschinenstundensatzrechnung für jedes Arbeitssystem ein sogenannter Arbeitssystemstundensatz ermittelt werden.

Nach Währisch [Wäh98, S. 205] kann in einer Fließstrecke, in der für alle Hauptaggregate die Bezugsgrößen gleichbleiben, eine gemeinsame Kostenstelle für die Fließstrecke gebildet werden. Dies lässt eine viel gröbere Kostenstelleneinteilung zu, als sie bei Werkstattproduktion erforderlich wäre.

In der Methode von Seifermann, die sich mit der Automatisierung schlanker Fertigungszellen befasst, kommt in der Wirtschaftlichkeitsbewertung ebenfalls ein sogenannter „Zellenstundensatz" zum Einsatz [Sei18b, S. 121]. Der Arbeitssystemstundensatz ermöglicht zum einen die Vereinfachung der Kalkulation durch eine Zusammenfassung von Kosten. Zum anderen fördert er ganzheitliche Verbesserungsansätze anstatt Einzeloptimierungen.

Die maschinenabhängigen Fixkosten werden für jedes Arbeitssystem in Form von $K_p^{GLMfix/FT}$ zusammengefasst und mit der Formel

$$K_p^{GLMfix/FT} = \sum_{\substack{i=1 \\ E_i \in AS_p}}^{n_1} \left(K_i^{A/FT} + K_i^{Z/FT} + K_i^{I/FT} \right) + K_p^{Fl/FT} \tag{3.60}$$

errechnet. Dadurch resultieren aus den bisherigen Ergebnissen die Arbeitssystemstundensätze

$$k_p^{GLMfix} = \frac{K_p^{GLMfix/FT}}{BZ_p} \text{ und} \tag{3.61}$$

$$k_p^{GLMvar} = \sum_{\substack{i=1 \\ E_i \in AS_p}}^{n_1} k_i^E + k_p^{Wzg/V}. \tag{3.62}$$

Die gesamten variablen Kosten k_p^{var} eines Arbeitssystems ergeben sich unter Einbeziehung der Lohnkosten über

$$k_p^{var} = k_p^{GLMvar} + M_p * S * (1 + Z_L) * (1 + f_{Schicht}). \tag{3.63}$$

Als zeitliche Bezugsgröße wird die bereits definierte theoretische Taktzeit t_p^t, siehe Formel (3.43), herangezogen. Diese drückt, wie zu Beginn beschrieben, eine durchschnittliche Ausbringungsrate unter Einbeziehung der Rüstzeit und Verfügbarkeitsverluste über die Betriebsdauer zur Herstellung der Produktmenge m aus. Durch eine Multiplikation der theoretischen Taktzeit t_p^t mit dem variablen Arbeitssystemstundensatz k_p^{var} und die Umlage der Fixkosten des Arbeitssystems je Fabriktag $K_p^{GLMfix/FT}$ auf die tägliche Produktionsmenge m können die Arbeitssystemkosten K_p über

$$K_p = t_p^t * k_p^{var} * \frac{1\,\mathrm{h}}{60\,\mathrm{min}} + \frac{K_p^{GLMfix/FT}}{m} \tag{3.64}$$

bestimmt werden.

Zielwerte w_b und Grenzwerte $w_{b,grenz}$

Nach der Operationalisierung der Eigenschaften durch die Merkmalswerte r_b ist nun deren Einheit beziehungsweise Struktur der Merkmalsbeschreibung sowie deren Bestimmung bekannt. Auf Basis dieses Zwischenergebnisses können die Zielwerte w_b und Grenzwerte $w_{b,grenz}$ je Bewertungskriterium b festgesetzt werden. Die Werte w_b sind als Benchmarks für ein schlankes Fertigungssystem anzusehen und für die vorliegende Arbeit zu erheben.

Für die qualitativen Bewertungskriterien sind w_b und $w_{b,grenz}$ bereits in den erstellten Merkmalstafeln beschrieben worden. In den Merkmalstafeln der qualitativen Bewertungskriterien entspricht w_b der Merkmalsausprägung „Hervorragend". Dementsprechend entspricht $w_{b,grenz}$ der Merkmalsausprägung „Mangelhaft". Die Merkmalstafeln sind in Anhang A.3 zu finden. Bei den deterministischen Bewertungskriterien sind für die Wertfunktionen quantitative Ziel- und Grenzwerte für w_b und $w_{b,grenz}$ zu definieren. Die aus der Literatur identifizierten Werte sind mit den jeweiligen Quellenangaben in Anhang A.4 dargestellt.

3.5.4 Modelllogik und Modellaufbau

Die Modelllogik ist geprägt durch eine Unterteilung in mehrere Submodelle. Die fünf Submodelle „räumliches Strukturmodell“, „zeitliches Strukturmodell“, „Prozessmodell“, „Elementmodell“ und „Wirtschaftlichkeitsmodell“ resultieren aus den Ergebnissen der Vorkapitel. In Abbildung 3.30 ist der Aufbau des Fertigungssystemmodells ersichtlich. Die schematische Wiedergabe zeigt relevante Informationsquellen bezüglich der Eigenschaften des Planungsobjekts auf, die den Input für das Fertigungssystemmodell darstellen. Formeln und qualitative Merkmalsbeschreibungen generieren aus der heterogenen Informationsbasis verarbeitbare Werte für die anschließende Bewertung.

Nach Warnecke [War99, S. 9-19 f.] kann die Erfassung der Merkmalswerte r_b im betrieblichen Umfeld durch verschiedene Datenerfassungsmethoden erfolgen. Die Methoden zur Datenerfassung lassen sich in direkte und indirekte Datenerfassung gliedern. Die direkte Datenerfassung kann im laufenden Betrieb durch Befragung, Beobachtung oder das Planwertverfahren stattfinden. Die indirekte Datenerfassung stützt sich auf vorhandene betriebliche Unterlagen und wertet Planungsunterlagen und betriebliche Aufzeichnungen aus.

Die Verfügbarkeit von Informationen über das Planungsobjekt ist abhängig von dessen Bestimmtheitsgrad, der abhängig vom jeweiligen Planungsstadium ist [För03, S. 14]. In der Anwendung ist auf die Gefahr einer Unschärfe bei der Verfügbarkeit von Informationen hinzuweisen. Diese Unschärfe gilt es durch eine systematische Datenerhebung zu minimieren. Der Großteil der Kriterien ist deterministisch und kann objektiv über quantitative Werte bestimmt werden, bei den qualitativen Kriterien unterstützen die Merkmalstafeln.

Der subjektive Einfluss [Bre97, S. 130] kann bei den fünf qualitativen Kriterien PP, TP, MK, MBM und MAM durch die detaillierten Bewertungstafeln auf ein vertretbares Maß reduziert werden, da der Interpretationsspielraum des Anwenders stark eingegrenzt ist. Zur weiteren Verringerung kann die Bildung des Mittelwerts einer Bewertergruppe[58] helfen [Bre97, S. 130].

Im Aufbau des Fertigungssystemmodells findet sich die im Vorkapitel definierte Modellcharakteristik wieder. Das Beschreibungsmodell ist darin erkennbar, dass heterogene Informationen zum Planungsobjekt in standardisierte Merkmalswerte transformiert werden. Aufgrund der beinhalteten Formeln und der Merkmalsbeschreibungen ist es ein qualitatives/ quantitatives Modell. Das formale

[58]Die Bewertung sollte möglichst in einer Gruppe von drei bis maximal neun hierarchisch gleichgestellten Personen, die unterschiedlichen Fachgebieten angehören, durchgeführt werden [Bre97, S. 46].

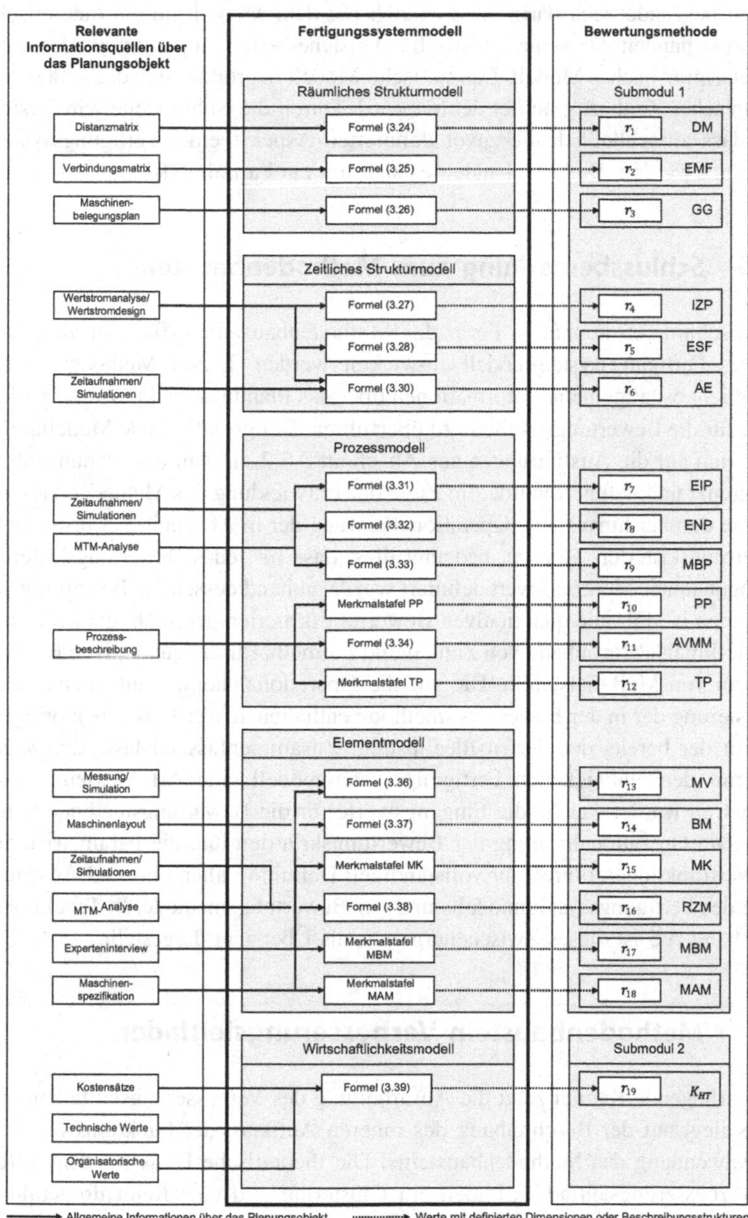

Abbildung 3.30 Aufbau des Fertigungssystemmodells

Modell begründet sich darin, dass es sich bei dem Modell um ein theoretisches Konstrukt handelt. Da keine statistischen Unsicherheiten modelliert werden, ist es ein deterministisches Modell. Das statische Modell begründet sich darin, dass kein dynamischer Zeitbezug berücksichtigt wird. Durch die Submodelle wird ersichtlich, dass ausschließlich die zuvor definierten Aspekte eines Fertigungssystems betrachtet werden. Dadurch handelt es sich um ein Partialmodell.

3.5.5 Schlussbemerkung zum Methodenbaustein

Im Abschnitt 3.5 konnte in Form des Methodenbausteins MB1 ein allgemeingültiges Fertigungssystemmodell entwickelt werden. Dieser Methodenbaustein ermöglicht es, allgemeine Informationen über das Planungsobjekt in verarbeitbare Werte für die Bewertungsmethode zu überführen. Der grundlegende Modellaufbau stützt sich auf die Ausführungen aus Abschnitt 3.3.2, in dem das Planungsobjekt abgegrenzt und definiert wurde. Im Zuge der Entwicklung des Methodenbausteins erfolgte darüber hinaus eine Operationalisierung der in Abschnitt 3.4 festgelegten Bewertungskriterien. Konkret bedeutet dies, dass für jedes Bewertungskriterium ein sogenannter Merkmalswert definiert wurde, anhand dessen die Bewertung vorzunehmen ist. Für alle quantitativen Bewertungskriterien geschieht die Ermittlung des Merkmalswerts anhand von Zahlen und Formeln, für die qualitativen Kriterien in Form von Merkmalstafeln. Die auf die Operationalisierung aufbauende Parametrisierung der in der Bewertungsmethode enthaltenen Wertfunktionen orientiert sich an der bereits definierten Ideallösung. Zusammenfassend lässt sich sagen, dass mit dem entwickelten Fertigungssystemmodell eine Art Messeinrichtung geschaffen wurde, welche die Eingangswerte für die Bewertungsmethode bereitstellt. Die Operationalisierung der Bewertungskriterien und die Parametrisierung der Wertfunktionen führen zur vollständigen Definition aller Ein- und Ausgangswerte des Fertigungssystemmodells und der Bewertungsmethode. In Tabelle A.16 in Anhang A.5 ist dieses Zwischenergebnis als Übersicht dargestellt.

3.6 Methodenbaustein Verbesserungsleitfaden

Das vorliegende Kapitel zeigt die Ausarbeitung des Verbesserungsleitfadens. Der Fokus liegt auf der Beschreibung des inneren Aufbaus, der Funktionsweise und der Anwendung des Methodenbausteins. Die theoretische Basis für den Aufbau des Verbesserungsleitfadens bilden ein Clustering und eine Reihenfolgebildung der Bewertungskriterien anhand der quantifizierten Abhängigkeitsverhältnisse zwischen den Bewertungskriterien.

3.6.1 Anforderungen an den Methodenbaustein

Der Verbesserungsleitfaden nimmt die Funktion der Stelleinrichtung ein und vervollständigt den zugrunde liegenden Feedback-Mechanismus der entwickelten Methode. Die Anforderung an den Verbesserungsleitfaden ist, dass dieser die Planungsleistung und die Verbesserungsbestrebungen des Fertigungsplaners, anhand der Bewertungsergebnisse des betrachteten Planungsobjekts, zielgerichtet lenkt. In Abbildung 3.31 ist im Freischnitt zu erkennen, dass die Bewertungsergebnisse $y_{R,b}$ aus der multikriteriellen Bewertungsmethode die Eingangsgröße für den Verbesserungsleitfaden darstellen. Dieser liefert als Ausgangsgröße Verbesserungsmaßnahmen y_n zur systematischen Verbesserung des Planungsobjekts. Durch eine entsprechende Gestaltung des Verbesserungsleitfadens soll gewährleistet werden, dass eine effiziente und effektive Verbesserung des Planungsobjekts möglich wird. Dies soll durch eine Berücksichtigung der Abhängigkeitsverhältnisse zwischen den Bewertungskriterien sichergestellt werden. Anhand eines Clusterings und einer Reihenfolgebildung der Bewertungskriterien wird eine Priorisierung der entsprechenden Verbesserungsmaßnahmen ermöglicht.

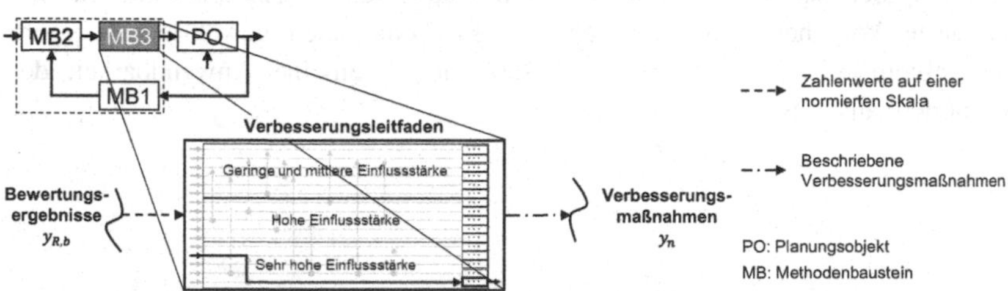

Abbildung 3.31 Freischnitt des Verbesserungsleitfadens aus dem Methodengerüst

Der Verbesserungsleitfaden stellt eine Entscheidungsunterstützung für die Auswahl geeigneter Verbesserungsmaßnahmen dar. Ähnlich wie bei Interpolationsproblemen ist auch bei der Verbesserung des Planungsobjekts die Reihenfolge der Umsetzung von Verbesserungsmaßnahmen wichtig. Nach Dörner [Dör76, S. 61] sind bei der Lösung von Interpolationsproblemen, nachdem das Ziel und die aktuelle Situation bekannt sind, im folgenden Schritt Maßnahmen zu suchen, um das angestrebte Ziel zu erreichen. Aufgrund von Abhängigkeiten sind diese in der richtigen Reihenfolge umzusetzen [Dör76, S. 61].

Die Planung von Fertigungssystemen lässt sich in Anlehnung an die Fabrikplanung gemäß den folgenden Ausführungen von Aggteleky [Agg87, S. 30 und S. 49 f.] charakterisieren. Die Planung von Fertigungssystemen zeichnet sich durch eine Vielfältigkeit der Problematik aus und ist geprägt durch eine große Anzahl an verschiedenen Einflussfaktoren. Dies hat zur Folge, dass für die Ermittlung der optimalen Konzeption exakte mathematische Methoden in der Praxis nur bedingt angewendet werden können. Es ist zielführender sich auf die Erfahrung und Kreativität der Planer sowie auf die Anwendung eines optimalen Planungssystems zu stützen, das die Ermittlung des optimalen Gesamtresultats bestmöglich unterstützt. Bei der Planung von Fertigungssystemen handelt es sich um eine schöpferische Tätigkeit, bei der der menschliche Geist mit seiner Kreativität die Lösung erzeugt. Vorgehensweisen, Methoden und Hilfsmittel haben den schöpferischen Denkprozess zu unterstützen und zu fördern.

Folglich ist die Verbesserung des Planungsergebnisses über den Verbesserungsleitfaden als heuristisches Verfahren[59] auszuführen. Eine strukturierte und definierte Vorgehensweise mit gewissen Freiheitsgraden gewährleistet gegenüber einem rein mathematischen Ansatz die allgemeine Anwendbarkeit des Methodenbausteins.

[59]Nach Klein & Scholl [Kle12, S. 461] lassen sich Optimierungsverfahren und -methoden in die zwei Gruppen der exakten Verfahren und der heuristischen Verfahren einteilen. Die exakten Verfahren gelangen über eine Anzahl endlicher Schritte zu einer optimalen Lösung. Die heuristischen Verfahren bestehen aus bestimmten Vorgehensregeln zur Lösungsfindung oder -verbesserung. Diese werden hinsichtlich des angestrebten Ziels als sinnvoll, zweckmäßig und erfolgversprechend angesehen.

3.6.2 Theoretische Basis für den Aufbau des Verbesserungsleitfadens

Für die Gestaltung des Verbesserungsleitfadens sind Informationen und Erkenntnisse über die Abhängigkeitsverhältnisse zwischen den Bewertungskriterien erforderlich. Das Ziel ist die Bewertungskriterien hinsichtlich deren Einflussstärke und ihrer Wichtigkeit in der Fertigungsplanung zu clustern und zu ordnen. Darüber hinaus soll eine geeignete Reihenfolge für die systematische Verbesserung der Bewertungsergebnisse identifiziert werden. Die bereits erarbeiteten Teilergebnisse aus den entsprechenden Vorkapiteln liefern die notwendigen Informationen und werden nach einer entsprechenden Aufbereitung als Datengrundlage für die Analyse herangezogen. Der Inhalt und die Erkenntnisse des Kapitels entsprechen im Wesentlichen den vorveröffentlichten Ergebnisse von Feldmeth & Müller [Fel19].

3.6.2.1 Abhängigkeitsverhältnisse zwischen den Bewertungskriterien

Die achtzehn Bewertungskriterien für die Bestimmung des Fertigungssystemwerts sind der konsolidierten Anforderungsliste aus Tabelle 3.9 zu entnehmen. Im Zuge der Erstellung der Relationenprüfmatrix, siehe Abschnitt 3.4.3.1, wurden bereits Relationen beziehungsweise Abhängigkeitsverhältnisse zwischen den Anforderungen an Fertigungssysteme ermittelt und richtungsunabhängig dargestellt. Diese Relationen zwischen den Anforderungen sind in Anhang A.6 in Abhängigkeitsverhältnisse zwischen den Bewertungskriterien transformiert. Durch die Zusammenführung dieser zwei Teilergebnisse können die Abhängigkeitsverhältnisse der Bewertungskriterien richtungsabhängig in einer sogenannten Einflussmatrix veranschaulicht werden, siehe Tabelle 3.11. Eine Einflussmatrix bietet die Möglichkeit Relationen zwischen Bewertungskriterien übersichtlich abzubilden [Lin09, S. 183]. Der Aufbau der Einflussmatrix ist an den grundlegenden Aufbau nach Vester angelehnt. Die Einflussmatrix nach Vester ermöglicht eine übersichtliche tabellarische Darstellung von Abhängigkeiten zwischen Variablen [Ves15, S. 226 f.]. In der Einflussmatrix sind die achtundvierzig unterstützenden Einflüsse zwischen den achtzehn Bewertungskriterien durch ein + gekennzeichnet. Der unterstützende Einfluss bedeutet in diesem Zusammenhang, dass ein gutes Bewertungsergebnis des ersten Kriteriums das Bewertungsergebnis des zweiten Kriteriums fördert oder gegebenenfalls erst ermöglicht. Demzufolge können die unterstützenden Einflüsse als fördernde Rahmenbedingungen angesehen werden.

Da die entsprechenden Zielkonflikte bereits in Abschnitt 3.4.3.1 aufgelöst wurden, sind in der Einflussmatrix ausschließlich unterstützende Einflüsse zwischen Bewertungskriterien enthalten. Eine Quantifizierung und Gewichtung der

Tabelle 3.11 Einflussmatrix der Bewertungskriterien (in Anlehnung an [Fel19])

#	Bewertungskriterien (Betrachtete Merkmale)	Abkürzung	1	2	3	4	5	6	7	8	9	10	11	12	13	14	15	16	17	18	Aktivsumme (ASU)	ASU*PSU
1	Distanz zwischen Maschinen	DM				+								+							2	8
2	Eindeutigkeit des Materialflusses	EMF	+			+								+			+				4	0
3	Geschlossenheitsgrad	GG	+			+		+				+		+			+				6	0
4	Innerzyklische Parallelität	IZP																			0	0
5	Einzelstückfluss	ESF				+			+			+		+		+	+				6	0
6	Austaktungseffizienz	AE				+															1	3
7	Einlegeprozesse	EIP				+															1	3
8	Entnahmeprozesse	ENP				+															1	1
9	Maschinenbedienungsprozesse	MBP				+															1	3
10	Prüfprozesse	PP				+							+								2	4
11	Abhängigkeitsverhältnis Mensch/Maschine	AVMM				+															1	1
12	Transportprozesse	TP				+			+												2	8
13	Maschinenverfügbarkeit	MV				+		+													2	6
14	Breite der Maschinen	BM	+								+							+			3	6
15	Maschinenkonzept	MK									+				+			+	+	+	5	15
16	Rüstzeiten der Maschinen	RZM				+		+													2	8
17	Mobilität der Maschinen	MBM	+												+			+			3	3
18	Modulare Anpassbarkeit der Maschinen	MAM							+	+	+				+	+		+			6	6
	Passivsumme (PSU)		4	0	0	13	0	3	3	1	3	2	1	4	3	2	3	4	1	1		
	ASU/PSU		0,5	!0	!0	0,0	!0	0,3	0,3	1,0	0,3	1,0	1,0	0,5	0,7	1,5	1,7	0,5	3,0	6,0		

Beispiel 3 $\xrightarrow{+}$ 6
Bei in sich abgeschlossenen Fertigungseinheiten können die Prozesse sehr gut ausgetaktet werden, da nicht an einzelnen Maschinen zusätzliche Teile für angrenzende Wertströme gefertigt werden müssen. Dies führt zu Synchronität (siehe A.6).

\+ Unterstützender Einfluss zwischen Bewertungskriterien !0 Division durch null

Abhängigkeitsverhältnisse ist im Anwendungsfall nicht notwendig, da alleine die Aussage über deren Existenz ausreichend ist. Neben dem fehlenden Mehrwert würde die Komplexität drastisch steigen. Bei einer Quantifizierung oder Gewichtung der Abhängigkeitsverhältnisse könnte des Weiteren eine Scheingenauigkeit entstehen, die dem Ergebnis keine zusätzliche Aussagekraft verleiht.

Zur Quantifizierung der Einflüsse zwischen den Bewertungskriterien werden durch Vester [Ves15, S. 227 und S. 230 f.] folgende Kriterien empfohlen. Durch eine Aufsummierung aller Werte in einer Zeile ergibt sich die Aktivsumme (ASU). Diese beschreibt, wie stark ein Kriterium die anderen beeinflusst. Die Werte einer Spalte werden als Passivsumme (PSU) zusammengefasst. Diese gibt an, wie stark das Kriterium von anderen beeinflusst wird. Zur Identifizierung der Rolle eines Faktors im System werden die zwei Indizes ASU*PSU und ASU/PSU gebildet.

Da es sich bei der vorliegenden Anwendung um eine Art Kennzahlensystem und nicht um ein geschlossenes (biologisches oder soziales) System handelt, existiert bei den entsprechenden Kriterien (Spitzenkriterium und Kriterien ohne eingehenden Einfluss von Kriterien innerhalb der Systemgrenze) bei der Aktiv- oder Passivsumme der Wert null. Bei der Bestimmung der Indizes ASU*PSU und ASU/PSU treten die mathematischen Operationen „Multiplikation mit null" und „Division durch null" auf. Dadurch entsteht kein gültiges und verwertbares Ergebnis durch diese Indizes.

Basierend auf der Einflussmatrix von Tabelle 3.11 und in Ergänzung zu den Ausführungen von Vester können weitere Kriterien festgelegt werden, um den Einfluss der einzelnen Bewertungskriterien *b* auf andere zu quantifizieren. Abbildung 3.32 illustriert die fünf Kriterien, die aus der Einflussmatrix ermittelt werden können.

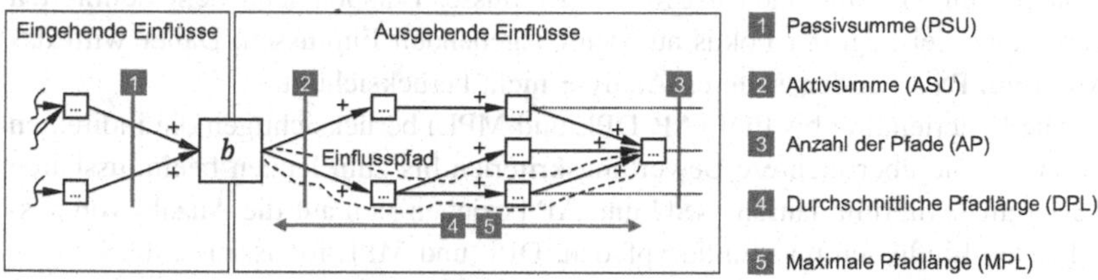

Abbildung 3.32 Kriterien zur Quantifizierung der Einflüsse zwischen den Bewertungskriterien (in Anlehnung an [Fel19])

Die Passivsumme (PSU) und Aktivsumme (ASU) wurden bereits oben genannt und berechnet, indem alle + in jeder Zeile und Spalte aufsummiert wurden, siehe Tabelle 3.11. Die Aktivsumme liefert eine Information über die Einflussstärke eines Kriteriums auf das restliche Bewertungssystem. Die Aktivsumme gibt jedoch nur Auskunft über die unmittelbar beeinflussten Kriterien. Eine Aussage zur Lage in einem sogenannten Einflusspfad kann daraus nicht getroffen werden. Ein detaillierter Blick auf die Matrix zeigt das Vorhandensein von Einflusspfaden von einem bestimmten Bewertungskriterium bis zum letzten beeinflussbaren Bewertungskriterium. Ein Beispiel für einen Einflusspfad ist: #3 „Geschlossenheitsgrad" (GG) unterstützt #15 „Maschinenkonzept" (MK) unterstützt #13 „Maschinenverfügbarkeit" (MV) unterstützt #6 „Austaktungseffizienz" (AE) unterstützt #3 „Innerzyklische Parallelität" (IZP).

Mit Hilfe der Software iModeler (https://www.consideo.com) können die Kriterien „Anzahl der Pfade" (AP), „durchschnittliche Pfadlänge" (DPL) und

„maximale Pfadlänge“ (MPL) bestimmt werden. Bei der qualitativen Modellierung werden die unterstützenden Einflüsse zwischen den Bewertungskriterien grafisch abgebildet. Im Anwendungsfall ist die statische Betrachtungsweise einer dynamischen Betrachtungsweise vorzuziehen, da die betrachteten Merkmale keiner zeitlichen Abhängigkeit unterliegen. Die qualitative Modellierung erlaubt eine detaillierte Betrachtung der Einflusspfade über mehrere Bewertungskriterien hinweg. Dies ermöglicht die Lage eines Kriteriums in einem Einflusspfad zu identifizieren. Die Software iModeler besitzt eine Auswertfunktion, die es zulässt alle Verbindungen, inklusive deren Länge, zwischen einem Element und dem Zentrum zu ermitteln [Neu12, S. 29]. Das qualitative Modell für die achtzehn Bewertungskriterien und deren achtundvierzig unterstützenden Einflüsse ist in Abbildung A.7 im Anhang A.6 dargestellt.

Die Quantifizierung der Einflüsse zwischen den Bewertungskriterien ist in Tabelle 3.12 ersichtlich. Die ersten beiden Kriterien (PSU und ASU) berücksichtigen direkte ein- und ausgehende Einflüsse. Entsprechend dem definierten Forschungsziel liegt der Fokus auf den ausgehenden Einflüssen. Daher wird das Kriterium PSU bei der weiteren Analyse nicht berücksichtigt.

Die Kriterien drei bis fünf (AP, DPL und MPL) berücksichtigen die indirekten Einflüsse, die über mehrere Bewertungskriterien bis zum letzten beeinflussbaren Bewertungskriterium laufen. ASU und AP beziehen sich auf die Anzahl von ausgehenden Einflüssen und Einflusspfaden. DPL und MPL fokussieren die Längen der Einflusspfade. Für die Kriterien ASU und AP sowie DPL und MPL ist jeweils eine Korrelationsanalyse durchzuführen, um zu überprüfen, ob die Anzahl der Kriterien auf zwei reduziert werden kann. Der Korrelationskoeffizient r zwischen zwei Kriterien wird nach Bravais-Pearson über die Datenpunkte $x_i = (x_{i,1}, x_{i,2})$, mit $i = 1, \ldots, 18$, über die Formel

$$r = \frac{\sum_{i=1}^{18} \left(x_{i,1} - \overline{x}_1\right)\left(x_{i,2} - \overline{x}_2\right)}{\sqrt{\sum_{i=1}^{18} \left(x_{i,1} - \overline{x}_1\right)^2 \sum_{i=1}^{18} \left(x_{i,2} - \overline{x}_2\right)^2}} \tag{3.65}$$

bestimmt, wobei $\overline{x}_1 = \frac{1}{18} \sum_{i=1}^{18} x_{i,1}$ und $\overline{x}_2 = \frac{1}{18} \sum_{i=1}^{18} x_{i,2}$ die Mittelwerte der Datenreihen darstellen [Fah07, S. 136]. Eine positive Korrelation liegt vor, wenn der Wert für r zwischen 0 und 1 liegt, der Maximalwert beträgt 1 [Büh08, S. 269]. Die Ergebnisse der Korrelationsanalyse sind in der Spalte r der Tabelle 3.12 zu finden. Das Ergebnis 0,86 bedeutet eine hohe Korrelation und 0,98 eine sehr hohe Korrelation [Büh08, S. 269]. Basierend auf dieser Erkenntnis können zwei Kriterien für das Clustering ausgewählt werden. Die zwei für das Clustering ausgewählten Kriterien sind AP und DPL. AP wird anstelle von ASU

Tabelle 3.12 Quantifizierung der Einflüsse zwischen den Bewertungskriterien (in Anlehnung an [Fel19])

Kriterien	Bewertungskriterium *b*	1	2	3	4	5	6	7	8	9	10	11	12	13	14	15	16	17	18	*r*
1. Passivsumme (PSU)		4	0	0	13	0	3	3	1	3	2	1	4	3	2	3	4	1	1	-
2. Aktivsumme (ASU)		2	4	6	0	6	1	1	1	1	2	1	2	2	3	5	2	3	6	0,86
3. Anzahl der Pfade (AP)		3	31	34	0	37	1	1	1	1	2	1	2	2	6	35	2	7	13	
4. Durchschnittliche Pfadlänge (DPL)		2,0	4,2	4,0	0,0	4,0	1,0	1,0	1,0	1,0	1,5	1,0	1,5	1,5	2,7	2,5	1,5	2,7	2,9	0,98
5. Maximale Pfadlänge (MPL)		3	7	7	0	7	1	1	1	1	2	1	2	2	4	6	2	4	5	

gewählt, um zu berücksichtigen, wie stark die beeinflussten Elemente in Form ihrer eigenen ausgehenden Einflüsse sind. Durch DPL wird die Position eines bestimmten Bewertungskriteriums innerhalb eines Einflusspfades berücksichtigt. Damit besteht der Datensatz für das nachfolgende Clustering aus achtzehn Datenpunkten, die die beiden Kriterien AP und DPL abbilden.

3.6.2.2 Clustering und Reihenfolgebildung der Bewertungskriterien

Die Bewertungskriterien werden anhand ihrer Einflüsse auf andere Bewertungskriterien geclustert. Nach Ester & Sander teilen Clustering-Verfahren Daten in Kategorien, Klassen oder Gruppen (Cluster) ein, so dass Objekte im gleichen Cluster möglichst ähnlich und Objekte aus verschiedenen Clustern möglichst unähnlich zueinander sind [Est00, S. 45]. Der k-Means-Algorithmus genießt aufgrund seiner Einfachheit und seines geringen Zeitaufwands eine weite Verbreitung [Abo07, S. 11]. Ein Problem des Algorithmus stellt die Tatsache dar, dass die initiale Festlegung der Mittelwerte einen Einfluss auf das Endergebnis hat [Abo07, S. 11]. Der angewandte k-Means-Algorithmus von MacQueen [Mac67] clustert einen gegebenen Datensatz in eine bestimmte Anzahl von Clustern. Die Grundidee hinter k-Means-Clustering ist eine Einteilung des Datensatzes in Cluster, um die gesamte Variation innerhalb von Clustern zu minimieren [Kas17, S. 36]. In diesem Zusammenhang steht k für die Anzahl der vordefinierten Cluster [Kas17, S. 36]. Der k-Means-Algorithmus minimiert die folgende Zielfunktion [Kas17, S. 36 f.]

$$\sum_{j=1}^{k} \sum_{x_i \in C_j} \left(x_i - \mu_j\right)^2 \rightarrow min, \tag{3.66}$$

was bedeutet, dass die Summe der quadrierten Abweichungen von dem Cluster-Zentrum minimal werden soll. Dabei sind C_j, mit $j = 1, \ldots, k$, die betrachteten Cluster. Die Datenpunkte x_i mit $i = 1, \ldots, 18$ repräsentieren die achtzehn Bewertungskriterien. Der Mittelwert (Cluster-Zentrum) μ_j ergibt sich aus den Datenpunkten, die C_j zugeordnet sind.

Die Clusteranalyse wurde mit der Software R (https://www.r-project.org) durchgeführt, einer freien Softwareumgebung für das statistische Rechnen. Das programmierte Skript für die Clusteranalyse ist Abbildung A.8 in Anhang A.6 zu entnehmen. Der k-Means-Algorithmus ist durch die folgenden Schritte beschreibbar [Kas17, S. 38]:

- Festlegung der Anzahl der Cluster k
- Zufällige Bestimmung von k Objekten aus dem Datensatz als initiale Cluster-Zentren μ_j
- Zuordnung aller Datenpunkte x_i zu ihrem nächstgelegenen Cluster-Zentrum, basierend auf der euklidischen Distanz (siehe Formel (3.66))
- Aktualisierung des Cluster-Zentrums für jedes Cluster C_j durch die Berechnung der neuen Mittelwerte μ_j aller Datenpunkte x_i in C_j
- Iterative Minimierung der Summe der quadrierten Abweichungen von den Cluster-Schwerpunkten durch die Wiederholung von Schritt 3 und 4, bis sich die Clusterzuweisungen nicht mehr ändern oder die Maximalanzahl von Iterationen erreicht ist

Der erarbeitete Datensatz aus Abschnitt 3.6.2.1 liefert die Werte für das Clustering der Bewertungskriterien. Der Datensatz besteht wie oben beschrieben aus achtzehn Datenpunkten, die die beiden Kriterien AP und DPL abbilden. Gemäß dem vorgestellten k-Means-Algorithmus erfolgt im ersten Schritt die Festlegung der Anzahl der Cluster k. Abbildung 3.33 zeigt auf der linken Seite die Bestimmung der Anzahl der Cluster auf der Grundlage der „Ellenbogenmethode“. Der Wert von k, bei dem sich das Ergebnis nur noch geringfügig verbessert, wird als „Ellenbogenpunkt“ bezeichnet [Les19, S. 471]. Die tot.withinss (Summe der quadrierten Abweichungen von den Cluster-Schwerpunkten, siehe Formel (3.66)) misst die Kompaktheit des Clusters, die so klein wie möglich sein sollte [Kas17, S. 37]. Basierend auf der Ellenbogenmethode beträgt in diesem Fall die gewählte Anzahl von Clustern $k = 3$. Abbildung 3.33 beinhaltet auf der rechten Seite das Ergebnis der k-Means-Clusteranalyse in einem Streudiagramm. Es zeigt die Lage der drei Clusterzentren und die Zuordnung der einzelnen Bewertungskriterien zu einem der drei Cluster. Die drei Cluster der Bewertungskriterien weisen eine klare Position im Diagramm auf und sind deutlich voneinander getrennt.

Das Ergebnis der Clusteranalyse bestätigt die anfängliche Hypothese, dass verschiedene Gruppen von Bewertungskriterien mit einem ähnlichen Einfluss auf andere Bewertungskriterien existieren. Basierend auf ihrer Position im Diagramm werden die drei Cluster als „Gestaltungshebel“, „Gestaltungsknoten“ und „Gestaltungspunkte“ bezeichnet.

Die vier Bewertungskriterien innerhalb des höchsten Clusters „Gestaltungshebel“ haben aufgrund der Anzahl der Einflusspfade und ihrer durchschnittlichen Länge bis zum letzten beeinflussbaren Bewertungskriterium einen großen Einfluss auf andere Bewertungskriterien. Die drei Bewertungskriterien im Cluster „Gestaltungsknoten“ zeichnen sich durch eine geringere Anzahl von Einflusspfaden aus. Die elf Bewertungskriterien im niedrigsten Cluster „Gestaltungspunkte“

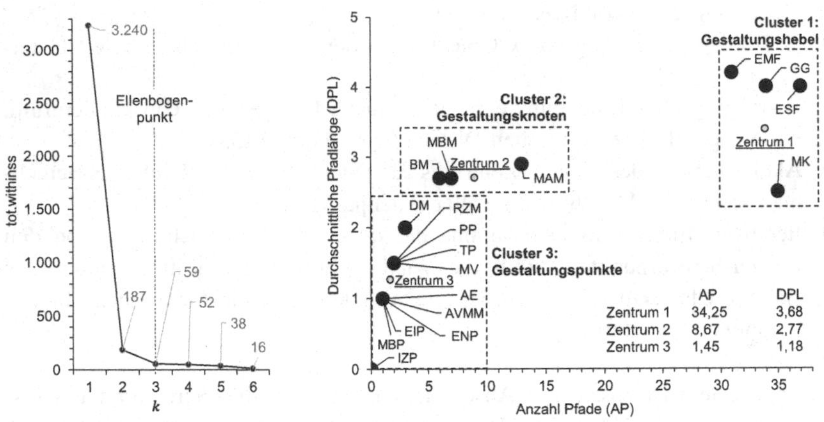

	AP	DPL
Zentrum 1	34,25	3,68
Zentrum 2	8,67	2,77
Zentrum 3	1,45	1,18

Abbildung 3.33 Ergebnis der *k*-Means-Clusteranalyse (in Anlehnung an [Fel19])

haben nur einen geringen oder keinen Einfluss auf andere Bewertungskriterien. Sie können auf Basis der existierenden Strukturen und Elemente einzeln für sich verbessert werden. Alle prozessbezogenen Bewertungskriterien befinden sich im Cluster „Gestaltungspunkte". Die Prozesse in einem Fertigungssystem werden stark von den Elementen eines Fertigungssystems, in Form von Maschinen, und der zeitlichen und räumlichen Struktur zwischen den Maschinen beeinflusst.

Abbildung 3.34 zeigt die Zuordnung der Bewertungskriterien eines schlanken Fertigungssystems nach der bisherigen Clusteranalyse. Die Ergebnisse ermöglichen die Identifizierung von Implikationen für den Fertigungsplanungsprozess. Es ist von entscheidender Bedeutung die Bewertungskriterien in Cluster 1 (Gestaltungshebel) zu Beginn des Planungsprozesses bestmöglich zu erfüllen. Dies wird sich unterstützend auf das Erreichen von guten Bewertungsergebnissen bei den beeinflussten Kriterien auswirken. Aus einem anderen Blickwinkel betrachtet bedeutet dies, dass eine schlechte Erfüllung der Bewertungskriterien in höherrangigen Clustern die Erfüllung der Bewertungskriterien in niedrigerrangigen Clustern einschränken oder behindern kann.

Die gewonnenen Erkenntnisse lassen sich gut mit der Definition des allgemeinen Fertigungssystems aus Abschnitt 3.3.3 in Einklang bringen. Da die Prozesse über die Elemente und Strukturen ablaufen, können sie durch geeignete Strukturen und Elemente unterstützt werden. Zunächst müssen geeignete Strukturen eines Fertigungssystems, zum Beispiel in Form einer klaren Segmentierung des Materialflusses, definiert werden. Durch eine sequentielle Verteilung

	Strukturen	Elemente	Prozesse	
Gestaltungspunkte	**DM**: Distanz zwischen Maschinen **IZP**: Innerzyklische Parallelität **AE**: Austaktungseffizienz	**MV**: Maschinenverfügbarkeit **RZM**: Rüstzeiten der Maschinen	**EIP**: Einlegeprozesse **ENP**: Entnahmeprozesse **MBP**: Maschinenbedienungs-prozesse	**PP**: Prüfprozesse **AVMM**: Abhängigkeits-verhältnis Mensch/Maschine **TP**: Transportprozesse
Gestaltungsknoten		**BM**: Breite der Maschinen **MBM**: Mobilität der Maschinen **MAM**: Modulare Anpassbarkeit der Maschinen		
Gestaltungshebel	**EMF**: Eindeutigkeit des Materialflusses **GG**: Geschlossenheitsgrad **ESF**: Einzelstückfluss	**MK**: Maschinenkonzept		

Abbildung 3.34 Bewertungskriterien der drei Cluster (in Anlehnung an [Fel19])

der Bearbeitungsvorgänge kann ein eindeutiger Materialfluss erzeugt werden. Es ist auch erforderlich, Maschinen mit einer angemessenen Dimensionierung einzusetzen. Die Erfüllung dieser vier Bewertungskriterien hat den größten Einfluss auf die Gestaltung des Fertigungssystems und wird die anderen vierzehn Bewertungskriterien positiv beeinflussen.

Die Umsetzung von schlanken Fertigungssystemen macht Maschinen mit spezifischen Eigenschaften unabdingbar [Ari00, S. 1 ff.]. Von den sieben kritischsten Bewertungskriterien im Cluster 1 (Gestaltungshebel) und Cluster 2 (Gestaltungsknoten) sind vier der Dimension „Elemente" zugeordnet. Aus dieser Erkenntnis lässt sich ableiten, dass die im Fertigungssystem verwendeten Maschinen einen großen Einfluss auf weitere Bewertungskriterien haben, insbesondere auf die prozessbezogenen in Cluster 3 (Gestaltungspunkte). Das 6-Phasen-Modell von Seifermann et al. zur Umsetzung der Prinzipien der schlanken Produktion in bestehenden Fertigungssystemen enthält Empfehlungen zu geeigneten Maschinen. Die Zuordnung der Empfehlungen zu Phase 3 „Establish prerequisites for continuous flow production" (dt.: Aufbauen von Voraussetzungen für die kontinuierliche Fließfertigung) [Sei18a, S. 63 f.] unterstreicht die Erkenntnis, dass die richtigen Maschinen eine wichtige Voraussetzung für schlanke Prozesse sind.

Das Bewertungskriterium IZP wird direkt von dreizehn Bewertungskriterien unterstützend beeinflusst. Es ist das allerletzte beeinflussbare Bewertungskriterium in allen Einflusspfaden. Es gibt keinen weiteren Einfluss danach. Diese Erkenntnis bestätigt die Tatsache, dass die Durchlaufzeit die wichtigste Kennzahl in der schlanken Produktion ist [Tak12, S. 235]. Die übergeordnete Strategie von Toyota ist die Verkürzung der Durchlaufzeit durch Beseitigung von allem Überflüssigem [Ohn13, Vorwort].

In Ergänzung zu dem Clustering der Bewertungskriterien lässt sich die Hypothese formulieren, dass eine optimale Reihenfolge bei der Verbesserung der Bewertungsergebnisse existiert. Diese optimale Reihenfolge kann bei der Methodenanwendung eine effektive und effiziente Verbesserung des Planungsobjekts unterstützen.

Auf Basis der identifizierten Cluster ist nach einer optimalen Reihenfolge bei der Verbesserung der einzelnen Bewertungskriterien zu suchen. Ziel ist es eine Ordnung der Bewertungskriterien zu finden, die gewährleistet, dass sich keine rückwirkenden Einflüsse bei den betrachteten Bewertungskriterien ergeben. Dies bedeutet, dass durch eine neue Ordnung der Kriterien in der Matrix die Einflüsse (+) unterhalb der Diagonalen der Einflussmatrix eliminiert beziehungsweise minimiert werden. Bei der Übertragung der genannten Problemstellung auf die Fabrikplanung handelt es sich um ein Lösen eines Anordnungsproblems von Elementen bei einer Linienstruktur. Durch das Verfahren nach Martin liegt ein geeignete Methode zur Ermittlung einer optimalen Anordnungsreihenfolge bei einer Linienstruktur vor [Ack07, S. 54].

Bei dem nachfolgend beschriebenen Verfahren nach Martin [Mar76, S. 47 f.] zur Reihenfolgenoptimierung handelt es sich um ein Näherungsverfahren mit einem rekursiven Algorithmus. Dieser berechnet über eine Verbindungsmatrix mit binären Besetzungszuständen die optimale Anordnung von Elementen in einer Linienstruktur. Im ersten Schritt werden für jede einzelne Zeile und Spalte der Matrix die Summen der Verbindungen gebildet und es wird deren Quotient berechnet. Der maximale Quotient bestimmt das erste anzuordnende Element. Nach erfolgter Auswahl wird die Matrix um die entsprechende Zeile und Spalte des Elements reduziert. Anhand der verkleinerten Matrix wird erneut der maximale Quotient aus den Summen der Verbindungen errechnet und das nächste Element festgelegt.

Bei der Software visTABLE©touch der Firma plavis stützt sich die Berechnung der Anordnungsreihenfolge bei einer Linienstruktur auf das oben vorgestellte Verfahren nach Martin, um die Rückflussanzahl bei der Anordnung der Elemente entlang einer Linie zu minimieren [pla14, S. 44]. Die Ordnung der Bewertungskriterien wurde mit der Software visTABLE©touch (Version 2.5.003) durchgeführt.[60] Das Ergebnis zeigt, dass für den Datensatz mehrere Lösungen ohne Rückflüsse möglich sind. Bei der ermittelten Reihenfolge handelt es sich daher um eine von mehreren optimalen Lösungen, die für den vorliegenden

[60]An dieser Stelle ist anzumerken, dass der exakte Berechnungsalgorithmus in der Software nicht frei verfügbar ist, da es sich dabei um intellektuelles Eigentum der Softwarefirma plavis handelt.

Anwendungsfall jedoch alle zulässig sind. Eine weitere mögliche Reihenfolge der Bewertungskriterien ohne Rückflüsse ist in Abbildung 3.35 dargestellt. Diese eignet sich besonders gut, da sie sich gut mit den Ergebnissen aus dem Clustering in Einklang bringen lässt.

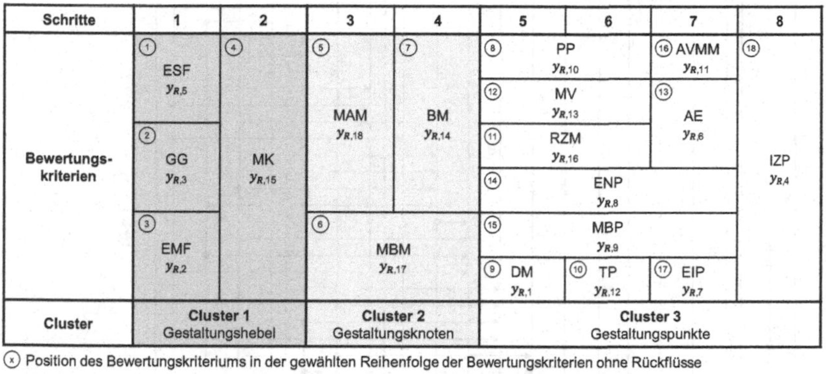

Schritte	1	2	3	4	5	6	7	8
Bewertungs-kriterien	(1) ESF $y_{R,5}$ (2) GG $y_{R,3}$ (3) EMF $y_{R,2}$	(4) MK $y_{R,15}$	(5) MAM $y_{R,18}$ (6) MBM $y_{R,17}$	(7) BM $y_{R,14}$	(8) PP $y_{R,10}$ (12) MV $y_{R,13}$ (11) RZM $y_{R,16}$ (14) ENP $y_{R,8}$ (15) MBP $y_{R,9}$ (9) DM $y_{R,1}$	(10) TP $y_{R,12}$	(16) AVMM $y_{R,11}$ (13) AE $y_{R,6}$ (17) EIP $y_{R,7}$	(18) IZP $y_{R,4}$
Cluster	Cluster 1 Gestaltungshebel		Cluster 2 Gestaltungsknoten		Cluster 3 Gestaltungspunkte			

(x) Position des Bewertungskriteriums in der gewählten Reihenfolge der Bewertungskriterien ohne Rückflüsse

Abbildung 3.35 Reihenfolge der Bewertungskriterien ohne Rückflüsse

Die Abbildung zeigt durch die Nummerierung der Elemente, in welcher Reihenfolge die Bewertungsergebnisse $y_{R,b}$ der betrachteten Bewertungskriterien sinnvoll zu verbessern sind. Des Weiteren ist in der Abbildung zu sehen, dass sich die Ordnung mit dem Ergebnis der Clusteranalyse deckt. In den ersten beiden Stufen finden sich die Kriterien aus Cluster 1, in den Stufen drei und vier die Kriterien aus Cluster 2. Die restlichen Kriterien in den Stufen fünf bis acht gehören zu Cluster 3. Das Ergebnis deckt sich mit der Aussage von Takeda, dass der Einzelstückfluss der Ursprung der synchronen Produktion ist [Tak96a, S. 193].

3.6.3 Aufbau des Verbesserungsleitfadens

Nach der Erarbeitung der theoretischen Grundlagen kann anhand der erzielten Ergebnisse und Erkenntnisse der Verbesserungsleitfaden aufgebaut werden. Der Verbesserungsleitfaden beinhaltet die Informationen über die unterstützenden Einflüsse zwischen den Bewertungskriterien sowie die Ergebnisse aus dem Clustering und der Reihenfolgebildung der Bewertungskriterien aus Abschnitt 3.6.2.2. In Abbildung 3.36 ist der entwickelte Verbesserungsleitfaden dargestellt.

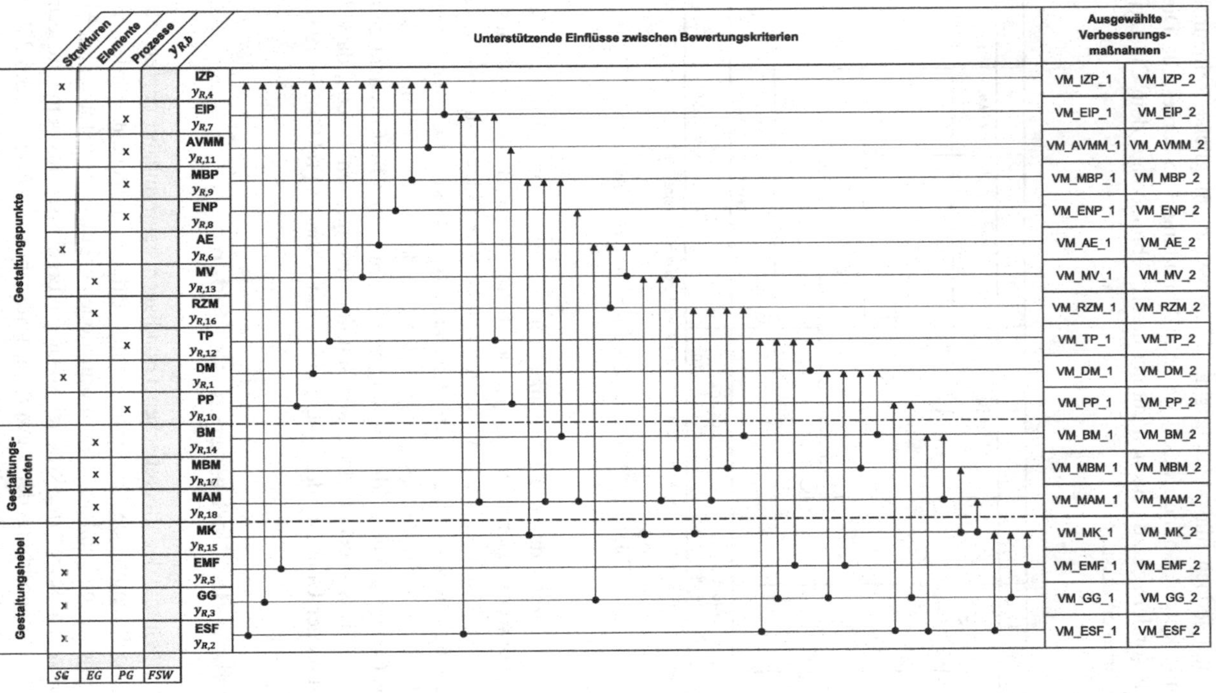

Abbildung 3.36 Verbesserungsleitfaden

Über die Pfeile sind im mittleren Teil die unterstützenden Einflüsse zwischen den Bewertungskriterien dargestellt. Diese Pfeile unterstützen grafisch die Auswahl geeigneter Verbesserungsmaßnahmen. Im ersten Schritt wird ein schlechtes Bewertungsergebnis aufgesucht, beginnend bei den Bewertungskriterien mit sehr hoher Einflussstärke. Anschließend wird über die grafische Darstellung der Abhängigkeitsverhältnisse (unterstützende Einflüsse zwischen den Bewertungskriterien) eine geeignete Verbesserungsmaßnahme ausgewählt. Dieses Vorgehen soll ermöglichen, dass Bewertungsergebnisse von Kriterien mit einer sehr hohen Einflussstärke auf andere Kriterien priorisiert verbessert werden. Durch die zeitlich vorgelagerte Verbesserung der Bewertungsergebnisse entsprechender Bewertungskriterien werden nachfolgende Verbesserungen positiv unterstützt. Dies begründet sich darin, dass dadurch bessere Voraussetzungen beziehungsweise notwendige Vorbedingungen geschaffen werden können.

In der nachfolgenden Tabelle 3.13 sind ausgewählte Verbesserungsmaßnahmen mit den entsprechenden Literaturverweisen für detaillierte Informationen angeführt. Die Verbesserungsmaßnahmen entstammen aus der einschlägigen Literatur zum Thema schlanke Produktion. Darin finden sich allgemein formulierte und bereits erprobte Ansätze. Die Anzahl der Verbesserungsmaßnahmen ist an dieser Stelle bewusst auf jeweils zwei begrenzt, um ausschließlich die maßgeblichen Parameter aus den Merkmalswerten r_b zu adressieren. Tabelle 3.13 ist als allgemeine Sammlung von Verbesserungsmaßnahmen in Form einer Initialbefüllung zu sehen. Diese Sammlung kann im betrieblichen Umfeld und je nach Anwendung weiter detailliert werden. Bei der systematischen Suche weiterer Verbesserungsmaßnahmen kann beispielsweise das von Cochran et al. angewandte Axiomatic Design[61] nach Suh [Suh01] zur Anwendung kommen.

Die vorgestellten Maßnahmen im Verbesserungsleitfaden basieren auf einer Verteilung von Arbeitsinhalten anhand des Kundentakts auf mehrere Maschinen und der produktspezifischen Anpassung von Maschinen. Bei der Umsetzung der Verbesserungsmaßnahmen sind die Themenfelder „Sicherheit“ und „Qualität“ kritisch und von besonderer Relevanz [Sei18b, S. 79]. Nach Takeda [Tak06, S. 27] hat die Verwirklichung der Arbeitssicherheit die höchste Priorität. Verbesserungsmaßnahmen müssen unsichere Situationen und unsichere Handlungen eliminieren

[61] Das Grundprinzip von Axiomatic Design beruht darauf, dass für zuvor festgelegte Anforderungen strukturiert nach geeigneten Lösungen gesucht wird und diese zu den Anforderungen zugeordnet werden [Suh01, S. 3].

Tabelle 3.13 Ausgewählte Verbesserungsmaßnahmen

Verbesserungsmaßnahmen		**Literaturverweis**
VM_IZP_1	Einführung einer ziehenden Fertigung, wenn ein kontinuierlicher Fluss nicht möglich ist	[Nic18, S. 211 ff.]
VM_IZP_2	Senkung der Umlaufbestände durch minimale und standardisierte (Ausgleichs- und Störungs-)Puffer	[Hes16, S. 111]
VM_TP_1	Automatisierung des Transports des ausgeworfenen Werkstücks bis zur Arbeitsposition des nächsten Arbeitsgangs	[Tak96b, S. 127]
VM_TP_2	Umsetzung eines zirkulierenden Transportsystems mit gemischter Beladung	[Tak96a, S. 179]
VM_RZM_1	Trennung von internen und externen Rüstvorgängen und Überführung von internen in externe Rüstvorgänge	[Shi87], [Nic18, S. 145 ff.]
VM_RZM_2	Verbesserung und Standardisierung von internen und externen Rüstvorgängen, Parallelisierung von Rüstvorgängen und Beseitigung von Justierungsvorgängen	[Shi87], [Nic18, S. 145 ff.]
VM_DM_1	Verbesserung der Maschinenanordnung durch mathematische Verfahren	[Sch68], [Anj18, S. 705 ff.]
VM_DM_2	Anordnung der Maschinen im Fluss anstatt nach dem Verrichtungsprinzip (Aufbau von Fertigungszellen)	[Sek95, S. 44 f.]
VM_AE_1	Verbesserung der Arbeitsverteilung durch manuelle/mathematische Verfahren	[Nic18, S. 319 ff.], [Boy07]
VM_AE_2	Anpassung der Zykluszeiten der Bearbeitungsoperationen sowie Anpassung und Verteilung manueller Tätigkeiten unter Anwendung des Standardarbeitskombinationsblattes	[Tak96a, S. 302], [Tak96a, S. 77 f.]
VM_MV_1	Gewährleistung einer guten Wartbarkeit von Maschinen	[Sta09, S. 304 ff.]
VM_MV_2	Überwachung der Maschinen durch Condition Monitoring	[Moh15]
VM_EIP_1	Gestaltung von Vorrichtungen zum Einwerfen	[Tak06, S. 113]
VM_EIP_2	Automatisicrung des Festspannens der Teile	[Tak06, S. 115]

(Fortsetzung)

Tabelle 3.13 (Fortsetzung)

Verbesserungsmaßnahmen		Literaturverweis
VM_MBP_1	Verwendung von „Während"-Schaltern (Federschalter) für den Prozessstart	[Tak06, S. 120]
VM_MBP_2	Automatisierung der Programmwahl	[Sei18, S. 313]
VM_PP_1	Verwendung von Ein-Griff-Lehren anstatt von Messgeräten	[Tak96a, S. 293 ff.]
VM_PP_2	Anwendung der Methoden „Ursacheninspektion" und „Poka-Yoke"	[Shi86]
VM_ENP_1	Automatisierung des Teileauswurfs durch „Hanedashi"	[Tak06, S. 117]
VM_ENP_2	Reinigung des Teils vor der Entnahme	[Sei18, S. 313]
VM_AVMM_1	Automatisierung des Vorschubs	[Tak06, S. 116]
VM_AVMM_2	Automatisierung der Schritte Anhalten und Zurückfahren	[Tak06, S. 116]
VM_BM_1	Minimierung des Bearbeitungsraums	[Tak06, S. 123]
VM_BM_2	Umbau der Maschine, so dass sie an der Bedienseite möglichst schmal ist, die Tiefe ist unerheblich	[Tak06, S. 123]
VM_MBM_1	Vermeidung von festen Verbindungen und räumlichen Restriktionen (standardisierte Anschlüsse (vgl. Einschubkarten), starre Verbindungen mit anderen Maschinen vermeiden, Maschinen nicht in den Boden einlassen oder verankern, Kabel nicht an der Gebäudekonstruktion verankern, örtliche Restriktionen vermeiden)	[Tak96a, S. 302]
VM_MBM_2	Mobilisierung von Maschinen durch die Platzierung von Maschinen auf Rollen	[Tak96a, S. 302]
VM_MAM_1	Trennung zwischen Basisfunktionen und spezialisierten Funktionen (eine Universalmaschine bildet die Basis, auf welche Spezialvorrichtungen und -geräte aufgesetzt werden)	[Tak06, S. 124]
VM_MAM_2	Modularisierung der Maschine durch die Trennung der Elementarmodule (Hauptaggregat, Abdeckungen, Schaltkästen, Bedientafeln, Tanks, Während-Schalter, Netzteile, Hydraulik, Pneumatik) und Verbindung der Elementarmodule über Ein-Griff-Verbindungsstücke sowie Steckverbindungen	[Tak06, S. 124]

(Fortsetzung)

Tabelle 3.13 (Fortsetzung)

Verbesserungsmaßnahmen		Literaturverweis
VM_MK_1	Beschaffung von Universalmaschinen mit notwendigen Mindestfunktionen für Basistechnologien anstatt Mehrzweckmaschinen	[Nic18, S. 304 ff.], [Tak96a, S. 302], [Beh09, S. 52]
VM_MK_2	Eigenbau von spezialisierten Maschinen	[Yag09, S. 69]
VM_GG_1	Segmentierung des Produktprogramms nach Teilefamilien	[Nic18, S. 253 ff.], [Sin17]
VM_GG_2	Vermeidung einer Mehrfachverwendung von Maschinen	[Nic18, S. 304]
VM_EMF_1	Anwendung des Prinzips der Artteilung in der Prozessstrukturplanung	[Luc93, S. 434 f.]
VM_EMF_2	Gestaltung der zu produzierenden Teile nach den Prinzipien des Designs for Manufacturability (fertigungsgerechte Teilegestaltung)	[And14]
VM_ESF_1	Reduktion der Bearbeitungsmengen	[Tak96b, S. 165 ff.]
VM_ESF_2	Reduktion der Weitergabemengen	[Tak96b, S. 165 ff.]

[Tak06, S. 27]. Die Sicherung der Produktqualität[62] hat absolute Priorität und lässt keine Abstriche zu [Tak96a, S. 287 ff.].

3.6.4 Fertigungssystemwert und Wirtschaftlichkeit

In der einschlägigen Literatur sind zahlreiche Belege dafür vorhanden, dass ein Fertigungssystem, das nach den Prinzipien der schlanken Produktion gestaltet ist, eine hohe Wirtschaftlichkeit aufweist.

Nach Sekine [Sek95, S. 25 ff.] lag der Produktivitätsvorteil bei Unternehmen, die gemäß den Prinzipien der schlanken Produktion arbeiteten, im Jahr 1980 in der Montage bei 30 %, in der Bauteilfertigung bei 200-300 %. Dieser immense

[62]Die von Böllhoff [Böl18] entwickelte Methode ermöglicht eine simulationsbasierte Bestimmung der zu erwartenden Werkstückqualität in schlanken Fertigungssystemen mit mehreren Umspannvorgängen. Der zu erwartende negative Einfluss der charakteristischen Umspannvorgänge auf die Qualität wird dadurch bereits im Planungsprozess abschätzbar.

Produktivitätsvorteil resultiert aus dem U-förmigen Layout mit Mehrprozessbedienung der Mitarbeiter, das dem „Ein-Mann-eine-Maschine“-Konzept und dem verrichtungsorientierten Layout überlegen ist.

In einer Studie von Cochran et al. [Coc01b] konnte der Effekt der unterschiedlichen Kostenzusammensetzungen bei schlanken Fertigungssystemen gegenüber klassischen Fertigungssystemen nachgewiesen werden. Die Fertigungskosten konnten im Beispiel durch die Reorganisation deutlich gesenkt werden. Das Fertigungssystem nach Lean-Prinzipien hat jedoch gegenüber der klassischen Variante etwas höhere Lohnkosten, was zu einem Lohnkostenanteil von 55,3 % im Vergleich zu 35,0 % führt. Der Anteil an Investitionskosten liegt jedoch nur bei 19,6 % anstatt 39,1 %.

In der Arbeit von Bechtloff [Bec14, S. 155] konnte nachgewiesen werden, dass bei Fertigungssystemen, welche die Bearbeitung eines Werkstücks auf mehrere einfache kostengünstige Maschinen verteilen, bereits ab zwei Minuten Programmlaufzeit ein wirtschaftlicher Vorteil gegenüber einer konventionellen Komplettbearbeitung (eine Maschine pro Mitarbeiter) realisiert werden kann. Die Wirtschaftlichkeit steigt mit zunehmender Austaktungseffizienz und Programmlaufzeit.

Fertigungssysteme nach den Prinzipien der schlanken Produktion zeigen spezifische Kostenstrukturen, die sich von denen der Massenproduktion stark unterscheiden [Coc01b, S. 19]. In schlanken Fertigungssystemen sind die Investitionen für Maschinen durch die angemessene Maschinendimensionierung gering, wodurch der Fixkostensockel gesenkt und der Durchbruchspunkt in die Gewinnzone („Break-even“) gesenkt werden kann [Tak96a, S. 27]. Durch eine kurzfristige Anpassung der Mitarbeiter- und/oder Maschinenanzahl kann eine hohe Mengenflexibilität bei hoher Wirtschaftlichkeit gewährleistet werden [Bec14, S. 155].

Für die Erhöhung der Wirksamkeit bei der Ermittlung von Schwachstellen und Ansatzpunkten für Verbesserungen ist es sinnvoll, die technisch-funktionellen Aspekte mit den Kostenaspekten zu verknüpfen [Agg90b, S. 19]. Dafür sind Zusammenhänge zwischen monetären und nichtmonetären Größen darzustellen, um daraus ein ergänzendes Werkzeug zum Verbesserungsleitfaden zu entwickeln. Durch die Erkenntnisse aus der bisherigen Methodenentwicklung kann ein Planungsinstrument entwickelt werden, das bei der Planung und Verbesserung von schlanken Fertigungssystemen zielführend unterstützen kann. Bei dem Planungswerkzeug handelt es sich um ein sogenanntes Kostennomogramm für Arbeitssysteme.

Planungswerkzeug: Kostennomogramm für Arbeitssysteme
Ziel für das Planungswerkzeug ist es, in Form einer Darstellungsmethode planungsrelevante technische und betriebswirtschaftliche Werte grafisch darzustellen. Das Planungswerkzeug soll die technisch-betriebswirtschaftlichen Zusammenhänge darstellen und die Möglichkeit bieten, kostenwirksame Verbesserungspotenziale zu identifizieren.

Eversheim [Eve95, S. 75 ff.] hat über das Ressourcenverfahren (ressourcenorientierte Bewertung) folgende Methode entwickelt, die es ermöglicht komplexe Zusammenhänge zwischen technischen und betriebswirtschaftlichen Größen abzubilden. Das Ressourcenverfahren beschreibt die entstehenden Kosten der zu betrachtenden Prozesse in Abhängigkeit von Ressourcentreibern. Anhand von Ressourcentreibern (zum Beispiel der Anzahl der Fertigungsteile) wird über eine Verbrauchsfunktion der Ressourcenverzehr (zum Beispiel der Personalbedarf) ermittelt. Dieser Ressourcenverzehr wird im abschließenden Schritt über eine Kostenfunktion in Kosten umgerechnet. In einem technischen Modell lässt sich aus den Ressourcentreibern über eine Verbrauchsfunktion der Ressourcenverzehr ermitteln. Die Kostenfunktion im betriebswirtschaftlichen Modell bildet die Kosten in Abhängigkeit vom Ressourcenverzehr ab.

Auf Basis dieser Grundüberlegung von Eversheim wurde ein Kostennomogramm für ein Arbeitssystem AS_p entwickelt. Das ideale Fertigungssystem anhand der Definition des schlanken Fertigungssystems besteht aus einem einzigen Arbeitssystem.[63] Ein schlankes Fertigungssystem stellt nach der Definition ein geschlossenes Zusammenspiel zwischen Mitarbeiter und Maschine innerhalb einer Zelle dar.

Dies ermöglicht die Abbildung der relevanten Kosten und die Visualisierung der technisch-betriebswirtschaftlichen Zusammenhänge. Das Kostennomogramm in der nachfolgenden Abbildung 3.37 besteht aus zwei Teilbereichen mit drei Skalen. Der untere Teil des Nomogramms ist das technische Modell, in dem das Ausbringungsverhalten des Arbeitssystems ersichtlich ist. Der obere Teil ist das betriebswirtschaftliche Modell, in dem die einzelnen Kostenbestandteile in Abhängigkeit von der Zeit dargestellt sind. Auf der horizontalen Skala ist die Betriebsdauer eines Tages aufgetragen. Die vertikale Skala unterhalb der Betriebsdauerskala ist die Mengenskala. Die beiden vertikalen Skalen über der Betriebsdauerskala sind die Kostenskalen. Die linke Skala drückt die gesamten Fertigungskosten über die Betriebsdauer aus, die rechte die Fertigungskosten je Stück. Die in Abschnitt 3.5.3 eingeführten Werte tägliche Produktionsmenge m,

[63]Die entsprechenden Begriffsdefinitionen und Begriffsabgrenzungen sind den Ausführungen in Abschnitt 3.3.3 zu entnehmen.

Nutzungsdauer des Arbeitssystems T_p^N, Betriebszeit BZ_p, theoretische Taktzeit t_p^t, Fixkosten je Fabriktag $K_p^{GLMfix/FT}$, variabler Arbeitssystemstundensatz k_p^{var}, Ziel-Herstellteilkosten K_{HT}^{Ziel} und Herstellteilkosten K_{HT}, in Form der Arbeitssystemkosten K_p, können im Diagramm grafisch eingetragen werden.

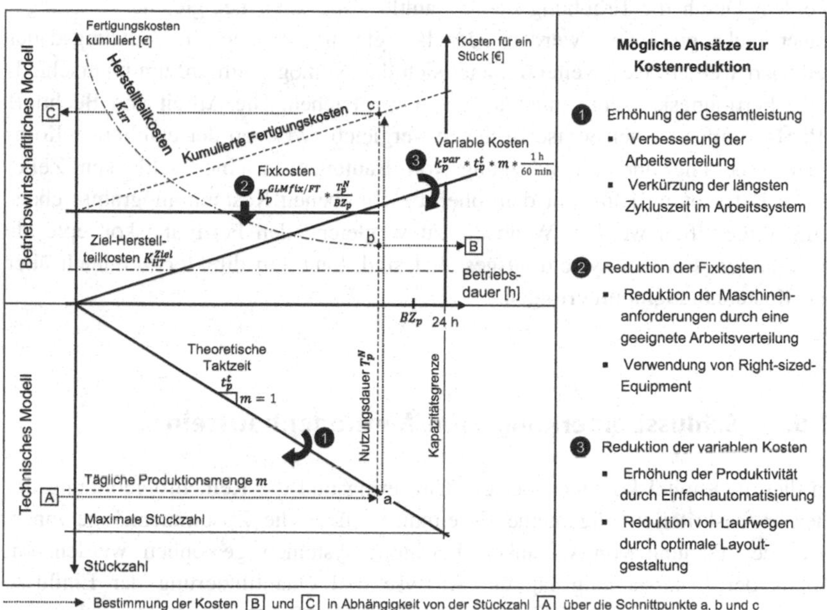

Abbildung 3.37 Kostennomogramm für Arbeitssysteme

Anhand der Stückzahl (siehe A) lassen sich über die Schnittpunkte a, b und c die Stückkosten (siehe B) und die gesamten Fertigungskosten (siehe C) bestimmen. Das Nomogramm bietet die Möglichkeit Verbesserungsmaßnahmen zu identifizieren und deren Auswirkung auf die Wirtschaftlichkeit des Fertigungssystems darzustellen. Im Umkehrschluss können auch durch Zielvorgaben Planungsanforderungen ermittelt werden. Des Weiteren erlaubt das Diagramm eine schnelle Überprüfung, ob die Ziel-Herstellteilkosten K_{HT}^{Ziel} in einem geplanten Mengenbereich eingehalten werden können. Darüber hinaus lässt sich auch die Mengenflexibilität für eine festgesetzte Kostengrenze bestimmen.

Das Kostennomogramm ist als ein zentrales Arbeitsmittel für die Planung von schlanken Fertigungssystemen anzusehen. Am rechten Bildrand von Abbildung 3.37 sind mögliche Ansätze zur Kostenreduktion dargestellt. Zur Minimierung der Herstellteilkosten K_{HT} können aus dem Kostennomogramm im Wesentlichen die drei übergeordneten Strategien „Erhöhung der Gesamtleistung", „Reduktion der Fixkosten" und „Reduktion der variablen Kosten" abgeleitet werden. Durch die Erhöhung der Gesamtleistung kann bei gleicher Nutzungsdauer mehr produziert werden oder bei gleicher Menge die Nutzungsdauer reduziert werden. Des Weiteren bietet sich das Nomogramm an, um unterschiedliche Fertigungskonzepte miteinander zu vergleichen. Die Arbeit von Bechtloff [Bec14] umfasst einen wirtschaftlichen Vergleich zwischen der etablierten Komplettbearbeitung und der Fertigung von Bauteilen in einer schlanken Zelle. Diese Betrachtung kann mit dem oben beschriebenen Kostennomogramm ebenfalls aufgegriffen werden. Wenn die zu vergleichenden Fertigungskonzepte als geschlossenes Arbeitssystem ausgestaltet sind, kann ein direkter Vergleich über das Kostennomogramm erfolgen.

3.6.5 Schlussbemerkung zum Methodenbaustein

In diesem Kapitel konnten über ein Clustering und die Reihenfolgebildung der Bewertungskriterien allgemeine Erkenntnisse über die Zusammenhänge innerhalb der Planung von schlanken Fertigungssystemen gewonnen werden. Im Fokus der Untersuchung lag die Analyse und Quantifizierung der Einflüsse zwischen den Bewertungskriterien. Die achtzehn Bewertungskriterien konnten durch ein Clustering auf die drei Cluster Gestaltungshebel, Gestaltungsknoten und Gestaltungspunkte aufgeteilt werden. Die Zuordnung zum jeweiligen Cluster bringt die Einflussstärke eines Kriteriums auf die weiteren Kriterien zum Ausdruck. Die Kriterien im Cluster Gestaltungshebel sind diejenigen mit einer großen Einflussstärke. Daher sind diese bei der systematischen Verbesserung des Planungsobjekts von besonderer Wichtigkeit. Ergänzend konnte unter der Verwendung eines Anordnungsalgorithmus eine geeignete Reihenfolge für die systematische Verbesserung des Planungsobjekts identifiziert werden.

Die oben genannten Erkenntnisse aus dem Clustering und der Reihenfolgebildung wurden dafür genutzt den Methodenbaustein MB3, den Verbesserungsleitfaden, aufzubauen. Die grafische Aufbereitung des Verbesserungsleitfadens versetzt den Anwender in die Lage, anhand der Bewertungsergebnisse und der dargestellten unterstützenden Einflüsse zwischen den Bewertungskriterien systematisch und objektiv geeignete Verbesserungsmaßnahmen zu identifizieren. Das entwickelte Kostennomogramm liefert ein ergänzendes Werkzeug, um technische und wirtschaftliche Aspekte eines Fertigungssystems miteinander zu verknüpfen. Mit der Entwicklung des MB3 ist die anwendungsspezifische Ausgestaltung des Methodengerüsts abgeschlossen.

3.7 Zusammenfassung und Zwischenfazit

In Kapitel 3 wurde die Methode zur modellbasierten Bewertung und systematischen Verbesserung von Fertigungssystemen entwickelt. Der Beitrag von Kapitel 3 umfasst die Beantwortung der ersten beiden Forschungsfragen.

Das Methodengerüst, das die Funktionalität zur systematischen Verbesserung von Planungsobjekten allgemeingültig abbildet, konnte durch die Übertragung der Komponenten und Signale des technischen Regelkreises auf das Anwendungsgebiet der Fertigungsplanung hergeleitet und entwickelt werden. Das daraus resultierende Methodengerüst besteht aus den drei Methodenbausteinen Fertigungssystemmodell, Bewertungsmethode und Verbesserungsleitfaden. Bei dem entwickelten Methodengerüst handelt es sich um einen objektneutralen Ansatz zur systematischen Verbesserung von Planungsobjekten. An dieser Stelle sei nochmals betont, dass das entwickelte Methodengerüst in weitere Objektbereiche, wie zum Beispiel Montage- und Logistiksysteme übertragbar ist. In der vorliegenden Arbeit erfolgte die anwendungsspezifische Ausgestaltung der Methode in Bezug auf schlanke Fertigungssysteme. Dafür wurde im ersten Schritt der Objektbereich definiert und abgegrenzt und es wurden anschließend darauf aufbauend die einzelnen Methodenbausteine ausgearbeitet und konkretisiert.

Im Zuge der Ausarbeitung konnte das Objekt „schlankes Fertigungssystem" durch eine entsprechende Beschreibungsstruktur klar definiert und greifbar gemacht werden. Damit liegt ein konkret beschriebenes Ziel in Form eines idealen Fertigungssystems vor. Durch das Fertigungssystemmodell und die Bewertungsmethode ist es möglich unterschiedliche Fertigungssysteme auf Basis einer allgemeinen Beschreibungssystematik zu modellieren und zu bewerten. Dies ermöglicht eine quantitative Aussage darüber, wie groß die Abweichung des betrachteten Fertigungssystem zu dem angestrebten idealen Fertigungssystem ist. Daraus ist erkennbar, wo die Verbesserungshebel liegen und wie groß das Verbesserungspotenzial ist. Durch die Analyse der Abhängigkeitsverhältnisse zwischen den Bewertungskriterien konnten allgemeine Zusammenhänge bei der Planung von schlanken Fertigungssystemen identifiziert werden. Der aus diesen

Erkenntnissen erarbeitete Verbesserungsleitfaden komplettiert die Funktionalität einer systematischen und damit effektiven und effizienten Verbesserung des Planungsobjekts.

Da es sich bei der entwickelten Methode um einen ergänzenden methodischen Beitrag für die Fertigungsplanung handelt, ist im nachfolgenden Kapitel zu beschreiben, wie diese in einen allgemeinen übergeordneten Fertigungsplanungsprozess einzubetten ist.

Methodenintegration und -anwendung

4

Die entwickelte Methode mit den drei ausgestalteten Methodenbausteinen ist im vorliegenden Kapitel in einen Fertigungsplanungsprozess einzubetten, um die dritte Forschungsfrage zu beantworten. Auf Basis des übergeordneten Fertigungsplanungsprozesses erfolgen eine nach Phasen gegliederte Beschreibung der Methodenanwendung sowie eine Darstellung und Abgrenzung des Beitrags der entwickelten Methode.

4.1 Integration der Methode in einen Fertigungsplanungsprozess

Neben der entwickelten Methode zur modellbasierten Bewertung und systematischen Verbesserung von Fertigungssystemen ist ergänzend ein allgemeiner Fertigungsplanungsprozess zu beschreiben. Die entwickelte Methode ist so in den allgemeinen Fertigungsplanungsprozess zu integrieren, dass daraus eine Vervollständigung des heuristischen Bezugsrahmens aus Abschnitt 3.1.3 resultiert.

Die in Abschnitt 2.2.2 ausführlich vorgestellten systemorientierten Planungsansätze nach [Sch99] und [REF90] orientieren sich in ihrer Grundstruktur an dem Problemlösungsprozess aus der Systemtechnik [Beh09, S. 24]. Warnecke [War99, S. 9-7 ff.] empfiehlt für die Planung von Fertigungssystemen einen

Elektronisches Zusatzmaterial Die elektronische Version dieses Kapitels enthält Zusatzmaterial, das berechtigten Benutzern zur Verfügung steht https://doi.org/10.1007/978-3-658-32288-5_4.

© Der/die Autor(en), exklusiv lizenziert durch Springer Fachmedien Wiesbaden GmbH, ein Teil von Springer Nature 2021

M. Feldmeth, *Methode zur modellbasierten Bewertung und systematischen Verbesserung von Fertigungssystemen*,
https://doi.org/10.1007/978-3-658-32288-5_4

systemtechnischen Ansatz und ein Vorgehen nach den Methoden der Problemlösung. Die Fabrikplanung, inklusive der Planung der einzelnen Teilsysteme, ist als Problemlösungs- und Entscheidungsprozess zu sehen [Sch95, S. 87]. Im Bereich der Fabrikplanung haben die Grundsätze allgemeiner Problemlösungszyklen bereits einen wesentlichen Beitrag zur Methodenentwicklung geleistet [Gru06, S. 26]. Aus diesen Ausführungen ergibt sich für die vorliegende Arbeit die Schlussfolgerung, dass die Planung eines Fertigungssystems als Problemlösungsprozess zu betrachten ist.

Die folgenden Beschreibungen des Begriffs Problem zeigen, dass das Problem den Ausgangspunkt und den Anstoß für die Planung darstellt. Ein Problem ist eine Abweichung zwischen einem derzeitigen Zustand und einem angestrebten Zielzustand und somit der Anlass und Ausgangspunkt einer Planung [Kle12, S. 1; Hab12, S. 28]. Der Duden bezeichnet ein Problem als schwierige Aufgabe [Dud17]. Für eine Aufgabe ist nur reproduktives Denken erforderlich und alle Methoden und Abläufe sind bekannt, während bei einem Problem die Mittel zur Zielerreichung unbekannt oder die bekannten Mittel auf eine neue Art und Weise zu kombinieren sind [Dör76, S. 10].

Der zu beschreibende Fertigungsplanungsprozess soll möglichst abstrakt formuliert sein, um eine Allgemeingültigkeit und universelle Anwendbarkeit sicherstellen zu können. Aufgrund dieser Anforderung, der obigen Ausführungen und in Anlehnung an die Empfehlung von Warnecke [War99, S. 9-7 ff.] wird der ausstehende Fertigungsplanungsprozess an den Problemlösungszyklus aus dem Systems Engineering [Dae02] angelehnt.[1] Daraus ergibt sich für die vorliegende Arbeit ein Fertigungsplanungsprozess, der sich aus den fünf sequenziellen Phasen „Situationsanalyse“, „Zielformulierung“, „Lösungsfindung“, „Bewertung der Lösungen“ sowie „Entscheidung“ zusammensetzt.[2] Der festgelegte Ablauf repräsentiert einen allgemein gültigen Fertigungsplanungsprozess, der genug Freiheiten für entsprechende Anwendungsfälle lässt. Tabelle 4.1 beinhaltet eine Gegenüberstellung der in Abschnitt 2.2.2 ausführlich vorgestellten Planungsansätze sowie

[1]Problemlösungszyklen, welche die Identifikation und Abstellung einer Störungsursache fokussieren (zum Beispiel Problemlösungszyklus nach Dekkers [Dek17]) sind für den Anwendungsfall nicht zielführend. Sie enthalten Schritte (zum Beispiel Ursachenanalyse und Umsetzung einer Lösung), die für ein Planungsproblem nicht relevant sind.

[2]Das Grundmodell des Problemlösungszyklus beinhaltet die Schritte Situationsanalyse, Zielformulierung, Synthese von Lösungen, Analyse von Lösungen, Bewertung und Entscheidung, die sich den Phasen Zielsuche, Lösungssuche und Auswahl zuordnen lassen [Dae02, S. 48].

Tabelle 4.1 Gegenüberstellung relevanter Planungsansätze

<table>
<tr><th>Problemlösungszyklus aus dem Systems Engineering [Dae02]</th><th>Planung und Gestaltung komplexer Produktionssysteme nach [REF90]</th><th>Planung von Produktionssystemen nach [Sch99]</th><th>6-Stufen-Methode der Systemgestaltung [REF85]</th></tr>
<tr><td>Situationsanalyse</td><td>Planungsstufe 1
Analyse Ausgangssituation</td><td>Schritt 1
Analyse der Produktionsaufgabe</td><td>X</td></tr>
<tr><td>Zielformulierung</td><td>Planungsstufe 2
Konkretisierung Planungsaufgaben</td><td>X</td><td>Schritt 1
Ziele setzen
Schritt 2
Aufgabe abgrenzen
Schritt 3
Ideale Lösungen suchen</td></tr>
<tr><td rowspan="3">Lösungsfindung
Bewertung der Lösungen
Entscheidung</td><td rowspan="2">Planungsstufe 3
Grobplanung Produktionssystem</td><td>Schritt 2
Technologieplanung</td><td rowspan="3">Schritt 4
Daten sammeln und praktikable Lösungen entwickeln
Schritt 5
Optimale Lösung auswählen</td></tr>
<tr><td>Schritt 3
Strukturplanung</td></tr>
<tr><td>Planungsstufe 4.1
Feinplanung Produktionssystem (Teilsysteme detaillieren)</td><td rowspan="4">Schritt 4
Ausführungsplanung (Verweis auf Methode zur Auslegungsplanung nach REFA; Methode vergleichbar mit [REF85])</td></tr>
<tr><td>X</td><td>Planungsstufe 4.2
Feinplanung Produktionssystem (Personaleinsatz planen und Realisierungsplan erstellen)</td><td rowspan="3">Schritt 6
Lösung einführen und Zielerfüllung kontrollieren</td></tr>
<tr><td>X</td><td>Planungsstufe 5
Systemeinführung</td></tr>
<tr><td>X</td><td>Planungsstufe 6
Systembetrieb</td></tr>
</table>

die Methode nach [REF85]. Die Zuordnung der entsprechenden Planungsaktivitäten zu den Phasen des Problemlösungsprozesses zeigt, dass der gewählte Problemlösungszyklus die relevanten Inhalte vorhandener Ansätze abdeckt.

Im nächsten Schritt ist die entwickelte Methode in den oben definierten Fertigungsplanungsprozess zu integrieren. Da es sich um ein Prozessmodell handeln soll, werden die Prozess- und Signalbezeichnungen des Regelkreises aus der zuvor dargestellten Tabelle 3.2 aus Abschnitt 3.2 herangezogen. Die beiden Ergebnisse werden zusammengeführt und in den eingangs entwickelten heuristischen Bezugsrahmen eingegliedert. In Abbildung 4.1 ist die Zusammenführung der beiden Ergebnisse, zur Ausgestaltung des heuristischen Bezugsrahmens, schematisch dargestellt. Eine Bewertung tritt in der entwickelten Methode als Schritt „Bewertung" und im Fertigungsplanungsprozess als Phase „Bewertung der Lösungen" auf.

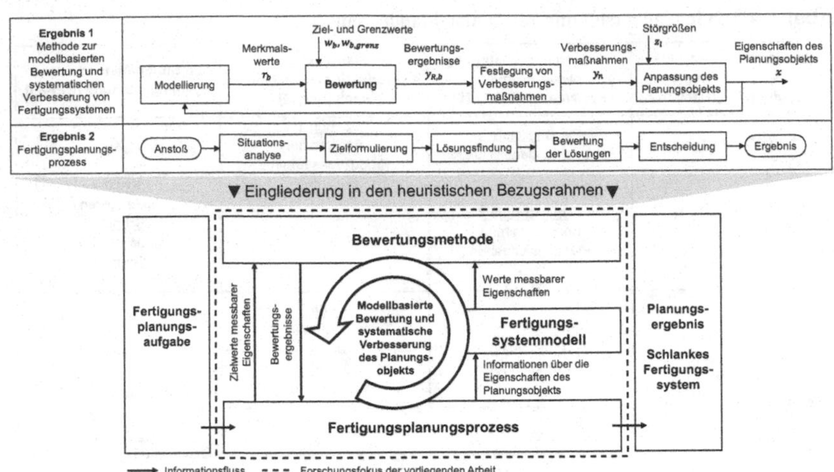

Abbildung 4.1 Vorgehensweise zur Vervollständigung des heuristischen Bezugsrahmens

Die Analyse und kritische Betrachtung eines Planungsstands in der Phase der Lösungsfindung mit Hilfe der entwickelten Bewertungsmethode (MB2) schafft die Grundlage für die Phase „Bewertung der Lösungen". Die abschließende Bewertung und die Bewertung während der Lösungsfindung sind gedanklich deutlich zu trennen [Hab12, S. 79]. Wenn eine Bewertung ausschließlich nach den durch die Bewertungsmethode abgedeckten Kriterien stattfindet, kann eine Zusammenführung der Ergebnisse durch eine Fusion des Schritts „Bewertung" (aus Ergebnis 1) und der Phase „Bewertung der Lösungen" (aus Ergebnis 2) erfolgen [Fel18a, S. 669]. In der vorliegenden Arbeit geschieht zur Sicherstellung der Verallgemeinerbarkeit keine Fusion. Bei einem allgemeinen Fertigungsplanungsprozess ist davon auszugehen, dass in der Phase „Bewertung der Lösungen" weitere Kriterien aus der Zielformulierung mitbetrachtet werden, die über die Bewertungsmethode (MB2) nicht abgedeckt sind und somit außerhalb des Betrachtungsbereichs liegen. Der Schritt „Bewertung" liefert jedoch einen wichtigen Beitrag, in Form einer Teilbewertung, für die Phase „Bewertung der Lösungen".

Das Prozessmodell in Abbildung 4.2 veranschaulicht die Integration der Methode in einen Fertigungsplanungsprozess. Die Abbildung beinhaltet die Verbindungen und Schnittstellen zwischen den Methodenbausteinen und dem allgemeinen Fertigungsplanungsprozess. Die Integration der Methodenbausteine zeigt den ergänzenden und erweiternden Beitrag der entwickelten Methode für den Fertigungsplanungsprozess. Zur vereinfachten Darstellung des Ablaufs ist zu ergänzen, dass es sich in der praktischen Anwendung um keinen rein sequenziellen Ablauf handelt, sondern auch gedankliche Vorgriffe, Rückgriffe und Wiederholungszyklen zwischen den einzelnen Phasen möglich sind [Hab12, S. 155 f.]. Des Weiteren existieren zwischen den fünf Phasen verschiedene Informationsflüsse [Hab12, S. 155]. Diese sind jedoch aus Übersichtlichkeitsgründen in der Abbildung nicht dargestellt.

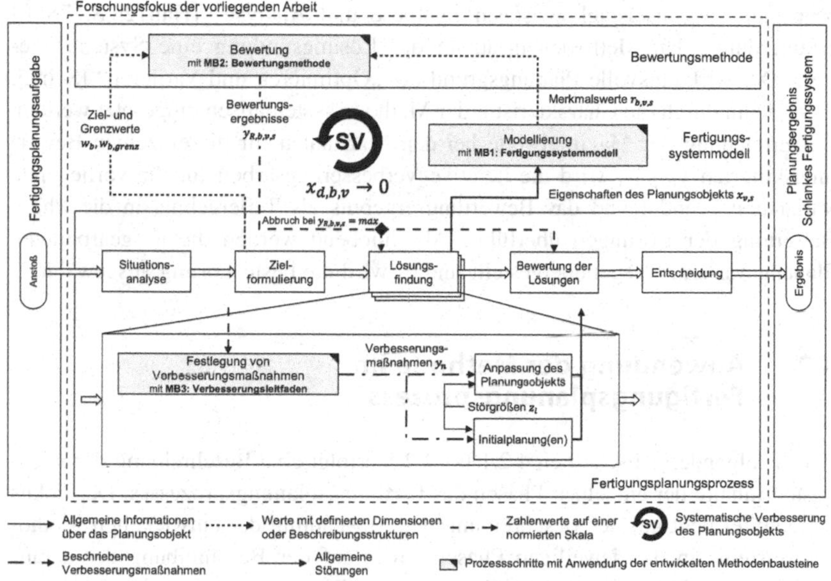

Abbildung 4.2 Integration der Methodenbausteine in den Fertigungsplanungsprozess (in Anlehnung an [Fel18a, S. 669])

Die systematische Verbesserung des Planungsobjekts findet in der Phase der Lösungsfindung statt. Die systematische Verbesserung vollzieht sich dabei über die Iterationsschritte s und die Bildung von Planungsvarianten v, mit $v, s \in \mathbb{N}$. Die Eigenschaften des Planungsobjekts $x_{v,s}$ werden durch das Fertigungssystemmodell (MB1) in Merkmalswerte $r_{b,v,s}$ übersetzt, die gemäß ihren Einheiten und deren Bestimmung standardisiert sind. Mit Hilfe der Bewertungsmethode (MB2) werden die ermittelten Werte $r_{b,v,s}$ mit den entsprechenden Ziel- und Grenzwerten w_b und $w_{b,grenz}$ verglichen und über eine Wertfunktion bewertet.

Die Werte w_b und $w_{b,grenz}$ entstammen aus der Phase der Zielformulierung. Aus dem Bewertungsergebnis $y_{R,b,v,s}$ in Form von Maßzahlen für die einzelnen Bewertungskriterien können über den Verbesserungsleitfaden (MB3) geeignete Verbesserungsmaßnahmen y_n zur Anpassung der Planung identifiziert werden. Das Bewerten stellt ein zentrales Element in der Phase der Lösungsfindung dar und unterstützt diese zielgerichtet. Die Bewertung dient wie beschrieben nicht ausschließlich der finalen Bewertung von Planungsergebnissen, sondern ist direkt mit mehreren Planungsschritten im Planungsprozess verknüpft, um die Lösungsfindung systematisch zu beeinflussen und zu lenken. Das von der Systemtechnik propagierte Wechselspiel zwischen Synthese und Analyse[3] [Hab12, S. 78 f.] erfährt durch den Methodeneinsatz in der Lösungsfindung eine Systematisierung. Der wirkungsvolle Planungsgrundsatz „Optimieren und Variieren" [Sch95, S. 91] kann durch die Charakteristik der Methode systematisch umgesetzt werden. Bei Erreichung der Maximalwerte bei den Maßzahlen für die einzelnen Bewertungskriterien $y_{R,b,v,s}$ wird die iterative Verbesserungsarbeit für die vorliegende Variante v beendet und das Bewertungsergebnis als Teilergebnis in die Phase Bewertung der Lösungen überführt. Abschließend werden die ausgearbeiteten Planungsvarianten gegenübergestellt und es wird die beste Lösung ausgewählt.

4.2 Anwendung der Methode im Fertigungsplanungsprozess

In den folgenden Abschnitten 4.2.1 bis 4.2.5 erfolgt eine Beschreibung der wichtigsten Inhalte der einzelnen Phasen des Fertigungsplanungsprozesses. Der Fokus der Kapitel liegt auf der Beschreibung der Anwendung der entwickelten Methodenbausteine in den jeweiligen Phasen sowie auf der Beschreibung der daraus resultierenden Verbindungen und Schnittstellen. Die phasenspezifischen Beschreibungen lehnen sich an das Werk von REFA „Planung und Gestaltung komplexer Produktionssysteme" [REF90] an. Dabei wird jede Phase tabellarisch hinsichtlich „Planungsschritte", „Methoden und Hilfsmittel" sowie „Verweis" beschrieben [REF90, S. 97 ff.]. Die darin geschilderten Inhalte sind den betrachteten Ansätzen der Tabelle 4.1 entnommen. Detaillierte Informationen zu den Planungsschritten, Methoden und Hilfsmittel sind den jeweiligen Literaturverweisen zu entnehmen. Da sich die Beschreibung an den allgemeinen Planungsansätzen orientiert, sind

[3]Die Synthese ist der konstruktive und kreative Schritt, die Analyse der kritische und analytisch-destruktive Schritt [Hab12, S. 78]. Das Zusammenspiel zwischen Synthese und Analyse läuft im Schritt der Lösungsfindung teilweise unstrukturiert ab, da kein methodischer Ansatz zur Anwendung kommt [Hab12, S. 79].

bei einer industriellen Anwendung gegebenenfalls anwendungsspezifische Erweiterungen erforderlich. Die Anwendung der in der vorliegenden Arbeit entwickelten Methodenbausteine und ergänzenden Werkzeuge ist in den entsprechenden Tabellen durch eine fette Schriftart hervorgehoben.

4.2.1 Phase 1: Situationsanalyse

Der Anstoß für eine Planung erfolgt im Allgemeinen durch produktbezogene Faktoren (Einführung eines neuen Produkts, Veränderungen im Absatz oder Modifikation von Produkten) und produktionsbezogene Faktoren (Beseitigung von Schwachstellen existierender Fertigungssysteme, Ersatz überalterter Betriebsmittel und Einführung neuer Technologien) [REF90, S. 91]. Die erste Phase bei der Planung eines Fertigungssystems ist die Situationsanalyse, deren Hauptaufgabe darin besteht, das Problem zu strukturieren, den Ist-Zustand zu erheben sowie Aufgaben und Aktivitäten festzulegen [War99, S. 9-9]. Bei der Situationsanalyse empfiehlt sich die Verwendung von Erhebungsbögen und Checklisten [REF90, S. 97]. Die Resultate der Situationsanalyse sollen darüber hinaus auch der Zielfindung und -formulierung dienen sowie die spätere Lösungserarbeitung vorbereiten [Dae02, S. 109]. Für die spätere Lösungsfindung sind in der Situationsanalyse die Systemgrenzen klar zu benennen und die vorherrschenden Randbedingungen zu identifizieren [Dae02, S. 120 ff.]. In der Situationsanalyse sind insbesondere die Techniken der Informationsbeschaffung, Informationsaufbereitung und Informationsdarstellung anzuwenden [Dae02, S. 123]. In Tabelle 4.2 ist die Phase der Situationsanalyse mit den wesentlichen Planungsschritten angeführt.

Tabelle 4.2 Beschreibung der Phase Situationsanalyse

Planungsschritte	Methoden und Hilfsmittel	Verweise
Situationsanalyse[a] durchführen	Erhebungsbögen, Checklisten, …	[REF90, S. 97]
Beschreibung der Bearbeitungsaufgabe	Bearbeitungsprofile	[Sch99, S. 10-36 f.]
Bildung von Teilegruppen	Morphologischer Kasten, …	[Sch99, S. 10-37 ff.]

[a]Der Planungsschritt Situationsanalyse zeigt im Wesentlichen die gleichen Inhalte wie die in anderen Quellen verwendete Betriebsanalyse. Die Betriebsanalyse liefert als Vorstufe der Planung wichtige Daten und Informationen für die nachfolgenden Planungsarbeiten [Agg87, S. 223 ff.].

Die zentralen Aufgaben in der Situationsanalyse sind die Ermittlung und Beschreibung aller erforderlichen Bearbeitungsaufgaben der zu fertigenden Werkstücke, in Form von Bearbeitungsprofilen, sowie die sinnvolle Zusammenfassung der Werkstücke zu Teilegruppen [Sch99, S. 10-36]. Bei der Beschreibung der Bearbeitungsaufgabe sind relevante Informationen über das zu fertigende Produkt zu erheben. Eine schematische Darstellung der Parameter für die Beschreibung der Bearbeitungsaufgabe ist in Abbildung 4.3 zu sehen. Relevant sind dabei Informationen über die Werkstückgeometrie in Form der herzustellenden Produktmerkmale und technologische Eigenschaften über den verwendeten Werkstoff. Darüber hinaus sind verschiedene Auftragsdaten von Bedeutung.

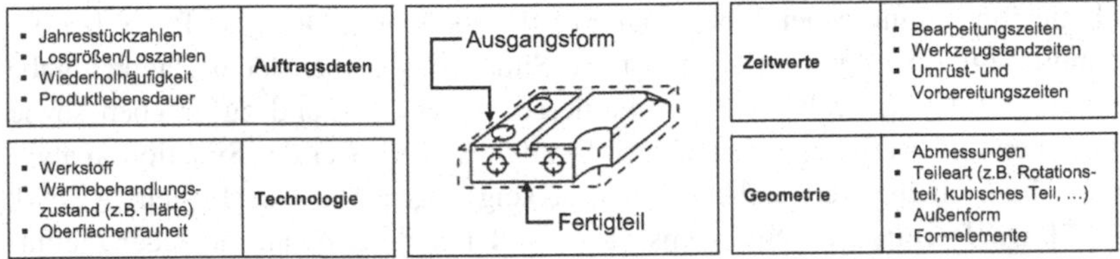

Abbildung 4.3 Parameter zur Beschreibung der Bearbeitungsaufgabe (in Anlehnung an [Sch99, S. 10-36])

Zusammenfassend kann gesagt werden, dass in der Situationsanalyse der eigentliche Planungsprozess vorbereitet wird. Die Datenerhebungen und Analysen liefern die entsprechenden Planungsinformationen für die nachfolgenden Phasen. In der Phase der Situationsanalyse kommt es noch zu keiner Anwendung der Methode. In Abbildung 4.2 sind daher keine Verbindungen zu einem der drei Methodenbausteine existent.

4.2.2 Phase 2: Zielformulierung

Der Phase Zielformulierung kommt eine zentrale Bedeutung zu, da diese über die formulierten Ziele die anschließende Lösungsfindung steuert [Dae02, S. 135]. Ziele sind als Aussagen zu verstehen, die besagen, was mit einer zu gestaltenden Lösung zu erreichen ist [Dae02, S. 135]. Die allgemeine Beschreibung der Phase Zielformulierung ist Tabelle 4.3 zu entnehmen.

Tabelle 4.3 Beschreibung der Phase Zielformulierung

Planungsschritte	**Methoden und Hilfsmittel**	**Verweise**
Aufgaben abgrenzen	Projektorganisation, Pflichtenheft	[REF85, S. 85 ff.]
Ziele konkretisieren	Zielkriterienkatalog, Zielpyramide	[REF90, S. 104]
	Zielwerte für schlanke Fertigungssysteme	**Abschnitt** 3.5.3
	Zielwerte für die Wirtschaftlichkeit (Herstellteilkosten)	**Abschnitt** 3.5.3
	Orientierungswerte für die Lösungsfindung	**Abschnitt** 4.2.2/**A.4**
Idealplanung durchführen	Kreativitätstechniken	[REF85, S. 94 ff.]
	Definition eines schlanken Fertigungssystems	**Abschnitt** 3.3.4

Für die Phase der Zielformulierung ist an dieser Stelle anzumerken, dass der zu erreichende Bestimmtheitsgrad und damit auch die Planungstiefe klar abzugrenzen sind. Die Planung eines Fertigungssystems lässt sich nach der Bestimmtheit des Fertigungssystems in die drei Planungsstadien Vor-, Haupt- und Detailprojekt einteilen [För03, S. 14].

Aggteleky [Agg87, S. 57] liefert zum Aspekt der Planungstiefe folgende Einschätzung. Der Aufwand einer Planungsaufgabe hängt im Wesentlichen von der erforderlichen Planungstiefe ab. Die Steigerung der Planungstiefe hat einen überproportionalen Anstieg des Planungsaufwands zur Folge. Eine zu geringe Planungstiefe kann jedoch bewirken, dass eine unzureichende Genauigkeit sowie Fehlentscheidungen oder Fehlplanungen entstehen. Das richtige Maß der Planungstiefe kann nur beurteilt werden, wenn genaue Informationen über das Ziel und die Verwendung der Planungsergebnisse vorhanden sind. Im Wesentlichen gilt der Grundsatz „So viel wie nötig – so wenig wie möglich".

Die entwickelte Methode deckt mit den definierten Bewertungskriterien für die betrachteten Aspekte des Fertigungssystems das Teilziel „Planungsobjekt entspricht der Definition eines schlanken Fertigungssystems" ab. Für dieses Teilziel sind in der Zielformulierung die Ziel- und Grenzwerte (w_b und $w_{b,grenz}$) anhand der definierten Bewertungskriterien der Bewertungsmethode festzulegen. Für die Formulierung des betrachteten Teilziels sind somit die ermittelten Werte aus Abschnitt 3.5.3 heranzuziehen. Durch diese Verbindung begründet sich die Schnittstelle zum Methodenbaustein MB2, der Bewertungsmethode. An dieser

Stelle ist anzumerken, dass neben dem betrachteten Teilziel durch die Methode noch weitere Teilziele zu berücksichtigen sind, die eine Formulierung erfordern. Diese sind im Rahmen der Zielformulierung zu identifizieren und zu bestimmen. Zu betrachten sind dabei unter anderem Leistungs- und Output-Ziele, wie zum Beispiel das Sach- und Formalziel.[4]

Nach Daenzer & Huber [Dae02, S. 156] sind für die korrekte Formulierung von Zielen folgende Prinzipien zu beachten. Ziele sollten lösungsneutral und möglichst präzise, unter Verwendung von feststellbaren Merkmalen, formuliert sein. In der Zielformulierung sollten Prioritäten zum Ausdruck gebracht werden und die Ziele zum Beispiel nach Muss-, Soll- und Wunschzielen klassifiziert werden. Ziele sollten möglichst widerspruchsfrei und der Zielkatalog überschaubar und bewältigbar sein.

Aufgrund der Charakteristik der Methode, dass diese neben den Eigenschaften des Fertigungssystems auch dessen Wirtschaftlichkeit betrachtet, kann ein ergänzendes Werkzeug für die Zielformulierung entwickelt werden. Durch dieses Werkzeug können von der Phase der Zielformulierung in die Phase der Lösungsfindung, durch ein Aufschlüsseln der Ziel-Herstellteilkosten K_{HT}^{Ziel}, Orientierungswerte für den Planer übergeben werden. Bei den Orientierungswerten handelt es sich um die Investitionssumme in Betriebsmittel, Anzahl der Mitarbeiter und sonstige Kosten pro Monat. Die Systematik für die Bestimmung der Orientierungswerte befindet sich in Anhang A.4 unter dem Punkt „Orientierungswerte für die Lösungsfindung“.

In der Phase der Zielformulierung ist die Entwicklung einer Idealplanung notwendig. Aus dieser Idealplanung werden entsprechende Zielwerte für die Bewertungskriterien bestimmt. Nach Grundig [Gru06, S. 23] sollte als Ausgangsbasis zur Lösungsfindung immer eine kompromissfreie Ideallösung aus einer Idealplanung dienen. Dieser methodische Grundsatz gewährleistet einen objektiven Beurteilungsmaßstab als Vergleichsbasis für die Realvarianten, um damit das Erkennen des Zielerreichungsabstands der Realvarianten zur Idealvariante zu gewährleisten [Gru06, S. 23]. Eine konkrete Zielzustandsbeschreibung der Idealplanung führt in der Regel dazu, dass dadurch ein besseres Planungsergebnis erreicht wird [Agg87, S. 57 f.] und [Agg87, S. 239]. Des Weiteren gewährleistet eine Idealplanung Orientierung in der späteren Lösungsfindung [REF85, S. 98]. Für die Entwicklung der Idealplanung kann die allgemeine Definition

[4]Nach Kosiol [Kos68, S. 261 ff.] sind in der Betriebswirtschaft folgende zwei Ziele zu unterscheiden. Das Sachziel legt die zu erstellende Leistung nach Art, Menge und Zeitpunkt fest und beschreibt dadurch das konkrete Handlungsprogramm einer Unternehmung. Das finanzwirtschaftliche Ziel einer Unternehmung wird als Formalziel bezeichnet. Das Sachziel dient instrumentell dem Formalziel.

eines schlanken Fertigungssystems aus Abschnitt 3.3.4 herangezogen und auf den vorliegenden Anwendungsfall angepasst werden. Die bereits erwähnten Zielwerte w_b konkretisieren die Idealplanung und liefern den besagten Beurteilungsmaßstab. Die Idealplanung stellt einen Teil der weiterzugebenden Informationen zwischen der Phase Zielformulierung und Lösungsfindung bereit. Nach Adam [Ada93, S. 82] ist ohne eine Zielsetzung keine rationale Planung und Auswahl einer optimalen Alternative zur Lösung des Problems möglich. Die Zielsetzung liefert den Beurteilungsmaßstab für die Entscheidungsalternativen und gibt der Planung die Denkrichtung für die Lösung des Problems vor [Ada93, S. 82].

4.2.3 Phase 3: Lösungsfindung

Nach Daenzer & Huber [Dae02, S. 53] erfolgt in der Phase der Lösungsfindung die Synthese von einzelnen Planungsvarianten. Die Synthese baut auf der Situationsanalyse und der Zielformulierung auf und bringt Planungsvarianten hervor, die dem Konkretisierungsniveau des aktuellen Planungsstadiums entsprechen. Dabei kann es sich um Entwürfe, Konzepte oder Detailplanungen handeln.

In der Phase der Lösungsfindung erfolgt neben der Erarbeitung der Planungsvarianten auch deren systematische Verbesserung. Tabelle 4.4 liefert einen Gesamtüberblick über die Phase der Lösungsfindung und führt die relevanten Planungsschritte an. Darüber hinaus zeigt die Tabelle, dass alle drei Methodenbausteine zum Einsatz kommen und dass die Phase der Lösungsfindung den zentralen Anwendungsbereich der entwickelten Methode darstellt.

Tabelle 4.4 Beschreibung der Phase Lösungsfindung

Planungsschritte	Methoden und Hilfsmittel	Verweise
Produktionsabläufe erarbeiten	Vorranggraphen, Repräsentativteileauswahl, Teilefamilienbildung	[REF90, S. 108]
Technologieplanung	Technologiekalender, Technologiebewertung, wirtschaftliche Bewertung	[Sch99, S. 10-40 ff.]
Strukturplanung	Verfahren zur Anordnungsoptimierung, Simulation, A-S-I-Methode (A: Adaption, S: Substitution oder I: Integration)	[Sch99, S. 10-44 ff.]
Fertigungssystem entwickeln	Kapazitätsteilung, Kapazitätsfeld, Zeitermittlung, Normen, Vorschriften, Brainstorming, Morphologie, Simulation, …	[REF90, S. 108]
Teilsysteme detaillieren	Hinweise zur Arbeitsplatzgestaltung, ergonomische Gestaltungshinweise, …	[REF90, S. 111]
Modellbasierte Bewertung und systematische Verbesserung des Planungsobjekts	**Methodenbaustein MB1: Fertigungssystemmodell**	Abschnitt 3.5
	Methodenbaustein MB2: Bewertungsmethode	Abschnitt 3.4
	Methodenbaustein MB3: Verbesserungsleitfaden	Abschnitt 3.6
	Kostennomogramm für Arbeitssysteme	Abschnitt 3.6.4

Abbildung 4.2 aus Abschnitt 4.1 zeigt, dass sich der Planungsschritt Lösungsfindung aus zwei Strängen mit unterschiedlichen Tätigkeiten zusammensetzt. Dabei handelt es sich zum einen um die Initialplanung(en), bei denen für jede Planungs(teil)aufgabe ein erstes Planungsergebnis erzeugt wird. Eine detailliertere Beschreibung der auszuführenden Planungsaufgaben erfolgt im weiteren Verlauf des Kapitels. Der zweite Strang besteht aus den Tätigkeiten „Festlegung von Verbesserungsmaßnahmen“ und „Anpassung des Planungsobjekts“. Die Anwendung der entwickelten Methode ermöglicht die schrittweise Verbesserung des Planungsobjekts oder den Anstoß für die Erzeugung von weiteren Varianten in Form von neuen Initialplanungen. Dieser Aufbau gewährleistet die Umsetzung des Planungsprinzips Variieren und Optimieren [Sch95, S. 91]. Die Festlegung der

Verbesserungsmaßnahmen vollzieht sich über das Bewertungsergebnis und den Methodenbaustein MB3, den Verbesserungsleitfaden. Bei der wiederkehrenden Anpassung des Planungsobjekts nach dem Planungsprinzip Variieren und Optimieren wird (werden) die Initiallösung(en) weiter ausgearbeitet und optimiert. Die schrittweise Verbesserung wird durch die Funktionsweise der Methode und die drei Methodenbausteine gewährleistet. Neben der Synthese von Planungsvarianten ist auch deren Analyse hinsichtlich ihrer Zweckmäßigkeit und Tauglichkeit vorzunehmen, um damit gegebenenfalls untaugliche Planungsvarianten zu eliminieren [Dae02, S. 53]. Kombination und Variation sind wichtige Schritte in der Planung, da der Vergleich von Alternativen Ideen für Verbesserungen durch Modifikation hervorbringen kann [Agg87, S. 58]. Die Iteration in Form einer stufenweisen Annäherung durch Probieren erweist sich als zielführend [Agg87, S. 58].

Im Zuge der Lösungsfindung sind alle notwendigen Planungsaufgaben auszuführen, die das Planungsobjekt umfänglich bestimmen. In Analogie zur Methodenentwicklung kommt auch bei der Strukturierung des Planungsprozesses die systemtheoretische Betrachtungsweise eines Fertigungssystems nach Schmigalla [Sch95] zur Anwendung. Im Zuge der Fertigungsplanung müssen die Prozesse, Elemente und Strukturen qualitativ und quantitativ bestimmt sein [Sch14a, S. 283 f.]. Zwischen den Maximalwerten für die Bestimmtheit der Elemente, Prozesse und Strukturen lässt sich ein kubischer Planungsraum aufspannen, in dem die daraus resultierenden Planungsaufgaben ersichtlich werden [Sch14a, S. 283 f.]. In Abbildung 4.4 ist auf der linken Seite der aufgespannte Planungsraum mit den entsprechenden Planungsaufgaben dargestellt.

Die gesamte Planung des Fertigungssystems kann in sieben Planungsaufgaben mit unterschiedlichem Betrachtungsfokus aufgeteilt werden. Die Erläuterung der einzelnen Planungsaufgaben ist in der nachfolgenden Tabelle 4.5 aufgeführt. In Abbildung 4.4 ist die Analogie zwischen dem Planungsraum (linke Seite) und dem Bewertungsraum (rechte Seite) erkennbar. Die Analogie ist in der gleichen sachlichen Ausrichtung der Dimensionen begründet. Die Bewertungsdimensionen betrachten jeweils eine entsprechend zugehörige Planungsaufgabe aus dem Planungsprozess. Der gleiche strukturelle Aufbau zwischen Planungsraum und den Bewertungsdimensionen ermöglicht eine zielgerichtete Unterstützung der Planung von Fertigungssystemen durch die entwickelte Methode. Je nach vorliegendem Bestimmtheitsgrad einer Planungsdimension ist auch eine Teilbewertung des Planungsobjekts möglich, die dem aktuellen Planungsreifegrad entspricht. Auf Basis der gewonnenen Erkenntnisse aus Abschnitt 3.6 empfiehlt sich für eine effektive und effiziente Verbesserung der Planungsergebnisse erst die Bewertungsergebnisse der Gestaltungshebel, dann die der Gestaltungsknoten

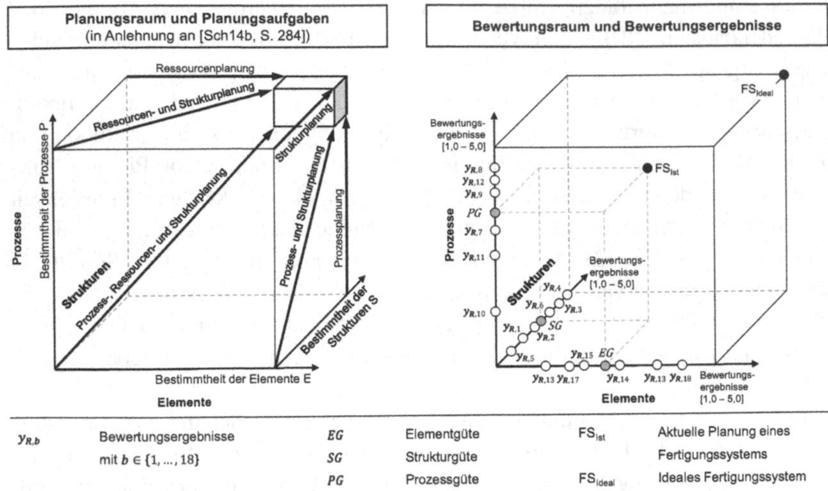

Abbildung 4.4 Analogie zwischen Planungsraum und Bewertungsraum

und abschließend die der Gestaltungspunkte zu verbessern. Dies führt während der Planung zu einem entsprechenden Wechsel zwischen den in Tabelle 4.5 aufgeführten Planungsaufgaben.

In der Phase der Lösungsfindung ermöglicht die Anwendung der Methode eine modellbasierte Bewertung und systematische Verbesserung des Planungsobjekts. Die Wirkung und der Nutzen der Methode im Fertigungsplanungsprozess lassen sich über Kennzahlen quantifizieren. Für die Quantifizierung werden zwei Kennzahlen herangezogen. Durch den Methodeneinsatz soll durch einen höheren Fertigungssystemwert FSW ein höherer Zielerreichungsgrad ZEG im Planungsprozess erreicht werden. Der Zielerreichungsgrad ZEG repräsentiert die prozentuale Erreichung des Planungsergebnisses hinsichtlich eines idealen Fertigungssystems. Der Zielerreichungsgrad ZEG ist über

$$ZEG = \frac{1}{4}(FSW - 1) * 100\ \% \tag{4.1}$$

bestimmbar. Die Erfolgswirksamkeit des Methodeneinsatzes spiegelt sich in der Verbesserung des Planungsergebnisses V_{PE} wider. Dabei ist das Bewertungsergebnis eines alten Planungsstands FSW_{Alt} in das Verhältnis zu dem Bewertungsergebnis eines neuen Planungsstand FSW_{Neu} zu setzen. Die Formel

Tabelle 4.5 Planungsaufgaben im Planungsraum (eigene Darstellung nach der Ausführung von [Sch14a, S. 284 f.])

#	Planungsaufgabe	Beschreibung
1	Prozess-, Element- und Strukturplanung	Ausgehend von einem Produktionsprogramm sind die für die Herstellung erforderlichen Prozesse, Strukturen und Elemente zu bestimmen.
2	Element- und Strukturplanung	Für ein mit seinen Fertigungsprozessen vorgegebenes Produktionsprogramm ist ein Fertigungssystem bestmöglich zu dimensionieren und zu strukturieren.
3	Prozess- und Strukturplanung	Auf Basis von bereits bestimmten Elementen sind optimale Prozesse und Strukturen für das Fertigungssystem zu gestalten.
4	Prozess- und Elementplanung	Optimale Prozesse und Elemente sind für ein Fertigungssystem mit vorgegebener räumlicher und zeitlicher Struktur zu bestimmen.
5	Prozessplanung	Für ein in seiner Dimension und Struktur gegebenes Fertigungssystem sind die optimalen Prozesse zu bestimmen.
6	Elementplanung	Für ein Fertigungssystem mit gegebenen räumlichen und zeitlichen Strukturen und Prozessen sind geeignete Elemente nach Art und Anzahl zu bestimmen.
7	Strukturplanung	Für ein Fertigungssystem mit bereits festgelegten Elementen und Prozessen sind optimale räumliche und zeitliche Strukturen zu bestimmen.

$$V_{PE} = \frac{FSW_{Neu} - FSW_{Alt}}{FSW_{Alt}} * 100\ \% \tag{4.2}$$

dient zur Bestimmung von V_{PE}. In Abbildung 4.5 ist dargestellt, wie sich die Methodenanwendung auf den Zielerreichungsgrad ZEG auswirkt. Die beiden Kennzahlen ZEG und V_{PE} liefern eine Aussage über die Effektivität des Planungsprozesses. Auf der linken vertikalen Achse ist der Zielerreichungsgrad ZEG und auf der rechten vertikalen Achse der Fertigungssystemwert FSW abgebildet. Zum Planungsaufwand ist anzumerken, dass dieser durch den Methodeneinsatz sinken oder steigen kann. Eine Reduktion kann durch ein systematischeres und zielgerichteteres Abarbeiten der Planungsaufgaben resultieren.

Eine Erhöhung kann dadurch erfolgen, dass Planungsaufgaben und Verbesserungsmaßnahmen durchgeführt werden, die ohne den Methodeneinsatz nicht angegangen worden wären.

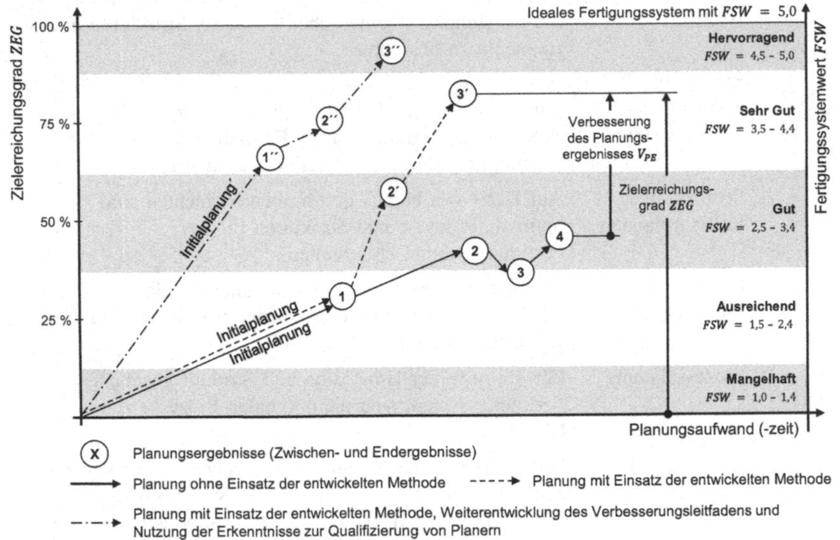

Abbildung 4.5 Wirkung und Nutzen der Methode im Fertigungsplanungsprozess

Bei der betrieblichen Anwendung der Methode können bewährte Verbesserungsmaßnahmen aus dem Unternehmensumfeld in den initialen Verbesserungsleitfaden aus Abschnitt 3.6 aufgenommen werden und diesen dadurch erweitern. Durch diese Anreicherung mit weiteren spezifischen und erfolgserprobten Verbesserungsmaßnahmen kann die Wirkung der Methode weiter verstärkt werden. Durch die Nutzung des Verbesserungsleitfadens zur Qualifizierung der Planer kann erreicht werden, dass die Initialplanung bereits einen hohen Grad der Zielerreichung aufweist und sich somit gegebenenfalls die Iterationsschritte reduzieren.

Das Kostennomogramm für Arbeitssysteme (Abschnitt 3.6.4) liefert ein ergänzendes Planungswerkzeug für die Lösungsfindung. Durch die Visualisierung technisch-betriebswirtschaftlicher Zusammenhänge kann ein Arbeitssystem unter Betrachtung der Wirtschaftlichkeit zielgerichtet verbessert werden. Geeignete Ansätze zur Kostenreduktion und Vorgaben von Zielwerten für die darin abgebildeten technischen Größen sind daraus ableitbar.

4.2.4 Phase 4: Bewertung der Lösungen

Nach Haberfellner et al. [Hab12, S. 80] besteht der Zweck der abschließenden Bewertung darin, dass taugliche Varianten systematisch gegenübergestellt werden und dadurch die Entscheidungssituation transparent gemacht wird. Die darin betrachteten Varianten müssen alle Mussziele (Festanforderungen[5]) aus der Zielformulierung erfüllen. Im Wesentlichen ist zu überprüfen, ob die Planungsvarianten technisch sicher, wirtschaftlich, menschlich zumutbar und rechtlich zulässig sind [REF85, S. 102].

Tabelle 4.6 liefert eine Beschreibung der Phase Bewertung der Lösungen. Die obige Abbildung 4.2 in Abschnitt 4.1 zeigt, dass die Bewertungsergebnisse die Schnittstelle zwischen der entwickelten Methode und der Phase Bewertung der Lösungen darstellen. Die Bewertungsergebnisse, die aus dem Methodenbaustein MB2 resultieren, liefern einen wesentlichen Beitrag für die abschließende Bewertung der Lösungen.

Tabelle 4.6 Beschreibung der Phase Bewertung der Lösungen

Planungsschritte	Methoden und Hilfsmittel	Verweise
Planungsvarianten nach definierten Zielgrößen bewerten	Bewertung nach Teilziel „Planungsobjekt entspricht der Definition eines schlanken Fertigungssystems" **Methodenbaustein MB2: Bewertungsmethode**	Abschnitt 3.4
	Wirtschaftlichkeits- und Kostenrechnung, Arbeitssystemwertermittlung, Argumentenbilanz	[REF90, S. 108]
	Nutzwertanalyse	[Hab12, S. 271 f.]

Nach dem Abschluss der Phase Lösungsfindung liegen eine oder mehrere Planungsvarianten vor, die erzeugt und über die Anwendung der entwickelten Methode systematisch verbessert wurden. Die Anwendung der Methode hat für

[5]Die Einhaltung von Festanforderungen ist unabdingbar und deren Nichterfüllung führt zum Ausschluss der jeweiligen Variante [Bre97, S. 16]. Die spätere Liste der Bewertungskriterien darf keine Festanforderungen enthalten, da diese nur als Ausscheidungs- und nicht als Auswahlkriterium heranzuziehen sind [Bre97, S. 44]. Dadurch ergibt sich keine Verwendung innerhalb der zu entwickelnden Methode.

jede Variante die zwei Bewertungsergebnisse zur Wirtschaftlichkeit $y_{R,19}$ und des Fertigungssystemwerts FSW hervorgebracht. Die erarbeiteten und bewerteten Planungsvarianten lassen sich in einem zweidimensionalen Bewertungsdiagramm darstellen. In Abbildung 4.6 ist auf der linken Seite exemplarisch ein Bewertungsergebnis aus der Bewertungsmethode (MB2) in einem zweidimensionalen Diagramm angeführt. Aufgrund der Studien von Cochran et al. [Coc01b] und Bechtloff [Bec14] ist zu erwarten, dass aus einem hohen Fertigungssystemwert eine hohe Wirtschaftlichkeit resultiert. Auf der rechten Seite sind die Ergebnisse einer Gesamtbewertung in Form der favorisierten Varianten zu sehen. An dieser Stelle ist zu betonen, dass das Bewertungsergebnis durch die Methode ausschließlich das Erreichen des betrachteten Teilziels „Planungsobjekt entspricht der Definition eines schlanken Fertigungssystems" widerspiegelt. Das Bewertungsergebnis liefert dennoch, vor allem in Kombination mit der Wirtschaftlichkeitsbewertung, eine wertvolle Entscheidungsgrundlage.

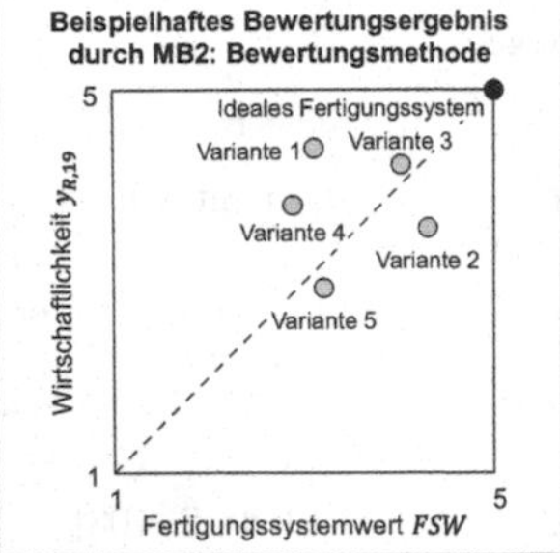

Beispielhaftes Bewertungsergebnis durch MB2: Bewertungsmethode

Ideales Fertigungssystem
Variante 1
Variante 3
Variante 4
Variante 2
Variante 5
Wirtschaftlichkeit $y_{R,19}$
Fertigungssystemwert FSW
1
5

Bewertungsergebnisse

#	Bewertung durch ...	Favorisierte Variante	Begründung
1	... Methodenbaustein MB2: Bewertungsmethode	Variante 1	Fertigungssystem mit der höchsten Wirtschaftlichkeit
2		Variante 2	Fertigungssystem mit dem höchsten Fertigungssystemwert
3		Variante 3	Fertigungssystem mit der besten Gesamtbewertung hinsichtlich Wirtschaftlichkeit und Fertigungssystemwert
4	... weitere Methoden und weitere Kriterien aus der Phase Bewertung der Lösungen	Variante 1-5	Fertigungssystem mit der besten Gesamtbewertung unter Berücksichtigung weiterer Kriterien aus der Phase „Bewertung der Lösungen"

Abbildung 4.6 Beispielhafte Ergebnisse aus der Phase 4: Bewertung der Lösungen

Für die abschließende Entscheidung ist zu prüfen, welche weiteren Kriterien in die Bewertung mit einzubeziehen sind. Basis dafür sollen die definierten Ziele aus Phase 2 sein. Eine möglichst objektive Entscheidung soll durch eine qualitative Rangordnung der Planungsvarianten gewährleistet werden. Dies kann mittels einer Nutzwertanalyse erfolgen [War99, S. 9-10].

4.2.5 Phase 5: Entscheidung

In der Phase der Entscheidung ist auf Basis der Bewertungsergebnisse die weiterzubearbeitende Planungsvariante auszuwählen [Hab12, S. 80], siehe Tabelle 4.7. Zur Sicherstellung einer auf breiter Basis abgestützten unternehmerischen Entscheidung ist es erforderlich, dass alle entscheidungsrelevanten Bewertungsfaktoren mit einbezogen werden [REF90, S. 107]. Dabei ist es notwendig, dass die ausgewählte Planungsvariante technisch sicher, wirtschaftlich, menschlich zumutbar und rechtlich zulässig ist [REF85, S. 102].

Tabelle 4.7 Beschreibung der Phase Entscheidung

Planungsschritte	Methoden und Hilfsmittel	Verweise
Entscheidung treffen	Entscheidungsvorschlag	[Hab12, S. 267]
	Plausibilitätsprüfung	
	Entschluss durch Entscheidenden	

Abschließend ist nochmal zu betonen, dass die Entscheidung für ein schlankes Fertigungssystem die Bereitschaft zu einer strategischen Neuausrichtung der Fertigung erfordert [Abe11b, S. 27]. Die Fertigung muss sich von einer auslastungs- und funktionsorientierten hin zu einer durchlaufzeit- und wertstromorientierten Ausrichtung wandeln. Die von Behrendt adressierten unternehmerischen Entscheidungsprozesse bei der Maschinenbeschaffung [Beh09, S. 1 ff.] sind für eine erfolgreiche Umsetzung zu überwinden. Das Ergebnis der Planung dient als Anstoß für das nächste Planungsstadium (zum Beispiel weitere Detailplanungen) oder kann nun durch eine Umsetzung realisiert werden [Hab12, S. 80].

4.3 Zusammenfassung und Zwischenfazit

In Kapitel 4 konnte die in Kapitel 3 entwickelte Methode zur modellbasierten Bewertung und systematischen Verbesserung von Fertigungssystemen in einen allgemeinen Fertigungsplanungsprozess integriert werden. Dadurch konnte der heuristische Bezugsrahmen aus Abschnitt 3.1.3 durch die erarbeiteten Forschungsergebnisse vollständig ausgefüllt und konkretisiert werden. Dies bestätigt an dieser Stelle die eingangs beschriebene Arbeitshypothese, dass durch eine geeignete Methode und deren fachgerechten Einsatz im Fertigungsplanungsprozess das Erreichen von Planungsergebnissen, die den Prinzipien der schlanken Produktion gerecht werden, unterstützt werden kann.

Kapitel 4 stellt die Antwort auf die dritte und letzte Forschungsfrage dar. Die entwickelte Methode liefert im Fertigungsplanungsprozess eine methodische Unterstützung für die Erreichung des Teilziels „Planungsobjekt entspricht der Definition eines schlanken Fertigungssystems“. Der Nutzen der entwickelten Methode begründet sich somit in einer ergänzenden Unterstützung für die Fertigungsplanung. Das Kapitel hat gezeigt, dass sich die Methode reibungslos in einen allgemeinen übergeordneten Fertigungsplanungsprozess integrieren lässt, was auch die Anwendbarkeit in der Praxis gewährleistet. Die Anwendung der entwickelten Methode wurde phasenspezifisch für einen allgemeinen Fertigungsplanungsprozess beschrieben. Der Einsatz der Methode findet hauptsächlich in der Phase der Lösungsfindung statt, um darin das Wechselspiel zwischen Synthese und Analyse sowie das Planungsprinzip Variieren und Optimieren systematisch zu unterstützen. Die Methode zeigt dem Planer in der Lösungsfindung gezielt Schwachstellen hinsichtlich direkt beeinflussbarer Merkmale auf und ermöglicht die Identifizierung zielführender Verbesserungsmaßnahmen.

Nach Aggteleky [Agg90a, S. 108] handelt es sich bei einer Planungsarbeit um eine geistige Leistung von Menschen, die er wie folgt charakterisiert. Die Planungsarbeit unterliegt sowohl in quantitativer als auch in qualitativer Hinsicht einer großen Streuung. Die wichtigsten Einflussfaktoren sind dabei die einschlägigen Fähigkeiten, die Kreativität, das angelernte Wissen, die gesammelte Erfahrung sowie die Motivation des Planers.

Durch die entwickelte Methode kann der durch Aggteleky beschriebenen Variabilität im Planungsprozess systematisch entgegengewirkt werden. Planer mit unterschiedlichen Fähigkeiten, Wissen, Erfahrungen und Kreativität können durch den Methodeneinsatz im Fertigungsplanungsprozess und die Nutzung der zugehörigen Werkzeuge ein Fertigungssystem, das den Prinzipien der schlanken Produktion gerecht wird, planen.

5 Evaluierung der Methode anhand eines industriellen Anwendungsfalls

Im Anschluss an die theoretische Ausarbeitung der Methode ist diese in einem industriellen Umfeld zu erproben. Zu Beginn des Kapitels wird der industrielle Anwendungsfall beschrieben und in den vorgesehenen Anwendungsbereich der Methode eingeordnet. Zum Nachweis der Anwendbarkeit und Wirksamkeit der Methode sind die Anwendungsergebnisse der einzelnen Methodenbausteine dargestellt. Das Kapitel schließt mit einer kritischen Betrachtung der Methodenanwendung anhand definierter Evaluierungskriterien ab.

5.1 Vorstellung des industriellen Anwendungsfalls

Die Überprüfung der erarbeiteten Forschungsergebnisse basiert auf einer Evaluierung der entwickelten Methode anhand eines industriellen Anwendungsfalls. Der herangezogene Forschungsprozess nach Ulrich sieht in der Phase 6 eine Überprüfung der Forschungsergebnisse im Anwendungszusammenhang vor [Ulr84, S. 191], siehe Abbildung 1.1. Die Zielsetzung des industriellen Anwendungsfalls ist, ein ausgewähltes Fertigungssystem mit der entwickelten Methode modellbasiert zu bewerten und eine systematische Verbesserung nach den Prinzipien der schlanken Produktion anzustoßen. Im Rahmen der Evaluierung der Methode sind in einem einmaligen Zyklus die drei Methodenbausteine anzuwenden, um

---

Elektronisches Zusatzmaterial Die elektronische Version dieses Kapitels enthält Zusatzmaterial, das berechtigten Benutzern zur Verfügung steht https://doi.org/10.1007/978-3-658-32288-5_5.

© Der/die Autor(en), exklusiv lizenziert durch Springer Fachmedien Wiesbaden GmbH, ein Teil von Springer Nature 2021
M. Feldmeth, *Methode zur modellbasierten Bewertung und systematischen Verbesserung von Fertigungssystemen*, https://doi.org/10.1007/978-3-658-32288-5_5

deren allgemeine Anwendbarkeit und Tauglichkeit im industriellen Umfeld nachzuweisen. Bei der Überprüfung der Wirksamkeit ist zu betrachten, ob sich das Planungsobjekt durch die aus der Methodenanwendung abgeleiteten Verbesserungsmaßnahmen so verändern lässt, dass sich ein positiver Effekt auf das Bewertungsergebnis einstellen kann.

Das betrachtete Objekt des industriellen Anwendungsfalls stellt ein bereits existierendes Fertigungssystem[1] für die Produktion von Kipphebeln eines Verbrennungsmotors dar. Das Produkt hat zwei Varianten, einen Auslass- und einen Einlasskipphebel, mit einem täglichen Bedarf von jeweils 2.150 Stück. Die Herstellung des Produkts erfolgt in einem 3-Schicht-Betrieb über die sechs Arbeitsgänge Schlitzen, Fräsen, Waschen, ECM[2]-Entgraten, Pressen und Reiben, dargestellt in Abbildung 5.1. Das Fabriklayout ist verrichtungsorientiert organisiert, wodurch sich eine Materialflusslänge von ungefähr 120 Metern ergibt. Die Maschinen für das Waschen, ECM-Entgraten und Reiben werden ebenfalls für die Fertigung weiterer Produkte genutzt. Das gesamte Fertigungssystem besteht in Summe aus elf Maschinen. Für die Bedienung der Maschinen und den Teiletransport sind in jeder Schicht 6,25 FTEs[3] im Einsatz.

Entsprechend dem abgegrenzten Anwendungsbereich aus Abbildung 3.9 (siehe Abschnitt 3.3.2) handelt es sich bei der Fertigung der Kipphebel um eine Serienfertigung von Standarderzeugnissen mit Varianten. Das Bauteilgewicht der Produkte liegt deutlich unter 5 kg, was ein manuelles Handhaben problemlos ermöglicht. Das betrachtete Fertigungssystem beinhaltet hauptsächlich Fertigungsverfahren aus der Hauptgruppe Trennen und ist der Prozessstufe Teilefertigung zuzuordnen. Aus technologischer Sicht ist eine gewisse Teilbarkeit der Bearbeitungsprozesse gegeben. Hierarchisch gesehen handelt es sich beim Betrachtungsobjekt um einen Fertigungsabschnitt, da ein abgegrenztes Fertigungssystem zur Herstellung eines definierten Produkts herangezogen wird. Durch die Betrachtung eines bereits existierenden Fertigungssystems ist der vorliegende Planungsfall einer Umplanung/einem Reengineering beziehungsweise einer Systemverbesserung zuzuordnen.

[1]Die Planung des betrachteten Fertigungssystems erfolgte in der Vergangenheit ohne Anwendung der entwickelten Methode.

[2]ECM: Electro Chemical Machining (dt.: Elektrochemisches Abtragen).

[3]FTE: Full Time Equivalent (dt.: Vollzeitäquivalent).

Abbildung 5.1 Betrachtetes Fertigungssystem zur Produktion der Kipphebel

5.2 Anwendung der Methoden und deren Ergebnisse

Wie eingangs beschrieben vollzieht sich die Anwendung der Methode in einer einmaligen sequenziellen Anwendung der drei Methodenbausteine. Das entwickelte Methodengerüst in Abschnitt 3.2 zeigt, dass jeder Methodenbaustein ein definiertes Ergebnis als Output besitzt. Der Methodenbaustein Fertigungssystemmodell (MB1) erzeugt aus Informationen über das Planungsobjekt die Merkmalswerte r_b, aus denen die Bewertungsmethode (MB2) die Bewertungsergebnisse $y_{R,b}$ generiert. Mit Hilfe des dritten Methodenbausteins, des Verbesserungsleitfadens (MB3), erfolgt die Identifikation geeigneter Verbesserungsmaßnahmen y_n.

Anwendung Methodenbaustein MB1 (Fertigungssystemmodell)
Bei der Anwendung des Methodenbausteins MB1 ist das zu untersuchende Fertigungssystem anhand der Definition des allgemeinen Fertigungssystems, siehe Abschnitt 3.3.3, zu modellieren. Darauf aufbauend sind die Merkmalswerte r_b zu ermitteln.

Abbildung 5.2 zeigt die Modellierung des betrachteten Fertigungssystems nach der entwickelten Beschreibungssystematik. Die Mengen $M_E = \{E_i|i = 1, \dots, 11\}$, $M_S = \{S_i|i = 1, \dots, 14\}$ und $M_P = \{P_i|i = 1, \dots, 44\}$ beschreiben die Elemente, Strukturen und Prozesse des Fertigungssystems. Das Fertigungssystem unterteilt sich in die sechs Arbeitssysteme $AS_1, \dots, AS_6$. Die Maschinen E_7,

E_8 und E_{11} fertigen weitere Produkte. Jeder der sechs Bereiche des Fertigungssystems ist gemäß der eingeführten Definition als eigenständiges Arbeitssystem anzusehen. Dies resultiert aus der verrichtungsorientierten Struktur, in der jeder Arbeitsgang in einem separaten und eigenständigen Bereich ausgeführt wird. Das Arbeitssystem AS_1 beinhaltet beispielsweise die Teilmengen $M_{E,1} = \{E_1\}$ und $M_{P,1} = \{P_1, \ldots, P_5\}$. Die Strukturen $S_1, \ldots, S_{14}$ und die Prozesse $P_{31}, \ldots, P_{44}$ befinden sich zwischen den Arbeitssystemen und sind daher keinem Arbeitssystem zugeordnet. Durch dieses Modell ist das zu betrachtende Objekt klar abgegrenzt und alle Elemente, Strukturen und Prozesse sind für die Ermittlung der Merkmalswerte r_b definiert.

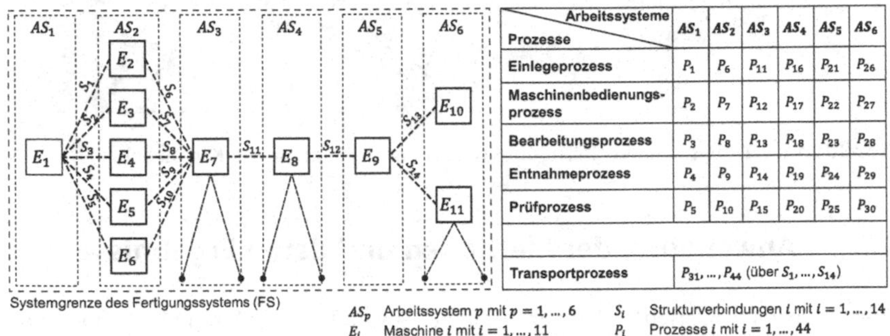

Prozesse \ Arbeitssysteme	AS_1	AS_2	AS_3	AS_4	AS_5	AS_6
Einlegeprozess	P_1	P_6	P_{11}	P_{16}	P_{21}	P_{26}
Maschinenbedienungsprozess	P_2	P_7	P_{12}	P_{17}	P_{22}	P_{27}
Bearbeitungsprozess	P_3	P_8	P_{13}	P_{18}	P_{23}	P_{28}
Entnahmeprozess	P_4	P_9	P_{14}	P_{19}	P_{24}	P_{29}
Prüfprozess	P_5	P_{10}	P_{15}	P_{20}	P_{25}	P_{30}
Transportprozess	$P_{31}, \ldots, P_{44}$ (über $S_1, \ldots, S_{14}$)					

Abbildung 5.2 Modellierung gemäß der Definition eines allgemeinen Fertigungssystems

Die Ermittlung der Merkmalswerte r_b erfolgt nach dem Modell in Abbildung 5.2 und der erläuterten Systematik in Abschnitt 3.5. Eine entsprechende Datenerhebung vor Ort liefert die notwendigen Informationen zur Bestimmung der Merkmalswerte r_b. Die ermittelten Merkmalswerte r_b aus der Anwendung des MB1 sind in Anhang A.7 in Tabelle A.18 dargestellt.

Anwendung Methodenbaustein MB2 (Bewertungsmethode)

Für die Anwendung des Methodenbausteins MB2 dienen die bereits ermittelten Merkmalswerte r_b als Eingangsgrößen. Die Ermittlung der Bewertungsergebnisse $y_{R,b}$ erfolgt dabei anhand der Merkmalswerte r_b über die beschriebene Funktionsweise in Abschnitt 3.4.2 mit den Ziel- und Grenzwerten w_b und $w_{b,grenz}$ aus Abschnitt 3.5.3. Die Bewertungsergebnisse $y_{R,b}$ aus der Anwendung der Bewertungsmethode (MB2) sind in Tabelle A.18 aufgeführt.

Durch die Darstellung der Bewertungsergebnisse in einem Balkendiagramm und nach der in Abschnitt 3.4.3.3 beschriebenen Kennzahlenlogik kann das Bewertungsergebnis zur Interpretation grafisch veranschaulicht werden. Abbildung 5.3 zeigt in der linken Bildhälfte in einem Balkendiagramm das Bewertungsergebnis für jedes der achtzehn Bewertungskriterien. Ein Fertigungssystemwert von $FSW = 2{,}23$ bedeutet, dass das bewertete Fertigungssystem ein signifikantes Verbesserungspotenzial aufweist. In der rechten Bildhälfte ist zu sehen, wie die Elementgüte EG, Strukturgüte SG und Prozessgüte PG im Bewertungsraum einen Raum aufspannen. Die Differenz zwischen dem im Anwendungsfall betrachteten Fertigungssystem $\mathrm{FS_{Ist}}$ und dem idealen Fertigungssystem $\mathrm{FS_{Ideal}}$ verdeutlicht das vorhandene Verbesserungspotenzial des Fertigungssystems.

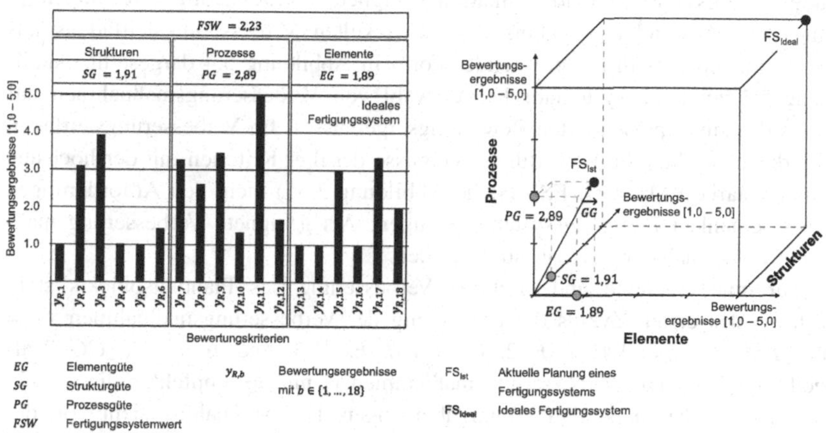

Abbildung 5.3 Visualisierung des Bewertungsergebnisses

Auf Basis des Bewertungsergebnisses können übergeordnete und auch detaillierte Aussagen über das betrachtete Fertigungssystem getroffen werden. Bei der Betrachtung der einzelnen Gestaltungsdimensionen ist auffällig, dass die Prozessgüte mit $PG = 2{,}89$ relativ gut ist. Dies resultiert vor allem aus der konsequenten Trennung zwischen menschlicher und maschineller Arbeit ($y_{R,11} = 5{,}00$). Gemäß den Erkenntnissen aus Abschnitt 3.6.2, in dem festgestellt wurde, dass Abhängigkeiten zwischen den einzelnen bewerteten Merkmalen vorherrschen, werden weitere Verbesserungen in der Prozessgüte durch die stark verbesserungsfähige Strukturgüte und Elementgüte, mit $SG = 1{,}91$ und $EG = 1{,}89$, verhindert beziehungsweise erschwert oder gehemmt. Das verrichtungsorientierte Layout mit den großen Distanzen zwischen den Maschinen sorgt für eine Schwachstelle in der räumlichen Struktur des Fertigungssystems. Die Folgen davon werden in mangelhaften Transportprozessen mit $y_{R,12} = 1{,}67$ ersichtlich. Die zeitliche Struktur ist aktuell geprägt von großen Weitergabemengen und einer mangelhaften Synchronität zwischen den Teilprozessen, was in seiner Konsequenz zu einem mangelhaften Bewertungsergebnis der drei Kriterien zur zeitlichen Struktur führt. Die Maschinen sind vor allem aufgrund ihrer Breite ein Hemmnis bei der Gestaltung eines schlanken Fertigungssystems. Dafür sind Maschinen notwendig, die schmal sind und dadurch gut in den Materialfluss integriert werden können.

Anwendung Methodenbaustein MB3 (Verbesserungsleitfaden)

Durch die Anwendung des Methodenbausteins MB3 findet anhand der Bewertungsergebnisse $y_{R,b}$ die Identifikation geeigneter Verbesserungsmaßnahmen y_n statt. Das Anwendungsergebnis des entwickelten Verbesserungsleitfadens aus Abschnitt 3.6.3 ist in entsprechender Form in Abbildung 5.4 dargestellt. Abbildung 5.4 zeigt die systematische Auswahl von Verbesserungsmaßnahmen auf Basis des zuvor präsentierten Bewertungsergebnisses. Im Verbesserungsleitfaden ist erkennbar, dass die Bewertungsergebnisse der drei Kriterien mit der höchsten Einflussstärke EMF, GG, ESF (siehe Abbildung 3.35) nicht den Anforderungen eines schlanken Fertigungssystems genügen. Als geeignete Verbesserungsmaßnahmen sind daher $y_1, \ldots, y_4$ auszuwählen.

Für eine effiziente und effektive Verbesserung des Planungsobjekts stellt sich für den ersten Zyklus die Umsetzung der Verbesserungsmaßnahmen $y_1 = VM\_ESF\_1$, $y_2 = VM\_ESF\_2$, $y_3 = VM\_EMF\_1$, und $y_4 = VM\_GG\_2$ als zielführend dar. Die Verbesserungsmaßnahmen y_1 und y_2 empfehlen die Reduktion der Bearbeitungs- und Weitergabemengen. Die Maßnahme sieht vor, das Fertigungskonzept grundlegend zu überdenken und an dem Einzelstückfluss auszurichten. Ergänzend dazu empfiehlt y_3 eine Artteilung der Arbeitsinhalte, um dadurch einen eindeutigen Materialfluss zu generieren, und y_4 die Vermeidung von Mehrfachverwendungen der Maschinen zur Verbesserung des Geschlossenheitsgrads.

Wirkung der Methodenanwendung auf das Planungsobjekt und weiterer Ausblick

Nach dem Bewertungsergebnis und den identifizierten Verbesserungsmaßnahmen $y_1, \ldots, y_4$ ist es an dieser Stelle, wie in Kapitel 4 beschrieben, sinnvoll eine neue Planungsvariante $v = 1$ zu erzeugen, um ein alternatives Planungsergebnis zu entwickeln. Bei der Ausarbeitung der Planungsvariante empfiehlt sich eine schrittweise Vorgehensweise, beginnend bei den Gestaltungshebeln über die

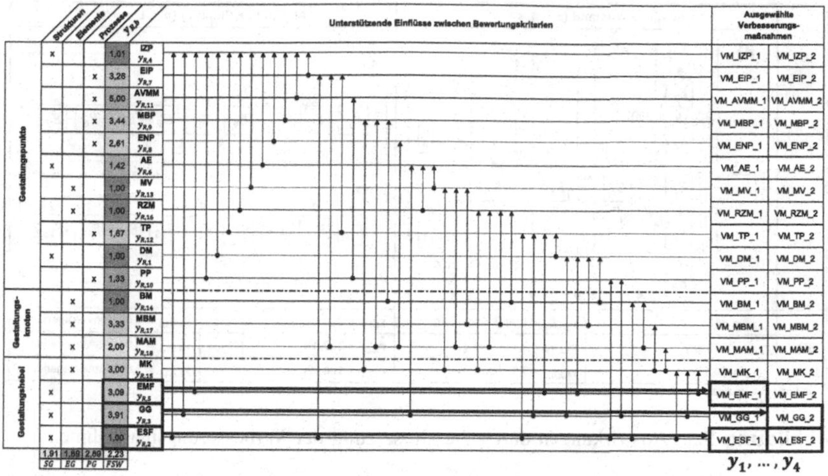

Abbildung 5.4 Anwendung des Methodenbausteins Verbesserungsleitfaden

Gestaltungsknoten bis hin zu den Gestaltungspunkten, um die unterstützenden Einflüsse zwischen den Gestaltungskriterien maximal auszunutzen.

Abbildung 5.5 zeigt eine Gegenüberstellung zwischen dem Ausgangszustand und der alternativen Planung unter Einbeziehung der Verbesserungsmaßnahmen $y_1, \dots, y_4$. In der Abbildung ist zu erkennen, dass sich durch die Veränderung der Merkmalswerte eine Verbesserung des Bewertungsergebnisses für die Kriterien ESF, GG und EMF einstellt.

Die Veränderungen der Bewertungsergebnisse der Kriterien ESF, EMF und GG repräsentieren die Verbesserungen der Strukturen des Fertigungssystems. Auf Basis der drei betrachteten Kriterien und der Gleichung (4.2) kann durch den ersten Zyklus $s = 1$ eine Verbesserung des Planungsergebnisses von $V_{PE} = 87{,}5\,\%$ erreicht werden. Aufbauend auf diesen Verbesserungen können im nächsten Schritt die Kriterien der Dimension Elemente (MK, MAM, MBM und BM) verbessert werden. Abbildung A.9 in Anhang A.7 liefert für diese nächste Iteration $s = 2$ einen Ausblick und visualisiert schematisch die dafür erforderlichen Zielwerte w_b für eine allgemeine Maschine E_i.

Nach einem vollständigen Ausarbeiten der neuen Planungsvariante und mehreren Iterationen zu deren Verbesserung können über die Kennzahlen Verbesserung des Planungsergebnisses V_{PE} und Erhöhung des Zielerreichungsgrads ZEG die

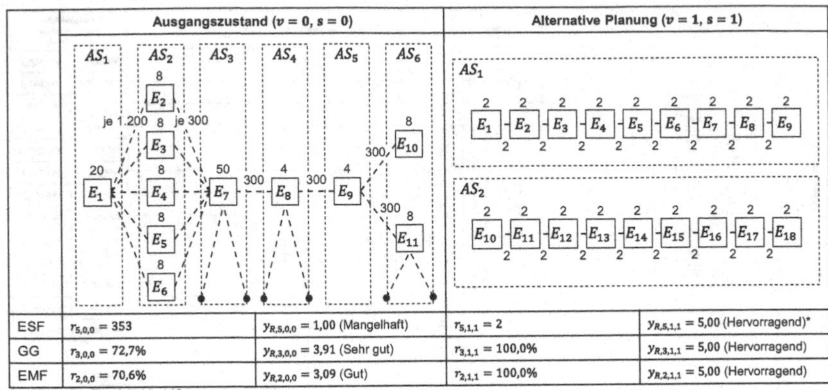

Abbildung 5.5 Auswirkungen durch die Umsetzung der Verbesserungsmaßnahmen

Verbesserung des Fertigungssystems und somit der Nutzen der Methode quantifiziert werden.

5.3 Evaluierung der Methode

Die Anwendung der Methode in einem industriellen Umfeld zeigt deren grundsätzliche Anwendbarkeit und Tauglichkeit. Es konnte nachgewiesen werden, dass durch den Einsatz der Methode die modellbasierte Bewertung und systematische Verbesserung des Planungsobjekts nach den Prinzipien der schlanken Produktion erfolgreich abgebildet werden kann. Damit liefert die Methode den angestrebten Beitrag für die Fertigungsplanung.

Die abschließende Evaluierung erfolgt anhand definierter Kriterien. Die in Abschnitt 3.1.2 formulierten Anforderungen an die Methode stellen die Evaluierungskriterien dar. Die entwickelte Methode und ihre Anwendung in einem industriellen Umfeld sind anhand dieser zehn Kriterien kritisch zu betrachten. In Tabelle 5.1 ist das Ergebnis der Evaluierung anhand der zehn Kriterien dargestellt. Die Bewertung geschieht anhand von qualitativen Erfüllungsgraden. Diese Erfüllungsgrade sind durch schriftliche Begründungen untersetzt. Zusammenfassend kann nach der kritischen Betrachtung gesagt werden, dass die entwickelte Methode alle zehn formalen Anforderungen erfüllt. Damit gilt die Methode als angemessen und geeignet.

Tabelle 5.1 Ergebnis der Evaluierung anhand der gestellten Anforderungen

Evaluierungs-kriterien (siehe Anforderungen aus Kapitel 3.1.2)		**Bewer-tung**	**Begründung**
Allgemeine Gütekriterien der Forschung [Töp12, S. 233 f.]	Objektivität	●	Die deterministischen Bewertungskriterien liefern anhand von mess- oder zählbaren Werten ein objektives Bewertungsergebnis. Ein gewisser subjektiver Einfluss liegt allgemein bei qualitativen Kriterien vor, dieser kann durch den Einsatz der entwickelten Merkmalstafeln auf ein zulässiges Maß minimiert werden. Durch den Einsatz von Bewertergruppen und einer Mittelwertbildung ist dieser weiter reduzierbar [Bre97, S. 130]. Bei der Auswahl der Verbesserungsmaßnahmen stehen dem Anwender bewusst Freiheitsgrade zu. Diese sind durch die transparente Struktur des Verbesserungsleitfadens stets objektiv nachvollziehbar.
	Validität	●	Durch die systematische Auswahl und Herleitung der Bewertungskriterien in Kapitel 3.4, auf Basis der Definition eines schlanken Fertigungssystems, werden die relevanten Aspekte eines schlanken Fertigungssystems betrachtet. Die Operationalisierung der Bewertungskriterien in Kapitel 3.5.3 ermöglicht eine eindeutige Messbarkeit. Der innere Aufbau des Verbesserungsleitfadens beruht auf einer systematischen Analyse der Abhängigkeitsverhältnisse zwischen den Bewertungskriterien und liefert bei der Anwendung nachvollziehbare Ergebnisse auf Grundlage wissenschaftlich fundierter Erkenntnisse.
	Reliabilität	●	Bei der Auswahl der Verbesserungsmaßnahmen sind gewisse Freiheitsgrade vorhanden. Zur Sicherstellung der Anwendbarkeit sind diese Freiheitsgrade erforderlich und wurden einem rein deterministischen Aufbau vorgezogen. Die Auswahl der Verbesserungsmaßnahmen ist durch den Aufbau der Methode stets objektiv nachvollziehbar. Die Qualität der Datenerhebung und Werterfassung ist durch den jeweiligen Anwender sicherzustellen, um eine fehlerhafte Schlussfolgerung durch ein falsches Bewertungsergebnis auszuschließen.
	Generalisier-barkeit	●	Der grundlegende Aufbau der Methode und die zugrunde liegende Beschreibungs- und Modellierungssystematik für Fertigungssysteme gewährleisten eine Allgemeingültigkeit der Methode im abgegrenzten Anwendungsbereich. Der vorgestellte industrielle Anwendungsfall liefert den Nachweis für die allgemeine Anwendbarkeit der Methode.
Anforderungen an anwendungsnahe Entscheidungsmethoden [Lit70, S. 466]	Einfachheit	●	Die entwickelte Methode besteht aus drei unabhängigen und aufeinander aufbauenden Methodenbausteinen. Die Einfachheit der entwickelten Methode ist darin begründet, dass der Anwender bei der Bewertung ausschließlich die vordefinierten Werte beziehungsweise Merkmalsbeschreibungen zu erfassen hat. Des Weiteren bietet der Verbesserungsleitfaden eine grafische Unterstützung bei der Identifikation geeigneter Verbesserungsmaßnahmen.
	Robustheit	●	Die Auswahl der Verbesserungsmaßnahmen hängt von den Bewertungsergebnissen ab. Die Qualität der Datenerhebung und Werterfassung ist durch den jeweiligen Anwender sicherzustellen. Die innere Struktur des Verbesserungsleitfadens ist klar definiert und lässt bei der Auswahl der Verbesserungsmaßnahmen Freiheitsgrade zu. Diese sind nach den wissenschaftlich fundierten Analysen der unterstützenden Einflüsse zulässig.
	Kontrollier-barkeit	●	Die Transparenz der Methode ist dadurch gegeben, dass die Erzeugung der Bewertungsergebnisse anhand der Werte aus dem Modell über lineare Wertfunktionen erfolgt. Die Wertfunktionen bestimmen sich aus den Ziel- und Grenzwerten der jeweiligen Kriterien. Bei der Auswahl der Verbesserungsmaßnahmen ergibt sich die Transparenz über die identifizierten Einflusspfade, die zur Unterstützung grafisch dargestellt sind. Es besteht eine klare Nachvollziehbarkeit zwischen Input und Output der einzelnen Methodenbausteine.
	Anpassungs-fähigkeit	●	Die Anpassungsfähigkeit der entwickelten Methode ist dadurch gegeben, dass Ziel- und Grenzwerte neu definiert werden können und dadurch die Bewertungshärte einzelner Kriterien eingestellt werden kann. Des Weiteren können im Verbesserungsleitfaden weitere Verbesserungsmaßnahmen ergänzt werden, die sich aus dem industriellen Einsatz der Methode ergeben. Abschließend ist noch zu sagen, dass das Methodengerüst mit den drei Methodenbausteinen als Grundstruktur verallgemeinerbar ist und sich auf weitere Betrachtungsbereiche und Anwendungsfälle übertragen lässt.
	Interaktions-fähigkeit	●	Nach der Abbildung des Planungsobjekts im Fertigungssystemmodell liegt durch die bereits parametrisierte Bewertungsmethode umgehend ein Bewertungsergebnis des Fertigungssystems vor. Anhand des Bewertungsergebnisses können über den grafischen Verbesserungsleitfaden schnell und einfach Verbesserungsmaßnahmen identifiziert werden.
	Vollständigkeit	●	Die entwickelte Methode bildet ein Fertigungssystem als Partialmodell ab. Partialmodelle beschränken sich auf einen bestimmten Ausschnitt des realen Systems [Kle12, S. 38]. Die Definition und Abgrenzung des Objektbereichs in Sektion 3.3 zeigt, dass eine Vollständigkeit bezüglich des definierten Anwendungs- und Betrachtungsbereichs der Methode vorliegt und alle relevanten Aspekte berücksichtigt sind.

⊕ = nicht erfüllt ◑ = teilweise erfüllt ● = voll erfüllt

Bei der Anwendung der Methode in der Praxis ist darauf hinzuweisen, dass bei der Datenerhebung und der Modellierung das Aufwand-Nutzen-Verhältnis hinsichtlich des Detaillierungsgrades und der Genauigkeit stets im Blick zu halten ist. Die Methode ermöglicht es je nach Planungsfortschritt mit Schätz-, Vergleichs- oder Planwerten zu arbeiten, was vor allem in den frühen Planungsstadien notwendig ist. In Anlehnung an die Planungsarbeit, bei der der Aufwand überproportional mit der Planungstiefe steigt [Agg87, S. 57], ist auch bei der Datenerhebung und der Modellierung der Detaillierungsgrad so zu wählen, dass er für die Aufgabenstellung angemessen ist. Dadurch kann ein hoher Aufwand bei der Erhebung der Merkmalswerte vermieden werden. Es gilt der gleiche Grundsatz wie bei der Planung. Die genaue Information über das Ziel und die Verwendung des Ergebnisses ist erforderlich, um den richtigen Detaillierungsgrad bestimmen zu können [Agg87, S. 57].

Da die Planung für ein Fertigungssystem als selbstähnlich zu einer Fabrikplanung anzusehen ist, soll in einem ergänzenden Schritt überprüft werden, inwieweit die entwickelte Methode deren Grundsätzen[4] folgt und diese erfüllt.

Nach Grundig [Gru06, S. 22 ff.] sind für eine effektive Bearbeitung und Sicherstellung der Zielerreichung zwölf Planungsgrundsätze einzuhalten, die sich wie folgt zusammenfassen lassen. Durch den Grundsatz der „Wertschöpfungsanalyse“ sollen nicht wertschöpfende Prozessschritte möglichst minimiert beziehungsweise vermieden werden. Die ganzheitliche Problembetrachtung bei der Lösung einzelner Teilaufgaben stellt die „ganzheitliche Planung“ sicher. Das „stufenweise Vorgehen“ grenzt einzelne Teilschritte eindeutig voneinander ab und ermöglicht ein strukturiertes Abarbeiten der Schritte. Der Fokus sollte durch eine „Produkt- und funktionsorientierte Planung“ auf dem zu realisierenden Produktions- beziehungsweise Leistungsprogramm liegen. Die „Wirtschaftlichkeit der Planung“ ist notwendig, um Kosten gering zu halten. Da prinzipiell immer mehrere Varianten möglich sind, ist es erforderlich das „Variantenprinzip“ zu verfolgen. Die „Notwendigkeit der Idealplanung“ stellt einen objektiven Beurteilungsmaßstab (Vergleichsbasis) hinsichtlich des Zielerreichungsabstands der Realvarianten zur Idealvariante dar. Die „Sicherung der Projekttreue“ beinhaltet die Erreichung der Anforderungen. Die „Sicherung der Projektflexibilität“ soll die Anpassungs- und Wandlungsfähigkeit der Projektlösung sicherstellen. Die „Komplexität der Arbeitsinhalte“ erfordert die Einbeziehung aller Disziplinen. Die „Ordnung und Vereinheitlichung“ beinhalten vor allem die Beherrschung einer gemeinsamen

[4]Unter einem Grundsatz ist ein allgemeingültiges Prinzip, das einer Sache zugrunde liegt oder das sie kennzeichnet, zu verstehen [Dud17].

Tabelle 5.2 Erfüllung der Planungsgrundsätze nach Grundig [Gru06, S. 22 ff.]

Planungsgrundsätze		Bewertung	Begründung
Planungsgrundsätze [Gru06, S. 22 ff.]	Wertschöpfungs-analyse	●	Die Methode fokussiert die Gestaltung von Fertigungssystemen nach den Prinzipien der schlanken Produktion. Die Grundlage des Toyota-Produktionssystems ist die Beseitigung von Verschwendung [Ohn13, S. 37]. Somit wird durch den Fokus der Methode der Planungsgrundsatz der Wertschöpfungsanalyse erfüllt.
	Ganzheitliche Planung	●	Die Zielsetzung der Methode ist die Betrachtung eines abgegrenzten Ausschnitts einer Planung und eines Fertigungssystems. Die Methode ist als Ergänzung des Fertigungsplanungsprozesses anzusehen, um die Planung eines schlanken Fertigungssystems systematisch zu unterstützen. Die in Kapitel 4 dargestellte Integration in einen allgemeinen Fertigungsplanungsprozess zeigt, dass die Methode in eine ganzheitliche Planung integrierbar ist und dass diese einen wertvollen Beitrag für eine ganzheitliche Planung leistet.
	Stufenweises Vorgehen	●	Die Methode ist aufgrund ihrer inneren Struktur klar nach den Planungsaufgaben Elementplanung, Strukturplanung und Prozessplanung teilbar. Des Weiteren ist durch die Einteilung der Bewertungskriterien nach Gestaltungshebeln, Gestaltungsknoten und Gestaltungspunkten eine Sequenz von Planungsaufgaben ableitbar, die dem stufenweisen Vorgehen entspricht.
	Produkt- und funktionsorientierte Planung	●	Schlanke Fertigungssysteme entsprechen den Prinzipien der schlanken Produktion. Bei den Prinzipien der schlanken Produktion liegt der Fokus auf einer produkt- und prozessorientierten Gestaltung der Abläufe [Ger11, S. 149 f.].
	Wirtschaftlichkeit der Planung	●	Das klare Ziel und die Funktionalität der Methode in Form eines geschlossenen Regelkreises unterstützen eine effektive und effiziente Planung von Fertigungssystemen. Des Weiteren wird die Wirtschaftlichkeit des Planungsergebnisses durch das Submodul 2 der Bewertungsmethode explizit bewertet.
	Variantenprinzip	●	Abbildung 4-2 zur Anwendung der Methodenbausteine im Fertigungsplanungsprozess zeigt explizit die Anwendbarkeit der entwickelten Methode für mehrere Varianten. Durch die Bewertungsmethode wird ein systematischer Vergleich mehrerer Varianten ermöglicht und durch den Verbesserungsleitfaden wird die systematische Variantenbildung gefördert.
	Idealplanung	●	Das Ideal eines schlanken Fertigungssystems ist durch eine Definition greifbar beschrieben und durch die Zielwerte der Bewertungskriterien operationalisiert.
	Sicherung der Projekttreue	●	Die Methode ist in der Lage die Projekttreue bezüglich des Teilziels „Planungsobjekt entspricht der Definition eines schlanken Fertigungssystems" zu überwachen und zu verfolgen. Weitere Ziele, vor allem die aus dem Projektmanagement, können in der Phase „Zielformulierung" definieren werden. Durch den Einsatz weiterer Methoden im Fertigungsplanungsprozess können diese abgesichert werden.
	Projektflexibilität	●	Das nach der erfolgreichen Anwendung der Methode erzeugte Planungsergebnis entspricht einem Fertigungssystem nach den Prinzipien der schlanken Produktion. Dieses zeichnet sich durch eine hohe Flexibilität und Wandlungsfähigkeit aus. Die wichtigsten Aspekte sind dabei die kleinen, mobilen und modular anpassbaren Maschinen.
	Komplexität der Arbeitsinhalte	●	Die im Verbesserungsleitfaden dargestellten Abhängigkeitsverhältnisse zwischen den Kriterien zeigen Zusammenhänge zwischen einzelnen Bewertungskriterien auf. Diese Transparenz fördert das Verständnis und die Akzeptanz zwischen den interdisziplinären Parteien hinsichtlich der Abhängigkeitsverhältnisse. Aktiv beteiligte Parteien bei der Methodenanwendung können Maschinenbediener, Prozesstechniker, Maschinenentwickler und Arbeitsvorbereiter sein.
	Ordnung und Vereinheitlichung	●	Die der Methode zugrundeliegenden Begriffsdefinitionen eines allgemeinen und eines schlanken Fertigungssystems gewährleisten eine gemeinsame Sprach- und Begriffswelt. Die für die vorliegende Arbeit eingeführten Definitionen sind im Glossar zu finden.
	Dezentralisierung	●	Die Vor-Ort-Mitarbeiter können bei der Modellierung und Bewertung eines Fertigungssystems in Form der Wertermittlung mit einbezogen werden. Des Weiteren ist ihre Teilnahme bei der Umsetzung der Verbesserungsmaßnahmen sowie bei der Erweiterung des Verbesserungsleitfadens unabdingbar.

⊕ = nicht erfüllt ◑ = teilweise erfüllt ● = voll erfüllt

Sprach- und Begriffswelt. Die „Dezentralisierung“ ermöglicht die Einbeziehung von Vor-Ort-Mitarbeitern in die Gestaltung der Lösung.

In Tabelle 5.2 ist die Erfüllung der genannten Planungsgrundsätze nach Grundig dargestellt. Das Ergebnis zeigt, dass die entwickelte Methode einen wertvollen methodischen Beitrag für die Fertigungsplanung leistet und den zwölf Planungsgrundsätzen gerecht wird. Durch die Einbettung der Methode in einen übergeordneten Fertigungsplanungsprozess leistet die Methode einen wesentlichen Beitrag für die ganzheitliche Planung von schlanken Fertigungssystemen.

Als zusammenfassendes Fazit ergibt sich, dass durch die Evaluierung der Methode anhand eines industriellen Anwendungsfalls deren Anwendbarkeit, Tauglichkeit, Wirksamkeit und anforderungsgerechte Gestaltung nachgewiesen werden konnte. Durch die Methode werden alle zehn Evaluierungskriterien erfüllt. Darüber hinaus werden durch die Methode auch die zwölf etablierten Planungsgrundsätze aus der Fabrikplanung erfüllt beziehungsweise unterstützt.

6 Zusammenfassung und Ausblick

Den Anstoß für die vorliegende Arbeit liefert die Situation, dass die erfolgserprobten Prinzipien der schlanken Produktion in der Fertigung weit weniger verbreitet sind als in der Montage. Für deren weitere Verbreitung sind geeignete methodische Beiträge notwendig, die jedoch seitens der Wissenschaft nicht hinreichend vorhanden sind. Um diese Forschungslücke zu schließen, liefert die vorliegende Arbeit eine ergänzende Methode für den Fertigungsplanungsprozess, die es ermöglicht Planungsobjekte modellbasiert zu bewerten und systematisch zu verbessern. Bei der entwickelten Methode handelt es sich um einen methodischen Beitrag für die Fertigungsplanung, da diese den Fertigungsplanungsprozess ergänzt und unterstützt. Die Ergänzung für den Fertigungsplanungsprozess ergibt sich daraus, dass das Erreichen des Teilziels „Planungsobjekt entspricht der Definition eines schlanken Fertigungssystems" überwacht und systematisch unterstützt wird. Der Einsatz der Methode ist vornehmlich im Rahmen von Neuplanungen von Fertigungssystemen und in den frühen Planungsstadien vorgesehen, um die darin vorhandenen Freiheitsgrade umfänglich auszuschöpfen. Da die spezifischen Merkmale eines schlanken Fertigungssystems aufeinander aufbauen und voneinander abhängen, basiert die Methode auf einer Betrachtung der Abhängigkeitsverhältnisse zwischen den einzelnen Merkmalen. Die Methode liefert ein geeignetes Instrument dafür, dass die erprobten Prinzipien der schlanken Produktion zukünftig neben der Montage auch eine weitere Verbreitung in der mechanischen Fertigung erfahren können. Aufgrund der zentralen Rolle der maschinellen Prozesse in der mechanischen Fertigung liegt ein besonderes Augenmerk der Methode auf der Gestaltung von Maschinen.

Das Literatur-Review zum aktuellen Stand der Wissenschaft hat gezeigt, dass das Themenfeld aktuell aktiv bearbeitet wird und verschiedene Ansätze existieren,

© Der/die Autor(en), exklusiv lizenziert durch Springer Fachmedien Wiesbaden GmbH, ein Teil von Springer Nature 2021

M. Feldmeth, *Methode zur modellbasierten Bewertung und systematischen Verbesserung von Fertigungssystemen*,
https://doi.org/10.1007/978-3-658-32288-5_6

die ähnliche Fragestellungen adressieren, jedoch die formulierten Forschungsfragen nicht in Gänze abdecken. Die Forschungslücke ergibt sich daraus, dass die relevanten Ansätze und Methoden für eigens abgegrenzte Anwendungs- und Betrachtungsbereiche entwickelt wurden. Des Weiteren beschränken sie sich meist auf ein reines Bewerten und liefern keine umfassende Methode für ein systematisches Verbessern eines Planungsobjekts. Das Alleinstellungsmerkmal der entwickelten Methode ist darin begründet, dass verschiedene Fertigungssysteme allgemeingültig nach den Prinzipien der schlanken Produktion bewertet und systematisch verbessert werden können. Durch die Methode wird das von der Systemtechnik propagierte Wechselspiel zwischen Synthese und Analyse in der Phase der Lösungsfindung systematisch unterstützt. Der wirkungsvolle Planungsgrundsatz Optimieren und Variieren wird dadurch systematisch umgesetzt. Neben der Betrachtung nichtmonetärer Kriterien sind in die Bewertung auch monetäre Kriterien eingeschlossen, um die Wirksamkeit der Verbesserung auch unter wirtschaftlichen Aspekten bewerten zu können.

Die vorliegende Arbeit liefert für die Erreichung des Forschungsziels ein konkretes Methodengerüst, basierend auf drei Methodenbausteinen. Das Methodengerüst und die Funktionslogik der Methode leiten sich aus einem technischen Regelkreis ab. Bei den Methodenbausteinen handelt es sich um ein Fertigungssystemmodell, eine Bewertungsmethode und einen Verbesserungsleitfaden. Das Fertigungssystemmodell ist als eine Art Messeinrichtung zu sehen, die das Planungsobjekt als Beschreibungsmodell nach definierten Regeln abbildet und verarbeitbare Werte für die Bewertungsmethode generiert. Die Bewertungsmethode nimmt im Methodengerüst das zentrale Element in Form des Vergleichers und Reglers ein. Darin werden aus dimensionsbehafteten Werten über Wertfunktionen die Bewertungsergebnisse auf einer normierten Skala ermittelt. Der Verbesserungsleitfaden ermöglicht als Stelleinrichtung auf Basis der Bewertungsergebnisse die Identifikation geeigneter Verbesserungsmaßnahmen. Diese wirken durch ihre Umsetzung durch den Planer auf das Planungsobjekt (die Regelstrecke) ein und verändern dieses. Die Abgrenzung und Definition des zu betrachtenden Objektbereichs „schlankes Fertigungssystem“ bildet die Grundlage für die Ausarbeitung der Methodenbausteine. Die einzelnen Methodenbausteine sind so ausgestaltet, dass sie für den definierten Anwendungs- und Betrachtungsbereich zweckmäßig und geeignet sind.

Die Bewertungskriterien für Fertigungssysteme wurden nach einem systematischen Vorgehen hergeleitet. Diese Herleitung der Bewertungskriterien hat gezeigt, dass einige in der Literatur und im industriellen Umfeld weit verbreitete Bewertungskriterien für Fertigungssysteme nicht im Einklang mit den Prinzipien der schlanken Produktion stehen. Diese sind für eine Bewertung nicht heranzuziehen, da sie unangemessene Verbesserungsmaßnahmen fördern und sich dadurch kontraproduktiv auf die Lösungsfindung auswirken würden.

Die identifizierten unterstützenden Einflüsse zwischen den Bewertungskriterien wurden durch mathematische Verfahren analysiert und daraus drei Cluster und eine geeignete Reihenfolge abgeleitet. Bei den Bewertungskriterien gibt es sogenannte Gestaltungshebel mit einem sehr starken unterstützenden Einfluss auf weitere Kriterien. Die Bewertungskriterien im Cluster der Gestaltungsknoten und Gestaltungspunkte haben einen absteigenden Einfluss auf die Systemgestaltung. Ergänzend zum Clustering wurde eine geeignete Reihenfolge für die Verbesserung der einzelnen Bewertungsergebnisse abgeleitet, um die unterstützenden Einflüsse zwischen den Bewertungskriterien maximal auszunutzen. Das Clustering und die Reihenfolgebildung der Bewertungskriterien stellen die theoretische Basis des Methodenbausteins Verbesserungsleitfaden dar.

Die Integration der Methodenbausteine in einen allgemeinen Fertigungsplanungsprozess bettet die Methode in eine übergeordnete Struktur ein. Daraus ergibt sich für den Anwender die Möglichkeit, den methodischen Beitrag der Methode im Fertigungsplanungsprozess klar zu erfassen. Des Weiteren ist dadurch ein einfacher und reibungsloser Einbau der Methode in eigene unternehmensinterne Planungsabläufe gewährleistet, da es sich bei der Methode um einen zusätzlichen und ergänzenden Bestandteil handelt. Der Anwendungsschwerpunkt der Methode liegt in der Phase der Lösungsfindung, um darin das Wechselspiel zwischen Synthese und Analyse systematisch zu unterstützen. Für die Anwendung der Methodenbausteine liegen phasenspezifische Beschreibungen vor, die auch Hinweise zu entsprechenden Schnittstellen und Informationsflüssen beinhalten.

Die entwickelte Methode differenziert sich von herkömmlichen Bewertungsansätzen dahingehend, dass aus den Bewertungsergebnissen iterativ und systematisch Verbesserungsmaßnahmen abgeleitet werden können. Die Fokussierung der Methode auf direkt durch den Planer beeinflussbare Merkmale gewährleistet das Adressieren von konkreten Verbesserungsmaßnahmen. Dadurch kann das Planungsobjekt durch die Anwendung der Methode systematisch gemäß den Prinzipien der schlanken Produktion verbessert werden. Die Wirtschaftlichkeit der Verbesserung der Eigenschaften kann ebenfalls über die Bewertungsmethode überprüft werden. Dabei kommt eine Bewertung der Herstellteilkosten zum Einsatz, die es ermöglicht Kosten verursachungsgerecht einem Produkt zuzurechnen. Die entwickelten Methodenbausteine und Werkzeuge, wie zum Beispiel der Verbesserungsleitfaden, die Merkmalstafeln und das Kostennomogramm, sind durch ihren grafischen Aufbau zielgruppenorientiert gestaltet, einfach handhabbar und im betrieblichen Umfeld gut anwendbar.

Abschließend ist zu sagen, dass durch den vorgestellten industriellen Anwendungsfall die Anwendbarkeit, Tauglichkeit, Wirksamkeit und die anforderungsgerechte Gestaltung der Methode nachgewiesen werden konnte.

Die aus der vorliegenden Forschungsarbeit gewonnenen Erkenntnisse zeigen weiteren Forschungsbedarf im Themenfeld auf. Für zukünftige Forschungsvorhaben wird vom Autor die Adressierung folgender Fragestellungen empfohlen.

Übertragung des Methodengerüsts auf weitere Anwendungsgebiete

Das verallgemeinerbare Methodengerüst, bestehend aus den drei Methodenbausteinen, kann durch seine Funktionsweise bei jeglicher Planungsaufgabe eine systematische Verbesserung des Planungsobjekts unterstützen. Dafür ist es notwendig, die drei Methodenbausteine anwendungsspezifisch auszuarbeiten. Im industriellen Fabrikbetrieb stellen beispielsweise die Gestaltung von Montage- oder Logistiksysteme sowie ganze Wertströme weitere Anwendungsgebiete dar. Darüber hinaus sind auch Anwendungen in der Produktentwicklung denkbar.

Softwarebasierte Weiterentwicklung der Methode

Die fortschreitende Digitalisierung und die neuen Erkenntnisse im Bereich der künstlichen Intelligenz eröffnen vielversprechende Möglichkeiten für die Weiterentwicklung der Methode. Ein digitaler Zwilling des Planungsobjektes, der die relevanten Attribute abbildet, könnte das Fertigungssystemmodell repräsentieren. Im ersten Schritt ist die Entwicklung einer geeigneten Softwarearchitektur, die den digitalen Zwilling und die Bewertungsmethode abbildet, denkbar. Im zweiten Schritt kann ein künstliches neuronales Netz den systematischen Verbesserungsprozess unterstützen. Neben einer Neuentwicklung ist eine Integration der Funktionslogik in bereits am Markt verfügbare Planungssoftware denkbar.

Entwicklung weiterer methodischer Ansätze für spezifische Planungsaufgaben

Durch die spezifischen Merkmale eines schlanken Fertigungssystems sind auch im Fertigungsplanungsprozess spezifische Planungsaufgaben auszuführen. Weitere methodische Beiträge für die Fertigungsplanung sind erforderlich, um spezifische Planungsaufgaben zu unterstützen. Beispiele dafür sind Methoden zur systematischen Gestaltung von Right-Sized-Equipment, Vorrichtungen und Prüfmitteln für den Einsatz in schlanken Fertigungssystemen. Darüber hinaus scheint es auch sinnvoll den Einfluss, die zukünftige Rolle und die Aufgaben der Produktenwicklung bei der Planung und Umsetzung von schlanken Fertigungssystemen näher zu beleuchten.

Betrachtung der Umsetzung schlanker Fertigungssysteme im Industrie-4.0-Umfeld

Die fortschreitende technologische Entwicklung liefert neue Möglichkeiten und Ansätze für die industrielle Produktion. Das Produktionskonzept im Industrie-4.0-Umfeld ist geprägt durch Schlagwörter wie cyber-physische Systeme, Condition Monitoring, Big Data und künstliche Intelligenz, um nur einige zu nennen. Zwischen dem Industrie-4.0-Ansatz und dem Lean-Ansatz sind bei einer ersten Gegenüberstellung Gemeinsamkeiten, aber auch Widersprüche erkennbar. Für die Zukunft bedarf es einer kritischen Prüfung, welche Industrie-4.0-Elemente unter welchen Bedingungen einen Beitrag für schlanke Fertigungssysteme liefern können und wo die jeweiligen Grenzen liegen. Des Weiteren sind weitere methodische Ansätze erforderlich, wie einzelne Industrie-4.0-Elemente erfolgreich umgesetzt werden können.

Betrachtung von schlanken Fertigungssystemen unter weiteren Aspekten

Nach der Abgrenzung des Betrachtungsbereichs gemäß dem MTO-Ansatz wurde in der vorliegenden Arbeit der Fokus auf die Elemente, Strukturen und Prozesse eines schlanken Fertigungssystems gelegt. Laut Wemmerlöv & Johnson [Wem97, S. 46] sollte die Umsetzung von schlanken Fertigungssystemen ergänzend zur technischen Perspektive auch als Veränderungsprozess, in dem der Faktor Mensch eine zentrale Rolle einnimmt, betrachtet werden. Schlanke Fertigungssysteme sind im Weiteren im Kontext von Ergonomie, Organisationsstrukturen, Kompetenzanforderungen, Führungssystemen und Entlohnungsmodellen zu diskutieren. Abschließend ist sodann noch die Frage zu stellen, welche Wechselwirkungen zwischen schlanken Fertigungssystemen und dem gesellschaftlichen Wandel zu erwarten sind.

Glossar

In der vorliegenden Arbeit wurden zur Lösung der wissenschaftlichen Fragestellungen verschiedene Begriffe definiert. Die Einführung von Definitionen gewährleistet ein gemeinsames Begriffsverständnis und ist eine Grundvoraussetzung für das wissenschaftliche Arbeiten [Häd15, S. 26]. Alle eingeführten Definitionen sind in diesem Glossar als Übersicht zusammengefasst. Die genannten Begriffsdefinitionen haben ausschließlich für diese Arbeit Gültigkeit. Bei den definierten Begriffen handelt es sich zum einen um Neuschöpfungen und zum anderen um alternative Beschreibungen bereits existierender Begriffe. Die Definitionen sind bei ihrer Einführung durch einen Hinweis an der entsprechenden Textstelle kenntlich gemacht.

Bei der Festlegung der Definitionen wurden die folgenden sechs Grundregeln nach Kornmeier [Kor18, S. 120 ff.] beachtet. Die Definition soll eindeutig sein, kann nicht „wahr“ oder „falsch“ sein, ist in der Regel nicht vollständig, soll zweckmäßig sein, soll fachspezifische Termini enthalten und soll für die gesamte Arbeit gelten.

Arbeitssystem
Ein Arbeitssystem AS_p ist ein in sich abgeschlossenes soziotechnisches System, bei dem der Mensch zur Erfüllung einer bestimmten Arbeitsaufgabe mit Maschinen zusammenwirkt, um Arbeitsgegenstände zu verarbeiten. Es stellt eine räumlich und/oder zeitlich begrenzte Einheit dar, innerhalb derer Arbeitspersonen mit Maschinen in einem Prozess Aufgaben erfüllen. Ein Arbeitssystem ist ein Subsystem im Fertigungssystem und besteht somit aus einzelnen Teilmengen der Elemente, Strukturen und Prozesse eines Fertigungssystems.

© Der/die Herausgeber bzw. der/die Autor(en), exklusiv lizenziert durch Springer Fachmedien Wiesbaden GmbH, ein Teil von Springer Nature 2021

M. Feldmeth, *Methode zur modellbasierten Bewertung und systematischen Verbesserung von Fertigungssystemen*,
https://doi.org/10.1007/978-3-658-32288-5

Elemente
Die Elemente E_i beschreiben die eingesetzten Maschinen beziehungsweise Fertigungsmittel im Fertigungssystem. Fertigungsmittel sind Einrichtungen, „die zur direkten oder indirekten Form-, Substanz oder Zustandsänderung mechanischer beziehungsweise chemisch-physikalischer Art von Werkstücken beitragen und ihr Nutzungspotenzial über längere Zeiträume abgeben können“ [Int04, S. 20].

Fertigungssystem
Ein Fertigungssystem besteht aus mengentheoretischer Sicht aus einer Menge an Elementen M_E, einer Menge an Strukturen M_S und einer Menge an Prozessen M_P.

Fertigungssystemwert
Der Fertigungssystemwert FSW eines Fertigungssystems gibt Aufschluss darüber, wie gut ein Fertigungssystem in Bezug auf die Prinzipien der schlanken Produktion gestaltet ist. Der Fertigungssystemwert errechnet sich aus einzelnen Bewertungsergebnissen von monetär nicht quantifizierbaren Kriterien.

Herstellteilkosten
Die Herstellteilkosten K_{HT} errechnen sich aus einem Teil der Kostenarten aus der differenzierten Zuschlagskalkulation. Die Herstellteilkosten berücksichtigen relevante Kostenarten, die verursachungsgerecht zugeordnet werden können. Gemeinkostenumlagen, die zu einer Kostenverzerrung führen würden, sind ausgeschlossen, um einen realistischen Vergleich zwischen verschiedenen Planungsvarianten zu ermöglichen. Die Herstellteilkosten dienen ausschließlich zur Wirtschaftlichkeitsbewertung von Fertigungssystemen und sind nicht für eine Preiskalkulation geeignet.

Prozesse
Über die einzelnen Elemente E_i und die Strukturen S_i laufen die Prozesse P_i ab [Sch95, S. 81]. Die einzelnen Prozesse bilden den Gesamtdurchlauf des Produkts durch das Fertigungssystem ab und beinhalten daher neben den Bearbeitungsprozessen auch weitere Teilprozesse, wie zum Beispiel Transportprozesse.

Schlankes Fertigungssystem
Ein schlankes Fertigungssystem ist eine Fertigungszelle mit einer Gruppe von nah aneinander platzierten Arbeitsstationen (S1), in der mehrere sequentielle Operationen (S2) für eine oder mehrere Familien gleicher Teile durchgeführt werden

[Hye02, S. 18]. Bei einer Fertigungszelle handelt es sich um eine organisatorisch abgeschlossene Einheit (S3), in der eine oder mehrere Personen arbeiten [Hye02, S. 18]. Die Reduzierung der Durchlaufzeit ist das wichtigste Ziel [Tak12, S. 235]. Daraus ergibt sich ein hoher Flussgrad (S4) [Sch14a, S. 312]. Durch den proportionalen Zusammenhang zwischen Umlaufbestand und Durchlaufzeit wird dies durch die Minimierung der sich innerhalb des Fertigungssystems im Umlauf befindenden Arbeitsgegenstände erreicht [Wie12, S. 167]. Aufgrund eines ununterbrochenen, durchgängigen Einzelstückflusses vom Vormaterial bis hin zum Fertigprodukt wird jedes Stück einzeln gefertigt, transportiert und weitergegeben (S5) [Tak12, S. 42]. Der ununterbrochene Fluss erfordert eine hohe Austaktungseffizienz (S6) [Mon11, S. 124]. Aufgrund dessen sind die Geschwindigkeiten der Maschinen am Kundentakt ausgerichtet [Tak96a, S. 302].

Nach Takeda [Tak06, S. 112 ff.] ist in einem schlanken Fertigungssystem durch eine Einfachautomatisierung das folgende „Chaku-Chaku-Prinzip“ (Arbeiten mit reiner Einlegetätigkeit) zu realisieren. Das Werkstück wird in die Vorrichtung „eingeworfen“ und der Auswurf erfolgt automatisch (P1/P2). Der Prozess wird auf dem Weg zur nächsten Station gestartet (P3). Nach der Bearbeitung wird die Qualität schließlich mit einer „Ein-Griff-Lehre“ überprüft (P4) und das Werkstück weitergegeben. Im schlanken Fertigungssystem sind die manuelle und die maschinelle Arbeit getrennt. Es ist präzise definiert, welche Tätigkeiten vom Menschen ausgeführt werden und welche einer Maschine übertragen sind (P5). Werkstücke können ohne Transportaufwand sofort in den nächsten Prozess eingelegt werden (P6).

Das Ideal der Betriebsfähigkeitsrate bei den Maschinen liegt bei 100 % (E1), bei dem Auslastungsgrad jedoch nicht unbedingt bei 100 % [Ohn13, S. 99 f.]. Möglichst schmale (E2) und einfache spezialisierte Universalmaschinen sind dem jeweiligen Arbeitsgang angepasst (E3) und umrüstfreundlich (E4) gestaltet [Tak12, S. 175]. Sie sind frei beweglich (E5) [Tak12, S. 175] und durch einen modularen Aufbau leicht anpassbar (E6) [Tak96a, S. 304].

Strukturen
Die Elemente E_i sind über Strukturen S_i räumlichen und zeitlichen Charakters miteinander verbunden [Sch95, S. 81; Sch14a, S. 320]. Demnach umfasst die räumliche Struktur die Transportverbindungen zwischen den Elementen und deren räumliche Anordnung [Sch14a, S. 322 f.]. Die zeitliche Struktur beinhaltet die zeitliche Gliederung des Gesamtprozesses in seine einzelnen Bestandteile sowie deren zeitliches Zusammenwirken [Sch14a, S. 321].

Unangemessene oder falsche Methode / falsche Methodenanwendung
Die unangemessene oder falsche Methode / falsche Methodenanwendung ist eine der sieben Verschwendungsarten, die aus dem Produktionsprozess selbst resultiert. Die unangemessene Methode erzeugt ein Merkmal mit einem zu hohen Aufwand, die falsche Methode liefert kein stabiles Prozessergebnis. Bei der falschen Methodenanwendung wird die richtige Methode nicht sachgerecht ausgeführt.

Literaturverzeichnis

[Abe10] Abele, E.; Bechtloff, S.; Cachay, J.; Eichhorn, N. (2010): Schlanke Zerspanung. Qualifizierung zur Optimierung von Zerspanprozessen. In: WB Werkstatt + Betrieb, 143 (9), S. 94–98.

[Abe11a] Abele, E.; Wolff, M.; Brungs, F.; Kreis, M. (2011): Werkzeugmaschinen-Intralogistik-Systeme gestalten. In: PRODUCTIVITY Management, 16 (4), S. 46–49.

[Abe11b] Abele, E.; Bechtloff, S.; Krause, F. (2011): Flexible Serienfertigung im Kundentakt. Die produktive Alternative erfolgreich anwenden. In: WB Werkstatt + Betrieb, 144 (6), S. 24–27.

[Abe96] Abele, U. (1996): Bewertung und Verbesserung der fertigungsgerechten Gestaltung von Blechwerkstücken. Springer, Berlin.

[Abo07] Abonyi, J.; Feil, B. (2007): Cluster Analysis for Data Mining and System Identification. Birkhäuser, Basel.

[Ack07] Ackermann, J. (2007): Modellierung, Planung und Gestaltung der Logistikstrukturen kompetenzzellenbasierter Netze. Zugl. Dissertation Technische Universität Chemnitz. Institut für Betriebswissenschaften und Fabriksysteme, Chemnitz.

[Ada93] Adam, D. (1993): Planung und Entscheidung. Modelle – Ziele – Methoden. 3. Auflage. Gabler, Wiesbaden.

[Agg87] Aggteleky, B. (1987): Fabrikplanung. Werksentwicklung und Betriebsrationalisierung. Band 1: Grundlagen – Zielplanung – Vorarbeiten. 2. Auflage. Hanser, München.

[Agg90a] Aggteleky, B. (1990): Fabrikplanung. Werksentwicklung und Betriebsrationalisierung. Band 3: Ausführungsplanung und Projektmanagement Planungstechnik in der Realisationsphase. Hanser, München.

[Agg90b] Aggteleky, B. (1990): Fabrikplanung. Werksentwicklung und Betriebsrationalisierung. Band 2: Betriebsanalyse und Feasibility-Studie. 2. Auflage. Hanser, München.

[Ahl15] Ahlers, H. (2015): Grundlagen. In: Conrad, K.-J. (Hrsg.): Taschenbuch der Werkzeugmaschinen. Hanser, München, S. 154–177.

[Alb99] Albert, J. (1999): Software-Architektur für virtuelle Maschinen. Zugl. Dissertation Technische Universität München. Utz, München.

© Der/die Herausgeber bzw. der/die Autor(en), exklusiv lizenziert durch Springer Fachmedien Wiesbaden GmbH, ein Teil von Springer Nature 2021

M. Feldmeth, *Methode zur modellbasierten Bewertung und systematischen Verbesserung von Fertigungssystemen*,
https://doi.org/10.1007/978-3-658-32288-5

[Anj18] Anjos, M. F.; Hungerländer, P.; Maier, K. (2018): An Integer Linear Programming Approach for the Combined Cell Layout Problem. In: 2018 IEEE International Conference on Industrial Engineering and Engineering Management (IEEM), S. 705–709.

[Ari00] Arinez, J. F.; Cochran, D. S. (2000): Equipment Design for Manufacturing Cells. In: Proceedings of the Eleventh Annual Conference of the Production and Operations Management Society, S. 1–3.

[Asd15] Asdonk, M. (2015): Modell zur Darstellung der Schlüsselelemente und Mechanismen eines Führungssystems Shop Floor. Zugl. Dissertation Technische Universität Chemnitz. Institut für Betriebswissenschaften und Fabriksysteme, Chemnitz.

[Aul13] Aull, F. (2013): Modell zur Ableitung effizienter Implementierungsstrategien für Lean-Production-Methoden. Zugl. Dissertation Technische Universität München. Utz, München.

[Bah13] Bahmann, W. (2013): Werkzeugmaschinen kompakt. Baugruppen, Einsatz und Trends. 21. Auflage. Springer Vieweg, Wiesbaden.

[Bar49] Barnes, R. M. (1949): Motion and Time Study. 3. Auflage. John Wiley & Sons, New York.

[Bau16] Bauer, S. (2016): Produktionssysteme wettbewerbsfähig gestalten. Methoden und Werkzeuge für KMU's. Hanser, München.

[Bec14] Bechtloff, S. (2014): Identifikation wirtschaftlicher Einsatzgebiete der Sequenzfertigung in der Bohr- und Fräsbearbeitung von Kleinserien. Zugl. Dissertation Technische Universität Darmstadt. Shaker, Aachen.

[Beh09] Behrendt, A. (2009): Entwicklung eines Modells zur Fertigungssystemplanung in der spanenden Fertigung. Zugl. Dissertation Technische Universität Darmstadt. Shaker, Aachen.

[Ber18] Bertagnolli, F. (2018): Lean Management. Einführung und Vertiefung in die japanische Management-Philosophie. Springer Gabler, Wiesbaden.

[Bha14] Bhamu, J.; Sangwan, K. S. (2014): Lean manufacturing: Literature review and research issues. In: International Journal of Operations & Production Management, 34 (7), S. 876–940.

[Bög00] Böge, A. (2000): Das Techniker Handbuch. Grundlagen und Anwendungen der Maschinenbau-Technik. 16. Auflage. Springer Fachmedien, Wiesbaden.

[Bög98] Böger, F. H. (1998): Herstellerübergreifende Konfigurierung modularer Werkzeugmaschinen. Zugl. Dissertation Universität Hannover. VDI, Düsseldorf.

[Böl18] Böllhoff, J. (2018): Einflussfaktoren auf die Werkstückqualität zur simulationsgestützten Berechnung der Fehlerfortpflanzung in der Sequenzfertigung. Zugl. Dissertation TU Darmstadt. Shaker, Aachen.

[Boo05] Boote, D. N.; Beile, P. (2005): Scholars Before Researchers: On the Centrality of the Dissertation Literature Review in Research Preparation. In: Educational Researcher, 34 (6), S. 3–15.

[Bor10] Bortz, J.; Schuster, C. (2010): Statistik für Human- und Sozialwissenschaftler. 7. Auflage. Springer, Berlin.

[Bor18] Bork, H. (2018): Rauswurf der Roboter. In: Think:Act – Bleib Mensch! (26), S. 52–58.

[Bor84] Bortz, J. (1984): Lehrbuch der empirischen Forschung. Für Sozialwissenschaftler. Springer, Berlin.

[Bou14] Bourier, G. (2014): Beschreibende Statistik. Praxisorientierte Einführung – Mit Aufgaben und Lösungen. 12. Auflage. Springer Gabler, Wiesbaden.

[Boy07] Boyanova, B. (2007): Analyse und Bewertung der industriellen Methoden zur Artikelsegmentierung für die Materialwirtschaft. Diplomarbeit. GRIN, München.

[Bre19] Brecher, C.; Weck, M. (2019): Werkzeugmaschinen Fertigungssysteme 1. Maschinenarten und Anwendungsbereiche. 9. Auflage. Springer Vieweg, Wiesbaden.

[Bre97] Breiing, A.; Knosala, R. (1997): Bewerten technischer Systeme. Theoretische und methodische Grundlagen bewertungstechnischer Entscheidungshilfen. Springer, Berlin.

[Büh08] Bühl, A. (2008): SPSS 16. Einführung in die moderne Datenanalyse. 11. Auflage. Pearson Studium, München.

[Bun11] Bundesministerium der Justiz und für Verbraucherschutz (2011): Neunte Verordnung zum Produktsicherheitsgesetz (Maschinenverordnung) vom 12. Mai 1993 (BGBl. I S. 704), die zuletzt durch Artikel 19 des Gesetzes vom 8. November 2011 (BGBl. I S. 2178) geändert worden ist.

[Bun13] Bundesanstalt für Arbeitsschutz und Arbeitsmedizin (BAuA) (2013): Raumabmessungen und Bewegungsflächen. ASR A1.2.

[Bun15] Bundesanstalt für Arbeitsschutz und Arbeitsmedizin (BAuA) (2015): Gefährdungen an der Schnittstelle Mensch – Arbeitsmittel – Ergonomische und menschliche Faktoren, Arbeitssystem. TRBS 1151.

[Bus13] Buschmann, M. (2013): Planung und Betrieb von Energiedatenerfassungssystemen. Zugl. Dissertation Technische Universität Chemnitz. Institut für Betriebswissenschaften und Fabriksysteme, Chemnitz.

[Chr06] Chryssolouris, G. (2006): Manufacturing Systems. Theory and Practice. 2. Auflage. Springer Science+Business Media, New York.

[Coc00] Cochran, D. S.; Kim, J.; Kim, Y.-S. (2000): Design of Relevant Performance Measures for Manufacturing Systems. In: Proceedings of the 3rd World Congress on Intelligent Manufacturing Processes & Systems.

[Coc01a] Cochran, D. S.; Dobbs, D. C. (2001): Evaluating manufacturing system design and performance using the manufacturing system design decomposition approach. In: Journal of Manufacturing Systems, 20 (6), S. 390–404.

[Coc01b] Cochran, D.; Yong-Suk, K.; Carl, H.; Weidemann, M. (2001): Redesigning a Mass Manufacturing System to Achieve Today's Manufacturing System Objectives, auf: https://sysdesign.org/pdf/paper18.pdf, zugegriffen am 21.11.2019.

[Coc01c] Cochran, D. S.; Arinez, J. F.; Duda, J. W.; Linck, J. (2001): A Decomposition Approach for Manufacturing System Design. In: Journal of Manufacturing Systems, 20 (6), S. 371–389.

[Coc16] Cochran, D. S.; Jafri, M. U.; Chu, A. K.; Bi, Z. (2016): Incorporating design improvement with effective evaluation using the Manufacturing System Design Decomposition (MSDD). In: Journal of Industrial Information Integration, 2, S. 65–74.

[Con01] Conner, G. (2001): Lean manufacturing for the small shop. Society of Manufacturing Engineers, Dearborn.

[Con13] Conrady, R.; Fichert, F.; Sterzenbach, R. (2013): Luftverkehr. Betriebswirtschaftliches Lehr- und Handbuch. 5. Auflage. Oldenbourg, München.

[Con15] Conrad, K.-J. (2015): Einführung. In: Conrad, K.-J. (Hrsg.): Taschenbuch der Werkzeugmaschinen. Hanser, München, S. 26–36.

[Cor12] Corsten, H.; Gössinger, R. (2012): Produktionswirtschaft. Einführung in das industrielle Produktionsmanagement. 13. Auflage. Oldenbourg, München.

[Cre14] Creswell, J. W. (2014): Research design. Qualitative, quantitative, and mixed methods approaches. 4. Auflage. SAGE, Los Angeles.

[Dae02] Daenzer, W. F.; Huber, F. (Hrsg.) (2002): Systems Engineering. Methodik und Praxis. 11. Auflage. Industrielle Organisation, Zürich.

[Dan01] Dangelmaier, W. (2001): Fertigungsplanung. Planung von Aufbau und Ablauf der Fertigung Grundlagen, Algorithmen und Beispiele. 2. Auflage. Springer, Berlin.

[Dek17] Dekkers, R. (2017): Applied Systems Theory. 2. Auflage. Springer International Publishing, Cham.

[Deu06] Deutsche MTM-Vereinigung e. V. (Hrsg.) (2006): Produktivitätsmanagement von Arbeitssystemen. MTM-Handbuch. 2. Auflage. Schäffer-Poeschel, Stuttgart.

[DGQ14] DGQ – Deutsche Gesellschaft für Qualität (Hrsg.) (2014): KVP – Der Kontinuierliche Verbesserungsprozess. Praxisleitfaden für kleine und mittlere Organisationen. Qualitätsmanagementsysteme. Hanser, München.

[Dic15a] Dickmann, P. (2015): Störungsanalyse – der Weg zum ruhigen, kontinuierlichen Materialfluss. In: Dickmann, P. (Hrsg.): Schlanker Materialfluss. Mit Lean Production, Kanban und Innovationen. Springer Vieweg, Wiesbaden, S. 180–189.

[Dic15b] Dickmann, P. (2015): Lean Production – das Toyota Produktionssystem (TPS). In: Dickmann, P. (Hrsg.): Schlanker Materialfluss. Mit Lean Production, Kanban und Innovationen. Springer Vieweg, Wiesbaden, S. 4–11.

[DIN03] Deutsches Institut für Normung (2003): DIN 8580: Fertigungsverfahren, Begriffe und Einteilung. Beuth, Berlin.

[DIN13] Deutsches Institut für Normung (2013): DIN 2330:2013-07: Begriffe und Benennungen – Allgemeine Grundsätze. Beuth, Berlin.

[DIN16] Deutsches Institut für Normung (2016): DIN EN ISO 6385:2016-12: Grundsätze der Ergonomie für die Gestaltung von Arbeitssystemen. Beuth, Berlin.

[DIN95] Deutsches Institut für Normung (1995): DIN 1319-1: Grundlagen der Meßtechnik – Teil 1: Grundbegriffe. Beuth, Berlin.

[Dom15a] Dombrowski, U.; Mielke, T. (2015): Gestaltungsprinzipien Ganzheitlicher Produktionssysteme. In: Dombrowski, U.; Mielke, T. (Hrsg.): Ganzheitliche Produktionssysteme. Aktueller Stand und zukünftige Entwicklungen. Springer Vieweg, Wiesbaden, S. 25–169.

[Dom15b] Dombrowski, U.; Mielke, T. (2015): Einleitung und historische Entwicklung. In: Dombrowski, U.; Mielke, T. (Hrsg.): Ganzheitliche Produktionssysteme. Aktueller Stand und zukünftige Entwicklungen. Springer Vieweg, Wiesbaden, S. 1–24.

[Dör76] Dörner, D. (1976): Problemlösen als Informationsverarbeitung. Kohlhammer, Stuttgart.

[Dud17] Dudenredaktion (Hrsg.) (2017): Duden – Die deutsche Rechtschreibung. Der Duden. 27. Auflage. Dudenverlag, Berlin.

[Dür16] Dürr, H.; Göpfert, U. (2016): Leitlinie zur Gestaltung von Fertigungsprozessen. In: Awiszus, B.; Bast, J.; Dürr, H.; Mayr, P. (Hrsg.): Grundlagen der Fertigungstechnik. Hanser, Müchen, S. 339–372.

[Dyc06] Dyckhoff, H. (2006): Produktionstheorie. Grundzüge industrieller Produktionswirtschaft. 5. Auflage. Springer, Berlin.

[Erl10] Erlach, K. (2010): Wertstromdesign. Der Weg zur schlanken Fabrik. 2. Auflage. Springer, Berlin.

[Ern00] Ernst, H. (2000): Grundlagen und Konzepte der Informatik. Eine Einführung in die Informatik ausgehend von den fundamentalen Grundlagen. Springer Fachmedien, Wiesbaden.

[Est00] Ester, M.; Sander, J. (2000): Knowledge Discovery in Databases. Techniken und Anwendungen. Springer, Berlin.

[Eur19] Eurostat (2019): Strompreise für Industriekunden in ausgewählten europäischen Ländern nach Verbrauchsmenge im Jahr 2018. Zitiert nach de.statista.com, auf: https://de.statista.com/statistik/daten/studie/151260/umfrage/strompreise-fuer-industriekunden-in-europa/, zugegriffen am 02.01.2020.

[Eve02] Eversheim, W. (2002): Organisation in der Produktionstechnik. Band 3: Arbeitsvorbereitung. 4. Auflage. Springer, Berlin.

[Eve89] Eversheim, W. (1989): Organisation in der Produktionstechnik. Band 4: Fertigung und Montage. 2. Auflage. VDI, Düsseldorf.

[Eve95] Eversheim, W. (1995): Prozeßorientierte Unternehmensorganisation. Konzepte und Methoden zur Gestaltung „schlanker" Organisationen. Springer, Berlin.

[Eve99] Eversheim, W.; Schuh, G. (Hrsg.) (1999): Produktion und Management 3. Gestaltung von Produktionssystemen. Hütte. Springer, Berlin.

[EZB19] EZB – Europäische Zentralbank (2019): Monatliche Entwicklung des Wechselkurses des Euro gegenüber dem japanischen Yen von September 2018 bis September 2019 (in Yen). Zitiert nach de.statista.com, auf: https://de.statista.com/statistik/daten/studie/254584/umfrage/wechselkurs-des-euro-gegenueber-dem-japanischen-yen-monatswerte/, zugegriffen am 04.11.2019.

[Fah07] Fahrmeir, L.; Künstler, R.; Pigeot, I.; Tutz, G. (2007): Statistik. Der Weg zur Datenanalyse. 6. Auflage. Springer, Berlin.

[Fel17] Feldmeth, M.; Müller, E. (2017): Geringere Kosten und höhere Reaktionsfähigkeit durch schlanke Fertigungssysteme. In: VDI-Z Integrierte Produktion (12), S. 37–39.

[Fel18a] Feldmeth, M.; Müller, E. (2018): Enhancement of the Design Process for Manufacturing Systems via a Multi-criteria Evaluation Method Creating a Control Loop for Guided Improvement. In: 2018 IEEE International Conference on Industrial Engineering and Engineering Management (IEEM), S. 666–670.

[Fel18b] Feldmeth, M.; Müller, E. (2018): Methodische Unterstützung der Fertigungsplanung durch eine multikriterielle Bewertungsmethode. Bewertung von Planungsergebnissen im Kontext der schlanken Produktion. In: Zeitschrift für wirtschaftlichen Fabrikbetrieb (ZWF), 113 (3), S. 112–116.

[Fel19] Feldmeth, M.; Müller, E. (2019): Influences Between Design Characteristics of Lean Manufacturing Systems and Implications for the Design Process. In: Procedia Manufacturing, 39, S. 556–564.

[Fis11] Fischer Systemmechanik (2011): Das Synchrone Produktionssystem von Fischer Systemmechanik. Veröffentlicht am 14.03.2011, auf: https://www.youtube.com/watch?v=gO3tAa4Wd98, zugegriffen am 25.10.2019.

[För03] Förster, A.; Wirth, S. (2003): Planungsaufgaben und Strategien. In: Förster, A.; Wirth, S. (Hrsg.): Integrative modulare Produktionssystemplanung. Institut für Betriebswissenschaften und Fabriksysteme, Chemnitz, S. 9–24.

[För82] Förster, A.; Lohwasser, F.; Herbst, H. (1982): Hierarchische Ordnung der Fertigungssysteme. In: Wissenschaftliche Zeitschrift der Hochschule Karl-Marx-Stadt, 24, S. 28–38.

[Fri17] Fricke, W. (2017): Arbeits- und Zeitwirtschaft verstehen. Von der Zeitstudie bis zur Abtaktung. Books on Demand, Norderstedt.

[Füh07] Führer, A.; Züger, R.-M. (2007): Projektmanagement – Management-Basiskompetenz. Theoretische Grundlagen und Methoden mit Beispielen, Repetitionsfragen und Antworten. 2. Auflage. Compendio Bildungsmedien, Zürich.

[Ger11] Gerberich, T. (2011): Lean oder MES in der Automobilzulieferindustrie. Ein Vorgehensmodell zur fallspezifischen Auswahl. Zugl. Dissertation Technische Universität Chemnitz. Gabler, Wiesbaden.

[Gla16] Glass, R.; Seifermann, S.; Metternich, J. (2016): The Spread of Lean Production in the Assembly, Process and Machining Industry. In: Procedia CIRP, 55, S. 278–283.

[Gol90] Goldratt, E. M. (1990): The Haystack syndrome. Sifting information out of the data ocean. North River Press, Croton-on-Hudson.

[Göt10] Götze, U. (2010): Kostenrechnung und Kostenmanagement. 5. Auflage. Springer, Berlin.

[Gra09] Grant, M. J.; Booth, A. (2009): A typology of reviews: an analysis of 14 review types and associated methodologies. In: Health Information and Libraries Journal, 26 (2), S. 91–108.

[Gro10] Gronau, N.; Lindemann, M. (2010): Einführung in das Produktionsmanagement. GITO, Berlin.

[Gro80] Grob, R.; Haffner, H. (1980): Der Arbeitssystemwert – ein Hilfsmittel zur Bewertung von Arbeitssystemen. Eine kritische Beurteilung der Vor- und Nachteile aus der Sicht der Praxis. In: REFA-Nachrichten, 33 (1), S. 53–56.

[Gru06] Grundig, C.-G. (2006): Fabrikplanung. Planungssystematik – Methoden – Anwendungen. 2. Auflage. Hanser, München.

[Gut71] Gutenberg, E. (1971): Grundlagen der Betriebswirtschaftslehre. Die Produktion. 24. Auflage. Springer, Berlin.

[Hab12] Haberfellner, R.; de Weck, O.; Fricke, E.; Vössner, S. (Hrsg.) (2012): Systems Engineering. Grundlagen und Anwendung. 12. Auflage. Orell Füssli, Zürich.

[Häd15] Häder, M. (2015): Empirische Sozialforschung. Eine Einführung. 3. Auflage. Springer VS, Wiesbaden.

[Har15] Harting, L. (2015): Qualitätsmanagement. In: Dickmann, P. (Hrsg.): Schlanker Materialfluss. Mit Lean Production, Kanban und Innovationen. Springer Vieweg, Wiesbaden, S. 68–72.

[Her13] Herrmann, K. (2013): Technologische und organisatorische Systembewertung und -gestaltung spanender Fertigungslinien nach den Prinzipien der schlanken Produktion. Zugl. Dissertation Universität Paderborn, Paderborn.

[Hes16] Hesse, S. (2016): Grundlagen der Handhabungstechnik. 4. Auflage. Hanser, München.

[Hir15] Hirsch, J.; Dickmann, P. (2015): Fließende Produktion durch Rüstzeitoptimierung – von Rüstzeitoptimierung zu Rüsten in Minuten „Single-Minute Exchange of Die“ (SMED). In: Dickmann, P. (Hrsg.): Schlanker Materialfluss. Mit Lean Production, Kanban und Innovationen. Springer Vieweg, Wiesbaden, S. 50–52.

[Hir16] Hirsch, A. (2016): Werkzeugmaschinen. Anforderungen, Auslegung, Ausführungsbeispiele. 3. Auflage. Springer Vieweg, Wiesbaden.

[Hop11] Hopp, W. J.; Spearman, M. L. (2011): Factory physics. 3. Auflage. Waveland Press, Long Grove.

[Hun01] Hunter, S. L. (2001): Ergonomic evaluation of manufacturing system designs. In: Journal of Manufacturing Systems, 20 (6), S. 429–444.

[Hye02] Hyer, N. L.; Wemmerlöv, U. (2002): Reorganizing the factory. Competing through cellular manufacturing. Productivity Press, Portland.

[Int04] Internationale Forschungsgemeinschaft für Mechanische Produktionstechnik (CRIP) (Hrsg.) (2004): Wörterbuch der Fertigungstechnik Band 3. Produktionssysteme. Springer, Berlin.

[Ira99] Irani, S. A.; Subramanian, S.; Allam, Y. S. (1999): Introduction to Cellular Manufacturing Systems. In: Irani, S. A. (Hrsg.): Handbook of cellular manufacturing systems. John Wiley & Sons, New York, S. 1–23.

[Joo14] Joos-Sachse, T. (2014): Controlling, Kostenrechnung und Kostenmanagement. Grundlagen – Anwendungen – Instrumente. 5. Auflage. Springer Gabler, Wiesbaden.

[Kap92] Kaplan, R. S.; Norton, D. P. (1992): The Balanced Scorecard. Measures that Drive Performance. In: Harvard Business Review, S. 71–79.

[Kar98] Karwowski, W.; Salvendy, G. (Hrsg.) (1998): Ergonomics in Manufacturing. Raising productivity through workplace improvement. Society of Manufacturing Engineers, Dearborn.

[Kas17] Kassambara, A. (2017): Practical guide to cluster analysis in R. Unsupervised machine learning. STHDA, o. O.

[Kel92] Keller, G.; Nüttgens, M.; Scheer, A.W. (1992): Semantische Prozeßmodellierung auf der Grundlage „Ereignisgesteuerter Prozeßketten (EPK)“. In: Scheer, A.-W. (Hrsg.): Veröffentlichungen des Instituts für Wirtschaftsinformatik (IWi), Universität des Saarlandes, Heft 89. Institut für Wirtschaftsinformatik (IWi) der Universität des Saarlandes, Saarbrücken.

[Kes51] Kesselring, F. (1951): Bewertung von Konstruktionen. Ein Mittel zur Steuerung der Konstruktionsarbeit. Deutscher Ingenieur-Verlag, Düsseldorf.

[Kle07] Kletti, J. (2007): Konzeption und Einführung von MES-Systemen. Springer, Berlin.

[Kle12] Klein, R.; Scholl, A. (2012): Planung und Entscheidung. Konzepte, Modelle und Methoden einer modernen betriebswirtschaftlichen Entscheidungsanalyse. 2. Auflage. Vahlen, München.

[Kle14] Kletti, J.; Schumacher, J. (2014): Die perfekte Produktion. Manufacturing Excellence durch Short Interval Technology (SIT). 2. Auflage. Springer Vieweg, Berlin.

[Kon03] Konold, P.; Reger, H. (2003): Praxis der Montagetechnik. Produktdesign, Planung, Systemgestaltung. 2. Auflage. Springer Fachmedien, Wiesbaden.

[Kor07] Kornmeier, M. (2007): Wissenschaftstheorie und wissenschaftliches Arbeiten. Eine Einführung für Wirtschaftswissenschaftler. Physica, Heidelberg.

[Kor18] Kornmeier, M. (2018): Wissenschaftlich schreiben leicht gemacht. Für Bachelor, Master und Dissertation. 8. Auflage. Haupt, Bern.

[Kos68] Kosiol, E. (1968): Einführung in die Betriebswirtschaftslehre. Die Unternehmung als wirtschaftliches Aktionszentrum. Springer Fachmedien, Wiesbaden.

[Kra88] Krafcik, J. F. (1988): Triumph of the Lean Production System. In: Sloan Management Review, 30 (1), S. 40–52.

[Kub77] Kubicek, H. (1977): Heuristische Bezugsrahmen und heuristisch angelegte Forschungsdesigns als Element einer Konstruktionsstrategie empirischer Forschung. In: Köhler, R. (Hrsg.): Empirische und handlungstheoretische Forschungskonzeptionen in der Betriebswirtschaftslehre. Bericht über die Tagung in Aachen, März 1976. Poeschel, Stuttgart, S. 3–36.

[Küh19] Kühnapfel, J. B. (2019): Nutzwertanalysen in Marketing und Vertrieb. 2. Auflage. Springer Fachmedien, Wiesbaden.

[Kul05] Kulak, O.; Durmusoglu, M.B.; Tufekci, S. (2005): A complete cellular manufacturing system design methodology based on axiomatic design principles. In: Computers & Industrial Engineering, 48 (4), S. 765–787.

[Lac93] Lachmann, W. (1993): Volkswirtschaftslehre 1. Grundlagen. 2. Auflage. Springer, Berlin.

[Lay01] Lay, G.; Schirrmeister, E. (2001): Sackgasse Hochautomatisierung? Praxis des Abbaus von Overengineering in der Produktion. In: Mitteilungen aus der Produktionsinnovationserhebung, Fraunhofer ISI (22).

[Les19] Lesmeister, C.; Chinnamgari, S. K. (2019): Advanced machine learning with R. Tackle data analytics and machine learning challenges and build complex applications with R 3. 5. Packt, Birmingham.

[Li11] Li, F.; Klette, R. (2011): Euclidean shortest paths. Exact or approximate algorithms. Springer, London.

[Lik07] Liker, J. K. (2007): Der Toyota-Weg. 14 Managementprinzipien des weltweit erfolgreichsten Automobilkonzerns. 3. Auflage. FinanzBuch, München.

[Lin09] Lindemann, U. (2009): Methodische Entwicklung technischer Produkte. Methoden flexibel und situationsgerecht anwenden. 3. Auflage. Springer, Berlin.

[Lit70] Little, J. D. C. (1970): Models and Managers: The Concept of a Decision Calculus. In: Management Science, 16 (8), S. 466–485.

[Luc93] Luczak, H. (1993): Arbeitswissenschaft. Springer, Berlin.

[Lut10] Lutz, H.; Wendt, W. (2010): Taschenbuch der Regelungstechnik. Mit MATLAB und Simulink. 8. Auflage. Harri Deutsch, Frankfurt am Main.

[Mac67] MacQueen, J. (1967): Some Methods for Classification and Analysis of Multivariate Observations. In: Proceedings of the 5th Berkeley Symposium on Mathematical Statistics and Probability, 1, S. 281–297.

[Mar76] Martin, H. (1976): Eine Methode zur integrierten Betriebsmittelanordnung und Transportplanung. Zugl. Dissertation Technische Universität Berlin, Berlin.

[Mas95] Massay, L. L.; Benjamin, C. O.; Omurtag, Y. (1995): Cellular Manufacturing System Design: A Holistic Approach. In: Kamrani, A. K.; Parsaei, H. R.; Liles, D. H. (Hrsg.): Planning, Design, and Analysis of Cellular Manufacturing Systems. Elsevier Science, Amsterdam, S. 129–144.

[Mes97] Messerschmid, E.; Bertrand, R.; Pohlemann, F. (1997): Raumstationen. Systeme und Nutzung. Springer, Berlin.

[Mil92] Milberg, J. (1992): Werkzeugmaschinen – Grundlagen. Zerspantechnik, Dynamik, Baugruppen und Steuerungen. Springer, Berlin.

[Min96] Minto, B. (1996): The Minto pyramid principle. Logic in writing, thinking, and problem solving. Minto International, London.

[Mol02] Molleman, E.; Slomp, J.; Rolefes, S. (2002): The evolution of a cellular manufacturing system – a longitudinal case study. In: International Journal of Production Economics, 75 (3), S. 305–322.

[Mon11] Monden, Y. (2011): Toyota Production System. An Integrated Approach to Just-In-Time. 4. Auflage. CRC Press, Hoboken.

[Neu12] Neumann, K. (2012): Handbuch zum Visualisieren und Analysieren von komplexen Zusammenhängen im Consideo iMODELER, auf: https://www.consideo.de/downloads/iM_7_1_Handbuch.pdf, zugegriffen am 25.10.2019.

[Neu15] Neuhaus, R. (Hrsg.) (2015): Praxishandbuch Produktionssysteme. Hintergründe, Nutzen, Implementierungsbeispiele und Erfahrungen. REFA-Fachbuchreihe Unternehmensentwicklung. Hanser, München.

[Nic18] Nicholas, J. M. (2018): Lean production for competitive advantage. A comprehensive guide to lean methods and management practices. 2. Auflage. Taylor & Francis CRC Press, Boca Raton.

[Ohn13] Ohno, T. (2013): Das Toyota-Produktionssystem. 3. Auflage. Campus, Frankfurt am Main.

[Per09] Perović, B. (2009): Spanende Werkzeugmaschinen. Ausführungsformen und Vergleichstabellen. Springer, Berlin.

[Pfe14] Pfeffer, M. (2014): Bewertung von Wertströmen. Kosten-Nutzen-Betrachtung von Optimierungsszenarien. Springer Gabler, Wiesbaden.

[pla14] plavis (2014): Basisschulung visTABLE©touch. visTABLE©touch-Version: 2.1.001, Chemnitz.

[Pli15] Plinke, W.; Rese, M.; Utzig, B. P. (2015): Industrielle Kostenrechnung. Eine Einführung. 8. Auflage. Springer Vieweg, Wiesbaden.

[Por09] Porst, R. (2009): Fragebogen. Ein Arbeitsbuch. 2. Auflage. VS Verlag für Sozialwissenschaften, Wiesbaden.

[Pso19] Psomas, E.; Antony, J. (2019): Research gaps in Lean manufacturing: a systematic literature review. In: International Journal of Quality & Reliability Management, 36 (5), S. 815–839.

[REF12] REFA (2012): REFA-Lexikon. Industrial Engineering und Arbeitsorganisation. 4. Auflage. Hanser, München.

[REF72] REFA (1972): Methodenlehre des Arbeitsstudiums. Teil 2: Datenermittlung. 2. Auflage. Hanser, München.

[REF84] REFA (1984): Methodenlehre des Arbeitsstudiums. Teil 1: Grundlagen. 7. Auflage. Hanser, München.

[REF85] REFA (1985): Methodenlehre des Arbeitsstudiums. Teil 3: Kostenrechnung, Arbeitsgestaltung. 7. Auflage. Hanser, München.

[REF90] REFA (1990): Planung und Gestaltung komplexer Produktionssysteme. 2. Auflage. Hanser, München.

[Rei76] Reichmann, T.; Lachnit, L. (1976): Planung, Steuerung und Kontrolle mit Hilfe von Kennzahlen. In: Schmalenbachs Zeitschrift für betriebswirtschaftliche Forschung, 28, S. 705–723.

[Rid12] Ridley, D. (2012): The literature review. A step-by-step guide for students. 2. Auflage. SAGE, Los Angeles.

[Rie18] Rieger, R. (2018): Historisches Wörterbuch der Rhetorik Online, auf: https://www.degruyter.com/view/HWRO/widerspruch, zugegriffen am 17.02.2018.

[Rot10] Rother, M. (2010): Toyota Kata. Managing people for improvement, adaptiveness, and superior results. McGraw-Hill, New York.

[Sah17] Sahoo, S.; Yadav, S. (2017): Analyzing the effectiveness of lean manufacturing practices in Indian small and medium sized businesses. In: 2017 IEEE International Conference on Industrial Engineering and Engineering Management (IEEM), S. 6–10.

[San04] Sandt, J. (2004): Management mit Kennzahlen und Kennzahlensystemen. Bestandsaufnahme, Determinanten und Erfolgsauswirkungen. Deutscher Universitätsverlag, Wiesbaden.

[Sch04] Schill-Fendl, M. (2004): Planungsmethoden in der Architektur. Zugl. Dissertation Technische Universität Dresden. Books on Demand, Norderstedt.

[Sch07a] Schuh, G.; Schmidt, C. (2007): Prozesse. In: Schuh, G. (Hrsg.): Produktionsplanung und -steuerung. Grundlagen, Gestaltung und Konzepte. Springer, Berlin, S. 108–194.

[Sch07b] Schmidt, C.; Roesgen, R. (2007): Reorganisation der PPS. In: Schuh, G. (Hrsg.): Produktionsplanung und -steuerung. Grundlagen, Gestaltung und Konzepte. Springer, Berlin, S. 304–329.

[Sch10] Schlick, C.; Luczak, H.; Bruder, R. (2010): Arbeitswissenschaft. 3. Auflage. Springer, Berlin.

[Sch14a] Schenk, M.; Wirth, S.; Müller, E. (2014): Fabrikplanung und Fabrikbetrieb. Methoden für die wandlungsfähige, vernetzte und ressourceneffiziente Fabrik. 2. Auflage. Springer Vieweg, Wiesbaden.

[Sch14b] Schulte-Zurhausen, M. (2014): Organisation. 6. Auflage. Vahlen, München.

[Sch17] Schöttner, J. (2017): Umsatz gut, Rendite mangelhaft. Das Kostenproblem der Fertigungsindustrie – Warum IT, Digitalisierung, PLM & Co allein nichts ändern – Ursachen und Lösungen. Hanser, München.

[Sch80] Schomburg, E. (1980): Entwicklung eines betriebstypologischen Instrumentariums zur systematischen Ermittlung der Anforderungen an EDV-gestützte Produktionsplanungs- und -steuerungssysteme im Maschinenbau. Zugl. Dissertation RWTH Aachen, Aachen.

[Sch91] Schneeweiß, C. (1991): Planung. Systemanalytische und entscheidungstheoretische Grundlagen. Springer, Berlin.

[Sch92] Schneeweiß, C. (1992): Planung. Konzepte der Prozeß- und Modellgestaltung. Springer, Berlin.

[Sch95] Schmigalla, H. (1995): Fabrikplanung. Begriffe und Zusammenhänge. Hanser, München.

[Sch99] Schraft, R. D.; Eversheim, W.; Tönshoff, H. K.; Milberg, J.; Reinhart, G. (1999): Planung von Produktionssystemen. In: Eversheim, W.; Schuh, G. (Hrsg.): Produktion und Management 3. Gestaltung von Produktionssystemen. Springer, Berlin, S. 10-36–10-72.

[Sei18a] Seifermann, S.; Böllhoff, J.; Schaede, C.; Kutzen, M.; Metternich, J. (2018): Novel method to systematically implement lean production in machining areas. In: Procedia CIRP, 78, S. 61–66.

[Sei18b] Seifermann, S. (2018): Methode zur angepassten Erhöhung des Automatisierungsgrades hybrider, schlanker Fertigungszellen. Zugl. Dissertation Technische Universität Darmstadt. Shaker, Aachen.

[Sek95] Sekine, K. (1995): Goldgrube Fertigung. Schnelle Steigerung der Produktivität. verlag moderne industrie, Landsberg am Lech.

[Set90] Sethi, A. K.; Sethi, S. P. (1990): Flexibility in Manufacturing: A Survey. In: The International Journal of Flexible Manufacturing Systems (2), S. 289–328.

[Shi86] Shingo, S.; Dillon, A. P.; Bodek, N. (1986): Zero quality control. Source inspection and the poka-yoke system. Productivity Press, New York.

[Shi87] Shingo, S. (1987): A Revolution in Manufacturing: The SMED System. Productivity Press, Cambridge.

[Shi93] Shingo, S. (1993): Das Erfolgsgeheimnis der Toyota-Produktion. Eine Studie über das Toyota-Produktionssystem – genannt die „Schlanke Produktion". 2. Auflage. verlag moderne industrie, Landsberg am Lech.

[Sta09] Stapelberg, R. F. (2009): Handbook of Reliability, Availability, Maintainability and Safety in Engineering Design. Springer, London.

[Sta73] Stachowiak, H. (1973): Allgemeine Modelltheorie. Springer, Wien.

[Ste59] Stevens, S. S. (1959): Measurement, Psychophysics, and Utility. In: Churchman, C. W.; Ratoosh, P. (Hrsg.): Measurement: Definitions and Theories. Wiley, New York, S. 18–63.

[Stu14] Stufflebeam, D. L.; Coryn, C. L. S. (2014): Evaluation Theory, Models, and Applications. 2. Auflage. Jossey-Bass, San Francisco.

[Suh01] Suh, N. P. (2001): Axiomatic design. Advances and applications. Oxford University Press, New York.

[Suh90] Suh, N. P. (1990): The principles of design. Oxford University Press, New York.

[Tak06] Takeda, H. (2006): LCIA – Low Cost Intelligent Automation. Produktivitätsvorteile durch Einfachautomatisierung. 2. Auflage. REDLINE, Landsberg am Lech.

[Tak12] Takeda, H. (2012): Das synchrone Produktionssystem. Just-in-time für das ganze Unternehmen. 7. Auflage. Vahlen, München.

[Tak96a] Takeda, H. (1996): Das System der Mixed Production. verlag moderne industrie, Landsberg am Lech.

[Tak96b] Takeda, H. (1996): Automation ohne Verschwendung. verlag moderne industrie, Landsberg am Lech.

[The99] The Productivity Development Team (1999): Cellular Manufacturing. One-Piece Flow for Workteams. CRC Press, Boca Raton.

[Tön95] Tönshoff, H. K. (1995): Werkzeugmaschinen. Grundlagen. Springer, Berlin.

[Töp12] Töpfer, A. (2012): Erfolgreich Forschen. Ein Leitfaden für Bachelor-, Master-Studierende und Doktoranden. 3. Auflage. Springer Gabler, Wiesbaden.

[Tri19] Triami Media BV Utrecht (2019): Historische Inflation Japan – VPI Inflation, auf: https://de.inflation.eu/inflationsraten/japan/historische-inflation/vpi-inflation-japan.aspx, zugegriffen am 04.11.2019.

[Uli11] Ulich, E. (2011): Arbeitspsychologie. 7. Auflage. Schäffer-Poeschel, Stuttgart.

[Ulr84] Ulrich, H. (1984): Management. Haupt, Bern.

[Unb02] Unbehauen, H. (2002): Regelungstechnik I. Klassische Verfahren zur Analyse und Synthese linearer kontinuierlicher Regelsysteme, Fuzzy-Regelsysteme. 12. Auflage. Vieweg, Wiesbaden.

[VDI03a] Verein Deutscher Ingenieure (2003): VDI-Richtlinie 2211, Blatt 2: Informationsverarbeitung in der Produktentwicklung Berechnungen in der Konstruktion. Beuth, Berlin.

[VDI03b] Verein Deutscher Ingenieure (2003): VDI-Richtlinie 2218: Informationsverarbeitung in der Produktentwicklung – Feature-Technologie. Beuth, Berlin.

[VDI11] Verein Deutscher Ingenieure (2011): VDI-Richtlinie 5200, Blatt 1: Fabrikplanung – Planungsvorgehen. Beuth, Berlin.

[VDI12] Verein Deutscher Ingenieure (2012): VDI-Richtlinie 2870: Ganzheitliche Produktionssysteme – Grundlagen, Einführung und Bewertung. Beuth, Berlin.

[VDI15] Verein Deutscher Ingenieure (2015): VDI-Richtlinie 4006, Blatt 1: Menschliche Zuverlässigkeit – Ergonomische Forderungen und Methoden der Bewertung. Beuth, Berlin.

[VDI87] Verein Deutscher Ingenieure (1987): VDI-Richtlinie 2235: Wirtschaftliche Entscheidungen beim Konstruieren – Methoden und Hilfsmittel. Beuth, Berlin.

[Ver04] Versteegen, G. (2004): Einführung in Anforderungsmanagement. In: Versteegen, G. (Hrsg.): Anforderungsmanagement. Formale Prozesse, Praxiserfahrungen, Einführungsstrategien und Toolauswahl. Springer, Berlin, S. 1–38.

[Ves15] Vester, F. (2015): Die Kunst vernetzt zu denken. Ideen und Werkzeuge für einen neuen Umgang mit Komplexität. 10. Auflage. Deutscher Taschenbuch Verlag, München.

[VMB07] VMBG – Vereinigung der Metall-Berufsgenossenschaften (Hrsg.) (2007): Mensch und Arbeitsplatz. Carl Heymanns, Köln.

[Wäf99] Wäfler, T.; Windischer, A.; Ryser, C.; Weik, S.; Grote, G. (1999): Wie sich Mensch und Technik sinnvoll ergänzen. Die Gestaltung automatisierter Produktionssysteme mit KOMPASS. vdf Hochschulverlag, Zürich.

[Wäh98] Währisch, M. (1998): Kostenrechnungspraxis in der deutschen Industrie. Eine empirische Studie. Springer Fachmedien, Wiesbaden.

[Wan10] Wannenwetsch, H. (2010): Integrierte Materialwirtschaft und Logistik. Beschaffung, Logistik, Materialwirtschaft und Produktion. 4. Auflage. Springer, Berlin.

[War95a] Warnecke, H.-J. (1995): Der Produktionsbetrieb 1. Organisation, Produkt, Planung. 3. Auflage. Springer, Berlin.

[War95b] Warnecke, H.-J. (1995): Der Produktionsbetrieb 2. Produktion, Produktionssicherung. 3. Auflage. Springer, Berlin.

[War99] Warnecke, J. (1999): Fabrikplanung. In: Eversheim, W.; Schuh, G. (Hrsg.): Produktion und Management 3. Gestaltung von Produktionssystemen. Springer, Berlin, S. 9-1–9-117.

[Wec05] Weck, M.; Brecher, C. (2005): Werkzeugmaschinen 1. Maschinenarten und Anwendungsbereiche. 6. Auflage. Springer, Berlin.

[Wei15] Weiß, E.; Strubl, C.; Goschy, W. (2015): Lean Management. Grundlagen der Führung und Organisation lernender Unternehmen. 3. Auflage. Erich Schmidt, Berlin.

[Wem97] Wemmerlöv, U.; Johnson, D. J. (1997): Cellular manufacturing at 46 user plants. Implementation experiences and performance improvements. In: International Journal of Production Research, 35 (1), S. 29–49.

[Wes06] Westkämper, E. (2006): Einführung in die Organisation der Produktion. Springer, Berlin.

[Wie05] Wiegand, J. (2005): Handbuch Planungserfolg. Methoden, Zusammenarbeit und Management als integraler Prozess. vdf Hochschulverlag, Zürich.

[Wie12] Wiendahl, H.-H. (2012): Auftragsmanagement der industriellen Produktion. Grundlagen, Konfiguration, Einführung. Springer, Berlin.

[Wie14] Wiendahl, H.-P.; Reichardt, J.; Nyhuis, P. (2014): Handbuch Fabrikplanung. Konzept, Gestaltung und Umsetzung wandlungsfähiger Produktionsstätten. 2. Auflage. Hanser, München.

[Wie18] Wiegand, B. (2018): Der Weg aus der Digitalisierungsfalle. Mit Lean Management erfolgreich in die Industrie 4.0. Springer Gabler, Wiesbaden.

[Wie72] Wiendahl, H. P. (1972): Technische Investitionsplanung. Zugl. Habilitationsschrift RWTH Aachen, Aachen.

[Wil01] Wildemann, H. (2001): Das Just-in-time-Konzept. Produktion und Zulieferung auf Abruf. 5. Auflage. TCW Transfer-Centrum-Verlag, München.

[Wil07] Wildmann, L. (2007): Module der Volkswirtschaftslehre. Oldenbourg, München.

[Wom03] Womack, J. P.; Jones, D. T. (2003): Lean thinking. Banish waste and create wealth in your corporation. Free Presss, New York.

[Wom90] Womack, J. P.; Jones, D. T.; Roos, D. (1990): The Machine That Changed the World. Rawson, New York.

[Yag09] Yagyu, S.; Klages, C. (2009): Das synchrone Managementsystem. Wegweiser zur Neugestaltung der Produktion auf Grundlage des synchronen Produktionssystems. mi-Wirtschaftsbuch, München.

Printed in the United States
By Bookmasters